计算机技术开发与应用丛书

FFmpeg入门详解
流媒体直播原理及应用

梅会东 ◎ 编著

清华大学出版社

北京

内 容 简 介

本书系统讲解了流媒体和直播的基础理论及应用，包括RTSP、RTP、RTCP、RTMP、HLS、HTTP-FLV等常用的流媒体协议，还包括Live555、SRS、Nginx、ZLMediaKit等开源流媒体直播服务器。本书为FFmpeg入门详解系列的第二部。

全书共14章，系统讲解流媒体协议的基础知识，直播的原理及架构分析，Live555、Nginx、SRS、ZLMediaKit等开源直播点播库。

书中包含大量的示例，图文并茂，争取让每一个音视频流媒体领域的读者真正入门，从此开启流媒体直播编程的大门。本书知识体系比较完整，侧重流媒体与直播的原理讲解及应用。建议读者先学习FFmpeg入门详解系列的第一部，即《FFmpeg入门详解——音视频原理及应用》。讲解过程由浅入深，让读者在不知不觉中学会流媒体的基础理论知识，并动手搭建直播平台。

本书可作为流媒体和直播方向的入门书籍，也可作为相关专业高年级本科生和研究生的学习参考书籍。

本书封面贴有清华大学出版社防伪标签，无标签者不得销售。
版权所有，侵权必究。举报：010-62782989，beiqinquan@tup.tsinghua.edu.cn。

图书在版编目(CIP)数据

FFmpeg入门详解：流媒体直播原理及应用/梅会东编著.—北京：清华大学出版社，2023.4
（计算机技术开发与应用丛书）
ISBN 978-7-302-60863-9

Ⅰ．①F⋯ Ⅱ．①梅⋯ Ⅲ．①视频系统－系统开发 Ⅳ．①TN94

中国版本图书馆CIP数据核字(2022)第082752号

责任编辑：赵佳霓
封面设计：吴 刚
责任校对：郝美丽
责任印制：杨 艳

出版发行：清华大学出版社
    网　　址：http://www.tup.com.cn，http://www.wqbook.com
    地　　址：北京清华大学学研大厦A座　　邮　编：100084
    社　总　机：010-83470000　　邮　购：010-62786544
    投稿与读者服务：010-62776969，c-service@tup.tsinghua.edu.cn
    质量反馈：010-62772015，zhiliang@tup.tsinghua.edu.cn
    课件下载：http://www.tup.com.cn，010-83470236

印 装 者：北京同文印刷有限责任公司
经　　销：全国新华书店
开　　本：186mm×240mm　　印　张：23.5　　字　数：531千字
版　　次：2023年5月第1版　　　　　　　　印　次：2023年5月第1次印刷
印　　数：1～2000
定　　价：89.00元

产品编号：095782-01

前 言
PREFACE

近年来,随着4G、5G网络技术的迅猛发展,流媒体直播应用越来越普及,音视频流媒体方面的开发岗位也非常多,然而,市面上没有一本通俗易懂的系统完整的流媒体直播入门书籍。网络上的知识虽然不少,但是太散乱,不适合读者入门。

众所周知,流媒体与直播知识非常复杂,入门很难。很多程序员想从事音视频或流媒体开发,但始终糊里糊涂、不得入门。笔者刚毕业时,也是一个纯读者,付出了艰苦的努力,终于有一些收获。借此机会,整理成专业书籍,希望对读者带来帮助,少走弯路。

FFmpeg发展迅猛、功能强大,命令行也很简单、很实用,但是有一个现象:即便使用命令行做出了一些特效,但有时依然不理解原理,不知道具体的参数是什么含义。音视频与流媒体是一门很复杂的技术,涉及的概念、原理、理论非常多,很多初学者不学基础理论,而是直接做项目、看源码,但往往在看到C/C++的代码时一头雾水,不知道代码到底是什么意思。这是因为没有学习音视频和流媒体的基础理论,就如学习英语,不学基本单词,而是天天听英语新闻,总也听不懂,所以一定要认真学习基础理论,然后学习播放器、转码器、非编、流媒体直播、视频监控等。

本书主要内容

第1章介绍流媒体与直播基础理论、常用流媒体协议及直播基础知识。

第2章介绍RTSP流媒体协议,讲解RTSP的概念、原理、流程、重要消息等。

第3章介绍RTP与RTCP流媒体协议,包括RTP与RTCP的基础理论及JRTPLIB开源库。

第4章介绍RTMP流媒体协议,包括RTMP的概念、原理、流程等。

第5章介绍HLS流媒体协议,包括HLS协议、m3u8格式与切片、TS格式等。

第6章介绍HTTP-FLV流媒体协议,包括FLV格式等。

第7章介绍流媒体开源库,包括FFmpeg、Live555、SRS、ZLMediaKit等。

第8章介绍Live555搭建直播平台,包括项目简介、源码编译、点播流程等。

第9章介绍EasyDarwin搭建直播平台,包括项目简介、安装部署等。

第10章介绍Nginx搭建直播平台,包括项目简介、源码编译、直播平台搭建等。

第11章介绍SRS搭建直播平台,包括项目简介、源码编译、直播平台搭建等。

第12章介绍ZLMediaKit搭建直播平台,包括项目简介、源码编译、直播平台搭建等。

第13章介绍WebRTC网页直播功能,包括项目简介、网页直播等。

第14章介绍FFmpeg直播应用综合案例分析,包括推流、直播服务器、拉流播放等。

阅读建议

本书是一本适合读者入门的流媒体和直播的书籍,既有通俗易懂的基本概念,又有丰富的案例和原理分析,图文并茂,知识体系非常完善。对流媒体和直播的基本概念与原理进行了详细分析,对重要的概念进行了具体阐述,非常适合初学者。

本书总共分为两大部分。

第一部分,第1~6章介绍流媒体基础协议,包括RTSP、RTMP、HLS等。

第二部分,第7~14章介绍几个常用的流媒体开源库,包括Live555、EasyDarwin、SRS、Nginx、ZLMediaKit等,并搭建直播系统。

建议读者在学习过程中循序渐进,不要跳跃。

本书的知识体系是笔者精心准备的,由浅入深,层层深入,对于抽象复杂的概念和原理,笔者尽量通过图文并茂的方式进行讲解。从最基础的流媒体协议开始,侧重讲解原理及流程分析,读者一定要动手实践,进行抓包分析,理解流程。后续逐步讲解几个常用的流媒体开源库,包括Live555、EasyDarwin、SRS、Nginx、ZLMediaKit、WebRTC等,要用所学的流媒体直播理论来指导实践,对每个开源库要动手编译安装,并搭建直播平台,从中深刻体会流媒体协议的应用。最后进行总结分析,争取使所学的理论升华,做到融会贯通。

致谢

感谢清华大学出版社责任编辑赵佳霓老师给笔者提出了许多宝贵的建议。

感谢我的家人,特别感谢我的宝贝女儿和妻子,宝贝女儿一天天长大,非常可爱,妻子承担了所有的家务,非常辛苦。

感谢我的学员,群里的学员越来越多,并经常提出很多宝贵意见。随着培训经验的积累,对知识点的理解也越来越透彻,希望给大家多带来一些光明,尽量让大家少走弯路。与大家一起努力,非常快乐。学习是一个过程,没有终点,唯有坚持。

由于时间仓促,书中难免存在不妥之处,请读者见谅并提宝贵意见。

梅会东

2023年2月于北京清华园

本书源代码

目 录
CONTENTS

第 1 章 流媒体与直播基础理论 ·· 1
- 1.1 流媒体简介 ·· 1
- 1.2 流媒体协议 ·· 4
  - 1.2.1 TCP 的三次握手与四次挥手 ·· 5
  - 1.2.2 视频流协议与编解码器 ·· 8
  - 1.2.3 常见的流媒体协议 ··· 8
- 1.3 直播原理及应用 ·· 10
  - 1.3.1 视频直播原理与流程 ··· 10
  - 1.3.2 通用的视频直播模型 ··· 13
  - 1.3.3 视频直播系统的模块 ··· 14

第 2 章 RTSP 流媒体协议 ·· 17
- 2.1 RTSP 简介 ··· 17
  - 2.1.1 RTSP 支持 ·· 18
  - 2.1.2 RTSP 特点 ·· 19
- 2.2 RTSP 消息格式 ··· 19
  - 2.2.1 请求消息 ··· 20
  - 2.2.2 应答消息 ··· 20
- 2.3 RTSP 交互流程 ··· 21
- 2.4 RTSP 重要概念 ··· 22
- 2.5 RTSP 重要方法 ··· 26
- 2.6 RTSP 状态机 ·· 28
  - 2.6.1 客户端状态机 ··· 29
  - 2.6.2 服务器端状态机 ·· 30
- 2.7 VLC 作为 RTSP 流媒体服务器 ·· 31
- 2.8 RTSP 抓包流程分析 ··· 33

2.8.1　安装 Wireshark ……………………………………………………… 34
　　　2.8.2　Wireshark 抓取本地 localhost 的包 ……………………………… 38
　　　2.8.3　使用 Wireshark 抓包分析 RTSP 交互流程 ……………………… 40
　2.9　RTSP 与 HTTP ………………………………………………………………… 55
　2.10　SDP …………………………………………………………………………… 57

第 3 章　RTP 与 RTCP 流媒体协议 ………………………………………………… 63

　3.1　RTP ……………………………………………………………………………… 63
　　　3.1.1　RTP 格式 …………………………………………………………… 64
　　　3.1.2　RTP 封装 H.264 …………………………………………………… 67
　　　3.1.3　RTP 的会话过程 …………………………………………………… 70
　　　3.1.4　RTP 的抓包分析 …………………………………………………… 70
　3.2　RTCP …………………………………………………………………………… 71
　　　3.2.1　RTCP 的 5 种分组类型 ……………………………………………… 72
　　　3.2.2　RTCP 包结构 ………………………………………………………… 72
　　　3.2.3　RTCP 的注意事项 …………………………………………………… 74
　　　3.2.4　RTCP 的抓包分析 …………………………………………………… 77
　3.3　RTP/RTCP 与 RTSP 的关系 …………………………………………………… 78
　3.4　开源库 JRTPLIB 简介 ………………………………………………………… 80
　　　3.4.1　Windows 10＋VS 2015 编译 JRTPLIB ……………………………… 81
　　　3.4.2　Ubuntu 18 编译 JRTPLIB …………………………………………… 84
　　　3.4.3　使用 VS 2015 搭建 JRTPLIB 开发环境并收发包案例解析 ………… 86
　　　3.4.4　RTP 与 H.264 的相关结构体 ………………………………………… 96
　　　3.4.5　使用 JRTPLIB 发送 H.264 码流 …………………………………… 98
　3.5　RTP 扩展头结构 ……………………………………………………………… 103
　　　3.5.1　RTP 单扩展头 ……………………………………………………… 103
　　　3.5.2　RTP 多扩展头 ……………………………………………………… 104

第 4 章　RTMP 流媒体协议 ………………………………………………………… 106

　4.1　RTMP 简介 …………………………………………………………………… 106
　4.2　RTMP 交互流程 ……………………………………………………………… 107
　　　4.2.1　RTMP 握手 ………………………………………………………… 107
　　　4.2.2　RTMP 建立连接 …………………………………………………… 109
　　　4.2.3　RTMP 建立流 ……………………………………………………… 110
　　　4.2.4　RTMP 播放 ………………………………………………………… 110

  4.2.5 RTMP 相关名词解释 ········· 110
4.3 直播推流与拉流 ············ 111
  4.3.1 直播推流 ··············· 112
  4.3.2 直播拉流 ··············· 113
4.4 RTMP 消息 ·················· 114
  4.4.1 RTMP 块流 ············ 114
  4.4.2 消息块格式 ············ 115
  4.4.3 块基本头 ··············· 116
  4.4.4 块消息头 ··············· 116
  4.4.5 扩展时间戳 ············ 118
  4.4.6 消息分块流程解析 ··· 118
  4.4.7 协议控制消息 ········· 120
  4.4.8 用户控制消息 ········· 120
  4.4.9 其他消息类型 ········· 121

第 5 章　HLS 流媒体协议 ············ 122

5.1 HLS 协议简介 ·············· 122
  5.1.1 HLS 的索引文件的嵌套 ····· 122
  5.1.2 HLS 服务器端和客户端工作流程 ···· 123
  5.1.3 HLS 优势及劣势 ····· 124
  5.1.4 HLS 主要的应用场景 ····· 125
5.2 HLS 协议详细讲解 ········ 125
  5.2.1 m3u8 简介 ············· 125
  5.2.2 HLS 播放模式 ········ 127
  5.2.3 TS 文件 ················ 127
5.3 m3u8 格式讲解 ············· 128
5.4 TS 与 PS 格式简介 ······· 130
  5.4.1 ES、PES、PS、TS ··· 131
  5.4.2 PS/TS 编码基本流程 ····· 132
  5.4.3 PS/TS 码流小结 ····· 133
5.5 TS 码流详细讲解 ·········· 135
  5.5.1 TS 包格式 ············· 135
  5.5.2 TS 码流分析工具 ···· 138
  5.5.3 TS 码流结构分析 ···· 138
  5.5.4 PAT 及 PMT 表格式 ····· 141

5.6 PS 码流详细讲解 ·· 148
　　5.6.1 PS 码流结构 ·· 148
　　5.6.2 PS 码流的解析流程 ·· 152
5.7 TS 格式与 m3u8 切片 ·· 156

第 6 章　HTTP-FLV 流媒体协议 ·· 159

6.1 HTTP-FLV 协议简介 ··· 159
6.2 HTTP 简介 ·· 160
　　6.2.1 HTTPS 简介 ·· 161
　　6.2.2 HTTP 请求内容 ·· 161
　　6.2.3 HTTP 响应内容 ·· 162
　　6.2.4 URL 简介 ·· 162
6.3 FLV 格式简介 ·· 163
　　6.3.1 FLV 格式解析 ·· 164
　　6.3.2 FLV 的重要 Tag 说明 ·· 165

第 7 章　流媒体开源库简介 ·· 171

7.1 FFmpeg 简介 ··· 171
　　7.1.1 FFmpeg 的模块与命令行工具 ··· 171
　　7.1.2 FFmpeg 命令行 ·· 172
　　7.1.3 FFmpeg 开发包 ·· 173
7.2 Live555 ·· 174
7.3 VLC 播放器简介 ··· 176
　　7.3.1 VLC 播放器 ··· 176
　　7.3.2 VLC 的功能列表 ··· 176
　　7.3.3 VLC 播放网络串流 ··· 177
7.4 EasyDarwin ··· 178
　　7.4.1 EasyDarwin 开源项目 ··· 178
　　7.4.2 EasyDarwin 商业项目 ··· 179
　　7.4.3 EasyDarwin 云平台 ··· 181
7.5 SRS ··· 181
7.6 ZLMediaKit ··· 182
7.7 WebRTC ··· 183
　　7.7.1 WebRTC 架构 ·· 183
　　7.7.2 视频分析 ··· 185

7.7.3　声频分析 186
7.7.4　浏览器支持 187
7.7.5　组成部分 187
7.7.6　重要 API 187

第 8 章　Live555 搭建直播平台 188

8.1　Live555 简介 188
8.1.1　Live555 实现本地视频推流 189
8.1.2　openRTSP 客户端流程 189
8.2　Live555 源码编译 189
8.2.1　Live555 在 Ubuntu 下的源码编译 189
8.2.2　Live555 在 Windows 10 下的源码编译 190
8.3　Live555 点播服务器流程分析 210

第 9 章　EasyDarwin 搭建直播平台 215

9.1　EasyDarwin 项目简介 215
9.1.1　主体框架 216
9.1.2　模块分类 217
9.2　EasyDarwin 的安装部署 217

第 10 章　Nginx 搭建直播平台 221

10.1　Nginx 项目简介 221
10.2　Nginx 的安装方式 223
10.2.1　Windows 10 下安装 Nginx 223
10.2.2　Windows 10 下安装 OpenSSL 227
10.2.3　Ubuntu 18 下安装 Nginx 233
10.2.4　CentOS 8 下安装 Nginx 238
10.3　编译 rtmp 及 http-flv 模块 240
10.3.1　Ubuntu 18 下编译 nginx-rtmp-module 240
10.3.2　Ubuntu 18 下编译 nginx-http-flv-module 243
10.3.3　Windows 10 下编译 nginx-http-flv-module 244
10.4　nginx.conf 配置文件详细讲解 248
10.4.1　Nginx 配置文件结构 248
10.4.2　Nginx 配置文件的指令解析 249
10.4.3　Nginx 配置文件关于 nginx-rtmp-module 配置指令详细讲解 254

第 11 章　SRS 搭建直播平台 …… 273

- 11.1　SRS 项目简介 …… 273
- 11.2　SRS 源码安装与编译 …… 275
  - 11.2.1　在 Ubuntu 18 上安装 SRS …… 275
  - 11.2.2　在 CentOS 7 上安装 SRS …… 280
- 11.3　SRS 集群 cluster …… 283
  - 11.3.1　SRS 集群简介 …… 283
  - 11.3.2　SRS 集群配置 …… 284
- 11.4　SRS 配置文件详细讲解 …… 288
  - 11.4.1　SRS 配置文件的组成结构 …… 288
  - 11.4.2　srs.conf …… 297
  - 11.4.3　ingest.conf …… 298
  - 11.4.4　hls.conf …… 298
- 11.5　SRS 启用 WebRTC 播放 …… 299
  - 11.5.1　编译支持 WebRTC 的 SRS …… 300
  - 11.5.2　推送 RTMP 视频流 …… 302
  - 11.5.3　WebRTC 播放视频流 …… 303

第 12 章　ZLMediaKit 搭建直播平台 …… 308

- 12.1　Windows 编译配置 ZLMediaKit …… 308
- 12.2　Linux 编译安装 ZLMediaKit …… 313
- 12.3　ZLMediaKit 二次开发简介 …… 318
  - 12.3.1　test_httpApi.cpp 文件 …… 318
  - 12.3.2　test_pusher.cpp 文件 …… 321
  - 12.3.3　lambda 函数介绍 …… 323

第 13 章　WebRTC 网页直播 …… 325

- 13.1　WebRTC 项目简介 …… 325
- 13.2　网络打洞 STUN 和 TURN …… 328
  - 13.2.1　NAT 穿透 …… 328
  - 13.2.2　STUN 与 TURN …… 334
- 13.3　WebRTC 网页直播 …… 336
  - 13.3.1　基于 Coturn 项目的 STUN/TURN 服务器搭建 …… 336
  - 13.3.2　搭建信令服务器 SignalMaster …… 340

13.3.3　安装 Web 服务器 Nginx ·· 343

　　　13.3.4　创建基于 WebRTC 的网页视频会话 ································ 346

第 14 章　FFmpeg 直播应用综合案例分析 ·· 349

　14.1　直播系统架构简介 ·· 349

　14.2　流媒体服务器的应用 ·· 350

　　　14.2.1　完整的流媒体服务器系统 ··· 351

　　　14.2.2　开源的流媒体服务器项目应用 ······································· 353

　14.3　使用 FFmpeg 进行 RTMP 推流 ··· 355

　14.4　使用 VLC 进行 RTMP 拉流并播放 ·· 360

第 1 章 流媒体与直播基础理论

所谓流媒体(Streaming Media)是指采用流式传输的方式在 Internet 播放的媒体格式。它是指商家用一个视频传送服务器把节目当成数据包发出,传送到网络上。用户通过解压设备对这些数据进行解压后,节目就会像发送前那样显示出来。流媒体的出现极大地方便了人们的工作和生活。例如在地球的另一端,某大学的课堂上,某个教授正在兴致盎然地传授一门课程。如果读者想学习这门课程,网络时代则可以满足读者的愿望。在网络上找到该在线课程,只要单击播放,教授的身影很快会出现在屏幕上,可以一边播放一边下载,虽然远在天涯,却如亲临现场。除了远程教育,流媒体在视频点播、网络电台、网络视频等方面也有着广泛的应用。

5min

7min

随着技术的发展,直播行业迎来新的发展机遇,电商直播、"直播+"等新商业模式自 2019 年以来获得快速发展。"直播+电商"备受行业关注,技术的革新,加上 5G 技术的加持,为直播行业的发展带来巨大的机遇。

1.1 流媒体简介

流媒体是指将一连串的媒体数据压缩后,经过网上分段发送数据,在网上即时传输影音以供观赏的一种技术与过程,此技术使数据包得以像流水一样发送;如果不使用此技术,就必须在使用前下载整个媒体文件。流式传输可传送现场影音或预存于服务器上的影片,当观看者在收看这些影音文件时,影音数据在送达观看者的计算机后立即由特定播放软件播放。流媒体实际指的是一种新的媒体传送方式,分为声音流、视频流、文本流、图像流、动画流等,而非一种新的媒体。完整的流媒体平台包括前端摄像机、流媒体服务器、磁盘阵列、视频综合管理、电视墙、客户端等,如图 1-1 所示。

流媒体又叫流式媒体,它是指商家用一个视频传送服务器把节目分割成数据包发出,传送到网络上。用户通过解压设备对这些数据进行解压后,节目就会像发送前那样显示出来。这个过程的一系列相关的包称为"流"。流媒体实际指的是一种新的媒体传送方式,而非一种新的媒体。

流媒体技术兴起于美国,目前全世界流媒体的应用已很普遍,例如各大公司的产品发布

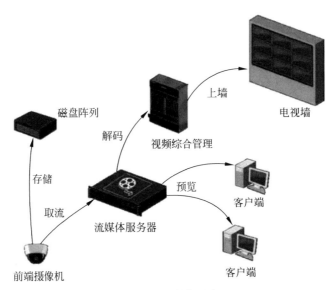

图 1-1 流媒体平台

和销售人员培训等都用网络视频进行。流媒体技术全面应用后,人们在网上聊天可直接语音输入;如果想彼此看见对方的容貌、表情,只要双方各有一个摄像头就可以了;在网上看到感兴趣的商品,单击以后,讲解员和商品的影像就会跳出来;更有真实感的影像新闻也会出现。

所谓流媒体是指采用流式传输的方式在 Internet 播放的媒体格式,如声频、视频或多媒体文件。流媒体在播放前不需下载整个文件,只需将开始部分内容存入内存,流媒体的数据流随时传送随时播放,只是在开始时有一些延迟。流媒体实现的关键技术是流式传输。流式传输方式则是将整个 A/V 及 3D 等多媒体文件经过特殊的压缩方式分成一个个压缩包,由视频服务器向用户计算机连续、实时传送。在采用流式传输方式的系统中,用户不必像采用下载方式那样等到整个文件全部下载完毕,而是只需经过几秒或几十秒的启动延时便可以在用户的计算机上利用解压设备(硬件或软件)对压缩的 A/V、3D 等多媒体文件解压后进行播放和观看。此时多媒体文件的剩余部分将在后台的服务器内继续下载。与单纯的下载方式相比,这种对多媒体文件边下载边播放的流式传输方式不仅使启动延时大幅度缩短,而且对系统缓存容量的需求也大大降低。综述,流媒体传输流程需要编码器、媒体服务器或代理服务器、RTP/RTCP、TCP/UDP、解码器等,如图 1-2 所示。

流媒体最主要的技术特征是流式传输,它使数据可以像流水一样传输。流式传输是指通过网络传送媒体(声频、视频等)技术的总称。实现流式传输主要有两种方式:顺序流式传输(Progressive Streaming)和实时流式传输(Real Time Streaming)。采用哪种方式依赖于具体需求,下面就对这两种方式进行简要介绍。

顺序流式传输是顺序下载,用户在观看在线媒体的同时下载文件,在这一过程中,用户只能观看已下载完的部分,而不能直接观看未下载部分。也就是说,用户总是在一段延时后

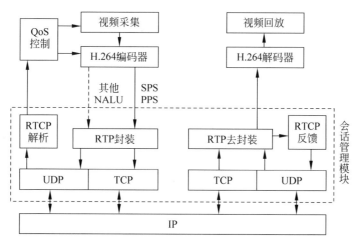

图 1-2 流媒体传输流程

才能看到服务器传送过来的信息。由于标准的 HTTP 服务器就可以发送这种形式的文件，所以它经常被称为 HTTP 流式传输。由于顺序流式传输能够较好地保证节目播放的质量，因此比较适合在网站上发布的、可供用户点播的、高质量的视频。顺序流式文件存放在标准 HTTP 或 FTP 服务器上，易于管理，基本上与防火墙无关。顺序流式传输不支持现场广播，也不适合长片段和有随机访问要求的视频，如讲座、演说与演示。

实时流式传输必须保证匹配连接带宽，使媒体可以被实时观看到。在观看过程中用户可以任意观看媒体前面或后面的内容，但在这种传输方式中，如果网络传输状况不理想，则收到的图像质量就会比较差。实时流式传输需要特定服务器，如 Quick Time Streaming Server、Realserver、Windows Media Server、SRS、ZLMediaKit 等。这些服务器允许对媒体发送进行更多级别的控制，因而系统设置、管理比标准 HTTP 服务器更复杂。实时流式传输还需要特殊网络协议，如实时流协议（Real Time Streaming Protocol，RTSP）或微软媒体服务（Microsoft Media Server，MMS）。在有防火墙时，有时会对这些协议进行屏闭，导致用户不能看到一些地点的实时内容，实时流式传输总是实时传送，因此特别适合现场事件。完整的实时流媒体系统需要采集、前处理、编码、推流、拉流、解码、渲染等几个步骤，如图 1-3 所示。

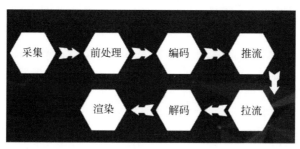

图 1-3 实时流媒体系统的主要步骤

流媒体文件格式是支持采用流式传输及播放的媒体格式。常用的媒体格式包括：实时声音(Real Audio, RA)、实时视频或声频的实时媒体(Real Media, RM)、实时文本(Real Text, RT)、实时图像(Real Picture, RP)等。常用的流媒体文件格式包括 ASF 格式、MPEG、AVI、MOV、Real Media 等，下面就对这几种文件格式进行简要介绍。

（1）ASF 是高级串流格式的缩写，是 Microsoft 为 Windows 98 所开发的串流多媒体文件格式。同 JPG、MPG 文件一样，ASF 文件也是一种文件类型，但是特别适合在 IP 网上传输。ASF 是微软公司 Windows Media 的核心，这是一种包含声频、视频、图像及控制命令脚本的数据格式。

（2）MPEG 标准主要有以下几种，MPEG-1、MPEG-2、MPEG-4、MPEG-7、MPEG-H 及 MPEG-21 等。该专家组建于 1988 年，专门负责建立视频和声频标准，而成员都是视频、声频及系统领域的技术专家。

（3）AVI 文件将声频和视频数据包含在一个文件容器中，允许音视频同步回放。类似 DVD 视频格式，AVI 文件支持多个音视频流。AVI 信息主要应用在多媒体光盘上，用来保存电视、电影等各种影像信息。

（4）MOV 是苹果公司开发的一种声频、视频文件封装，用于存储常用数字媒体类型。当选择 QuickTime(*.mov)作为"保存类型"时，动画将保存为.mov 文件。QuickTime 用于保存声频和视频信息，包括 Apple macOS，甚至获得了 Windows 7 在内的主流计算机平台的支持。

（5）RM/RMVB 是封装 RealMedia 编码的特有格式，包括 RealVideo 和 RealAudio，RA/RMA 这两种文件类型是 Real Media 里面声频方面的格式。它们是由 Real Networks 公司开发的，特点是可以在非常低的带宽下(低达 28.8kb/s)提供足够好的音质让用户能在线聆听。这一特点在互联网的早期非常受欢迎。

流式传输的实现需要缓存，因为 Internet 以包传输为基础进行断续式的异步传输，对一个实时 A/V 源或存储的 A/V 文件，在传输中它们要被分解为许多包，由于网络是动态变化的，各个包选择的路由可能不尽相同，因此到达客户端的时间延迟也就不等，甚至先发的数据包还有可能后到。为此，使用缓存系统来弥补延迟和抖动的影响，并保证数据包的顺序正确，从而使媒体数据能连续输出，而不会因为网络暂时拥塞而使播放出现停顿。通常高速缓存所需容量并不大，因为高速缓存使用环形链表结构来存储数据，通过丢弃已经播放的内容，流可以重新利用空出的高速缓存空间来缓存后续尚未播放的内容。流式传输的实现需要合适的传输协议。由于 TCP 需要较多的开销，不太适合传输实时数据，而 UDP 比较适合流式传输。

1.2 流媒体协议

在了解流媒体协议之前，先来回顾一下基本计算机网络知识。TCP/IP 协议簇的上层协议是通过封装来使用下层协议的，用户数据通过一层一层地向下进行封装。在链路层还加上了尾部信息,主要包括数据链路层、网络层、传输层、应用层,如图 1-4 所示。

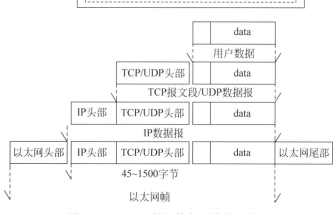

图 1-4　TCP/IP 协议簇与网络协议分层

TCP/IP 协议簇的四层模型,从图 1-4 中可以很清楚地了解到流媒体协议在模型中的位置,因为在这四层模型中涉及的协议非常多,很容易就迷失在众多的协议里面,没有一个清晰的认识。常见的流媒体协议是基于数据应用层的协议(UDP 除外,因为 UDP 是传输层的协议,同时也可以直接作为流媒体协议)。应用层协议均是在传输层之上的,所以可以理解为应用层的所有协议底层均是采用 TCP 或 UDP 协议进行传输的。

那么哪些协议底层用的是 TCP,哪些又是 UDP 呢? 可以从图 1-4 进行区分。其实 RTSP/WebRTC 底层并不直接是 UDP,例如在 RTSP/WebRTC 之下,UDP 之上还有一层协议,即 RTP 和 RTCP。这两种协议可以简单地理解为 RTP 是用来传输用户数据,而 RTCP 则是用来传输网络统计及控制信息。

1.2.1　TCP 的三次握手与四次挥手

TCP/IP 协议簇的各层功能介绍如下:

(1) 数据链路层,负责如何控制介质(如 WiFi、有线等)的访问,如何确保介质通畅。如 A 要给 B 寄快递,则需选择空运还是陆运,选择后要确保陆路或者航线是通的。

(2) 网络层(IP),负责计算机之间通信,包含源和目的地址,还包括路由、寻址、流控等。其作用可以理解为,在 A 和 B 之间通过计算选出一条最通畅、最快的线路,因为在数据链路层选出介质后,例如陆运,A 到 B 仍有很多条路线。

(3) 传输层(TCP/UDP),负责点到点通信,TCP 提供可靠传输,规定接收端必须确认,如果分组丢失,则必须重传。如 A、B 两地所有行程计划都安排好了,那么问题来了,怎么能够保证寄的东西不丢或少丢。

(4) 应用层,是面向用户的具体协议。以 RTSP 为例,主要作用是将裸流数据封装成用户数据,注意不只是裸流数据,还包括用户可以直接操作的控制数据,如 RTCP 等,类似于日常的快递员。

在开发过程中,一般只关注应用层和网络层协议。TCP/UDP 是数据传输层协议,TCP 是面向连接的可靠性传输协议,面向连接是指在进行传输时需要先建立连接,也就是常说的三次握手,而 UDP 是无连接的。可靠性传输是指 TCP 在传输过程中会无差错、不重复、不丢包,而 UDP 则不保证这些,只管传输成功,但是事物总有好坏,UDP 虽然既不面向连接,也没有可靠性保证,但是 UDP 具有很高的实时性,所以在流媒体协议中 UDP 还是很受欢迎的。

TCP 传递给 IP 层的信息单位称为报文段或段,TCP 头部结构如图 1-5 所示。

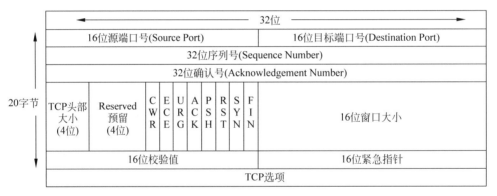

图 1-5　TCP 头部结构

TCP 建立连接需要三次握手,如图 1-6 所示。

(1) 第一次握手,客户端给服务器发送一个 SYN 段(在 TCP 标头中 SYN 位字段为 1 的 TCP/IP 数据包),该段中也包含客户端的初始序列号(Sequence Number=J)。SYN 是"同步"的缩写,SYN 段是发送到另一台计算机的 TCP 数据包,请求在它们之间建立连接。

(2) 第二次握手,服务器返回客户端 SYN+ACK 段(在 TCP 标头中 SYN 和 ACK 位字段都为 1 的 TCP/IP 数据包),该段中包含服务器的初始序列号(Sequence Number=K);同时使 Acknowledgement Number=J+1 来表示确认已收到客户端的 SYN 段(Sequence Number=J)。ACK 是"确认"的缩写。ACK 数据包是任何确认收到一条消息或一系列数据包的 TCP 数据包。

(3) 第三次握手,客户端给服务器响应一个 ACK 段(在 TCP 标头中 ACK 位字段为 1 的 TCP/IP 数据包),该段中使 Acknowledgement Number=K+1 来表示确认已收到服务器的 SYN 段(Sequence Number=K)。

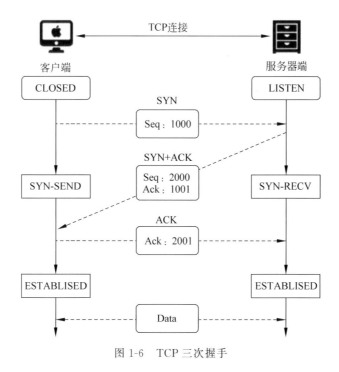

图 1-6　TCP 三次握手

TCP 关闭连接需要四次挥手，如图 1-7 所示。

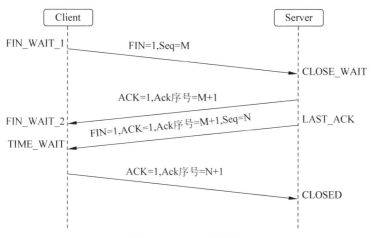

图 1-7　TCP 四次挥手

由于 TCP 连接是全双工的，一个 TCP 连接存在双向的读写通道，因此每个方向都必须单独进行关闭。这个原则是当一方完成它的数据发送任务后就能发送一个 FIN 来终止这个方向的连接。收到一个 FIN 只意味着这一方向上没有数据流动，一个 TCP 连接在收到一个 FIN 后仍能发送数据。首先进行关闭的一方将执行主动关闭，而另一方执行被动关闭。

TCP连接的关闭需要发送4个包,因此称为四次挥手(Four-way Handshake)。客户端或服务器均可主动发起挥手动作,在socket编程中,任何一方执行close()操作即可产生挥手操作,具体操作步骤如下:

(1) 客户端A发送一个FIN,用来关闭客户A到服务器B的数据传送。

(2) 服务器B收到这个FIN,它发回一个ACK,确认序号为收到的序号加1。和SYN一样,一个FIN占用一个序号。

(3) 服务器B关闭与客户端A的连接,发送一个FIN给客户端A。

(4) 客户端A发回ACK报文确认,并将确认序号设置为收到序号加1。

1.2.2 视频流协议与编解码器

流媒体是指将一连串数据压缩后,经过网络分段发送,即时传输以供观看音视频的一种技术。通过流媒体技术,用户无须将视频文件下载到本地即可播放。由于媒体是以连续的数据流发送的,因此在媒体到达时即可播放。可以像下载的文件一样进行暂停、快进或后退操作。

先看一下什么是视频流协议(Video Streaming Protocol),大多数数字视频需要解决两件事情,即存储和播放。要满足这样的需求,视频需要满足小文件和通用播放这两点。大多数视频文件不适合流式传输。流式传输需要将音视频分割成小块(Chunk),将这些小块按顺序发送,并在接收时播放。如果正在直播,则视频源来自于摄像机;否则,来自于文件。

视频流协议是一种标准化的传递方法,用于将视频分解为多个块,将其发送给视频播放器,播放器重新组合播放。这是对视频流协议简单的总结,视频流协议涉及多方面,可以变得非常复杂。大部分流协议是码率自适应(Bitrate-adaptive)的,这项技术可以在任一时间为用户提供最佳质量视频。不同协议有不同优势,如延迟、数字版权管理(Digital Rights Management,DRM)、支持平台数量等。

编解码器(Codec)指视频压缩技术,不同的编解码器用于不同的目的。例如,Apple ProRes一般用于编辑视频。H.264一般用于在线播放视频。即使不需要使用流式协议,视频也需要使用解编码器进行编码、解码。

视频格式(Video Format)也容易引起疑惑。通常,视频格式指视频文件格式(Container Format)。常见的视频文件格式包括.mp4、.m4v、.avi、.mov、.flv、.mkv、.ts等,它只是一个框(Box),框中通常包含视频文件、声频文件和元数据。视频文件格式并不是流式的核心概念。假设一个商人需要批量运输衣服(衣服指代视频),编解码器类似于将衣服压缩成捆以节省空间的机器,容器格式类似于装压缩后衣服的集装箱,流协议类似于将其运输到目的地的铁轨、信号灯和驾驶员。

1.2.3 常见的流媒体协议

这几年网络直播特别流行,国内很多网络直播平台做得风生水起,下面介绍几种常见的流媒体协议。

1. RTMP

实时消息协议(Real Time Messaging Protocol,RTMP)是一个老的协议,最初由 Macromedia 开发,后被 Adobe 收购,至今仍被使用。由于 RTMP 播放视频需要依赖 Flash 插件,而 Flash 插件多年来一直受安全问题困扰,正在被迅速淘汰,因此,目前 RTMP 主要用于提取视频流。也就是,当设置解编码器将视频发送到托管平台时,视频将使用 RTMP 发送到 CDN,随后使用另一种协议(通常是 HLS)传递给播放器。RTMP 协议延迟非常低,但由于需要 Flash 插件,不建议使用该协议,但流提取是例外。在流提取方面,RTMP 非常强大,并且几乎得到了普遍支持。

RTMP 是一种设计用于进行实时数据通信的网络协议,主要用来在 Flash/AIR 平台和支持 RTMP 的流媒体/交互服务器之间进行音视频和数据通信。支持该协议的软件包括 Adobe Media Server/Ultrant Media Server/Red5 等。RTMP 与 HTTP 一样,都属于 TCP/IP 四层模型的应用层。

2. MPEG-DASH

MPEG-DASH,全称是 Dynamic Adaptive Streaming over HTTP,属于最新的协议之一。尽管未被广泛使用,但该协议有一些很大的优势。首先,MPEG-DASH 支持码率自适应。这意味着将始终为观众提供他们当前互联网连接速度可以支持的最佳视频质量,网络速度波动时 DASH 可以保持不间断播放。其次,MPEG-DASH 支持绝大多数编解码器,还支持加密媒体扩展(Encrypted Media Extension,EME)和媒体扩展源(Media Source Extension,MSE),这些扩展用于浏览器的数字版权管理标准 API,但由于兼容性问题,如今只有一些广播公司在使用,将来或许会成为标准技术。

3. MSS

MSS,全称是 Microsoft Smooth Streaming,该技术于 2008 年推出。如今,以 Microsoft 为重点的开发人员和在 Xbox 生态系统的开发人员仍在使用,除此之外已逐渐失去用户。MSS 支持码率自适应,并且拥有强大的数字版权管理工具。除非目标用户是 Xbox 用户,或计划只开发 Windows 平台的应用程序,否则,不推荐使用该协议。

4. HDS

HDS,全称是 HTTP Dynamic Streaming,是 Adobe 公司开发的流协议。HDS 是 RTMP 的后继产品,也依赖于 Flash 协议,但增加了码率自适应,并以高质量著称。它是延迟最低的流协议之一,具备分段和加密操作。在流媒体体育比赛和其他重要事件中广受欢迎。通常,不建议使用 HDS。对于任何公司而言,采用基于 Flash 的技术无法吸引用户,围绕 Flash 搭建播放器不是一个好主意。

5. HLS

HLS,全称是 HTTP Live Streaming,由苹果公司开发,旨在能够从 iPhone 中删除 Flash,如今已成为使用最广泛的协议之一。桌面浏览器、智能电视、Android、iOS 均支持 HLS。HTML5 视频播放器也原生支持 HLS,但不支持 HDS 和 RTMP。这样就可以触达更多的用户。HLS 支持码率自适应,并且支持最新的 H.265 解编码器,同样大小的文件,

H.265 编码的视频质量是 H.264 的两倍。此前，HLS 的缺点一直是高延迟，但苹果公司在 WWDC 2019 发布了新的解决方案，可以将延迟从 8s 降低到 1～2s。具体可以查看 Introducing Low-Latency HLS。HLS 是目前使用最广泛的协议之一，并且功能强大。统计数据显示，如果视频播放过程中遇到故障，则只有 8% 的用户会继续在当前网站观看视频。使用广泛兼容的自适应协议（例如 HLS），可以提供最佳的受众体验。

1.3 直播原理及应用

直播行业被认为是新的"千亿市场"，大多数行业在尝试直播，可以说是已经迈入了"直播+"的时代，而电商+直播的模式，也为电商领域带来了新的流量红利，无数直播带货的成功案例更是让商家及消费者认可了这一模式。

中国互联网络信息中心（CNNIC）最新发布的第 46 次《中国互联网络发展状况统计报告》（以下简称"报告"）显示，截至 2020 年 6 月，中国网络直播用户规模达 5.62 亿，占网民整体的 59.8%。其中，电商直播用户规模为 3.09 亿，占网民整体的 32.9%；游戏直播的用户规模为 2.69 亿，占网民整体的 28.6%；真人秀直播用户的规模为 1.86 亿，占网民整体的 19.8%；演唱会直播的用户规模为 1.21 亿，占网民整体的 12.8%；体育直播的用户规模为 1.93 亿，占网民整体的 20.6%。特别是新冠肺炎疫情对网络直播产业产生了明显的影响。其中，在疫情期间，电商直播成为这两年发展最为迅猛的互联网应用之一。数据显示，仅 2020 年上半年国内电商直播超过 1000 万场，活跃主播数超过 40 万，观看人次超过 500 亿。

该报告认为电商直播的蓬勃发展主要得益于电商直播成为各级政府提振经济、拉动消费的新增长点。针对新冠肺炎疫情期间国内外市场的变化，在国内大循环为主体，国内国际双循环相互促进的新发展格局背景下，电商直播对激发消费潜力的作用得到良好体现，成为建设国内大循环的重要力量。广东等地积极鼓励及引导这一新型业态，通过出台优惠政策、吸引专业人员、建设产业园等方式支持电商业务的发展。

在企业层面，各大互联网公司的涌入使电商直播迅速发展壮大。2020 年，无论是以淘宝、拼多多为代表的电商平台，还是以抖音、快手为代表的短视频平台，甚至百度等传统互联网公司，都陆续加大对直播电商的布局力度，推动电商直播在短时间内聚集了大量人才、资金和媒体资源。

与此同时，作为主流网络应用，短视频平台积极探索助农新模式。短视频平台通过内容支持、流量倾斜、营销助力、品牌等手段展开助农行动，为农户解决生产、经营难题，助力乡村经济发展，而在 8 亿短视频用户的背后，短视频行业与新闻、电商、旅游等产业的融合不断深入，传播场景不断扩展。作为信息传播方式，短视频逐渐成为其他网络应用的基础功能。短视频可提供大量信息，改变叙事方式，扩宽新闻报道渠道，创新新闻传播方式。

1.3.1 视频直播原理与流程

视频直播的流程可以分为以下几步，如图 1-8 所示。

采集→处理→编码和封装→推流到服务器→服务器流分发→播放器流播放。

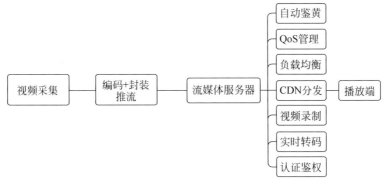

图 1-8　视频直播的流程

1. 采集

采集是整个视频推流过程中的第 1 个环节，它从系统的采集设备中获取原始视频数据，将其输出到下一个环节。视频的采集涉及两方面数据的采集，即声频采集和图像采集，它们分别对应两种完全不同的输入源和数据格式。

声频数据既能与图像结合组合成视频数据，也能以纯声频的方式采集播放，后者在很多成熟的应用场景（如在线电台和语音电台等）起着非常重要的作用。声频的采集过程主要通过设备将环境中的模拟信号采集成 PCM 编码的原始数据，然后编码压缩成 MP3 等格式的数据分发出去。常见的声频压缩格式包括 MP3、AAC、HE-AAC、Opus、FLAC、Vorbis、Speex 和 AMR 等。声频采集和编码主要面临的挑战在于延时敏感、卡顿敏感、噪声消除（Denoise）、回声消除（AEC）、静音检测（VAD）和各种混音算法等。

视频采集的采集源主要有摄像头采集、屏幕录制和从视频文件推流。将图像采集的图片结果组合成一组连续播放的动画，即构成视频中可肉眼观看的内容。图像的采集过程主要由摄像头等设备拍摄成 YUV 编码的原始数据，然后经过编码压缩成 H.264 等格式的数据分发出去。常见的视频封装格式包括 MP4、3GP、AVI、MKV、WMV、MPG、VOB、FLV、SWF、MOV、RMVB 和 WebM 等。图像由于其直观感受最强并且体积也比较大，构成了一个视频内容的主要部分。图像采集和编码面临的主要挑战在于：设备兼容性差、延时敏感、卡顿敏感及各种对图像的处理操作，如美颜和水印等。

2. 处理

视频或者声频完成采集之后得到原始数据，为了增强一些现场效果或者加上一些额外的效果，一般会在将其编码压缩前进行处理，例如打上时间戳或者公司 Logo 的水印，以及祛斑美颜和声音混淆等处理。在主播和观众连麦场景中，主播需要和某个或者多个观众进行对话，并将对话结果实时分享给其他观众，连麦的处理也有部分工作在推流端完成。处理环节中分为声频和视频处理，声频处理中具体包含混音、降噪和声音特效等处理，视频处理中包含美颜、水印及各种自定义滤镜等处理。

3. 编码和封装

如果把整个流媒体比喻成一个物流系统,则编解码类似于配货和装货的过程,这个过程非常重要,它的速度和压缩比对物流系统的意义非常大,影响物流系统的整体速度和成本。同样,对流媒体传输来讲,编码也非常重要,它的编码性能、编码速度和编码压缩比会直接影响整个流媒体传输的用户体验和传输成本。原始视频数据存储空间大,一个 1080P 的 1s 视频大约 160MB,原始视频数据传输占用带宽大,10Mb/s 的带宽传输上述 1s 视频则需要 2.3min,而经过 H.264 编码压缩之后,视频大小只有约 800KB,10Mb/s 的带宽仅仅需要 500ms,可以满足实时传输的需求,所以从视频采集传感器采集来的原始视频需要经过视频编码。为什么巨大的原始视频可以编码成很小的视频呢?这其中的技术是什么呢?核心思想是去除冗余信息,主要包括空间冗余、时间冗余、编码冗余、视觉冗余和知识冗余等。视频编码器经历了数十年的发展,已经从开始的只支持帧内编码演进到现如今的 H.265 和 VP9 为代表的新一代编码器,常见的视频编码器包括 H.264/AVC、HEVC/H.265、VP8、VP9 等,而声频编码器包括 MP3、AAC 等。

沿用前面的比喻,封装可以理解为采用哪种货车去运输,即媒体的容器。所谓容器,是把编码器生成的多媒体内容(视频、声频、字幕、章节信息等)混合封装在一起的标准。容器使不同多媒体内容同步播放变得很简单,而容器的另一个作用是为多媒体内容提供索引,也就是说,如果没有容器存储一部影片,则只能从一开始看到最后,不能拖动进度条,而且如果不自己去手动载入声频就没有声音了。常见的封装格式主要包括 AVI、DV-AVI、QuickTime File Format、MPEG、WMV、Real Video、Flash Video、MKV、MPEG2-TS 等。目前,在流媒体传输领域,尤其是直播中主要采用的是 FLV 和 MPEG2-TS 格式,分别用于 RTMP/HTTP-FLV 和 HLS 协议。

4. 推流

推流是直播的基础保障,直播的推流对这个直播链路影响非常大,如果推流的网络不稳定,则无论如何进行优化,观众的体验都会很糟糕,所以也是排查问题的第一步,如何系统地解决这类问题需要读者对相关理论有基本的认识。常见的推流协议主要有以下 3 种:

(1) 实时流传送协议(Real Time Streaming Protocol,RTSP),是用来控制声音或影像的多媒体串流协议,由 Real Networks 公司和 Netscape 公司共同提出。

(2) 实时消息传送协议(Real Time Messaging Protocol,RTMP),是 Adobe 公司为 Flash 播放器和服务器之间声频、视频和数据传输而开发的开放协议。

RTMP 基于 TCP,是一种设计用于进行实时数据通信的网络协议,主要用来在 Flash/AIR 平台和支持 RTMP 协议的流媒体/交互服务器之间进行音视频和数据通信。它是目前主流的流媒体传输协议,广泛用于直播领域,可以说市面上绝大多数的直播产品采用了这个协议。支持该协议的软件包括 Adobe Media Server/Ultrant Media Server/Red5 等。它有

3 种变种：RTMP 工作在 TCP 之上的明文协议，使用端口 1935；RTMPT 封装在 HTTP 请求之中，可穿越防火墙；RTMPS 类似于 RTMPT，但使用的是 HTTPS 连接。RTMP 就像一个用来装数据包的容器，这些数据可以是 AMF 格式的数据，也可以是 FLV 中的视/声频数据。一个单一的连接可以通过不同的通道传输多路网络流。这些通道中的包都按照固定大小进行传输。

5. 服务器流分发

流媒体服务器的作用是负责直播流的发布和转播分发功能。流媒体服务器有诸多选择，如商业版的 Wowza，以及开源的 Nginx。Nginx 是一款优秀的免费 Web 服务器，后面会详细介绍如何搭建 Nginx 服务器。

6. 播放器流播放

播放器主要实现直播节目在终端上的展现，如果使用的传输协议是 RTMP，则只要支持 RTMP 流协议的播放器就可以使用，例如计算机端的 VLC 和手机端的 Vitamio/ijkplayer 等。一般情况下把上面流程的前 4 步称为第一部分，即视频主播端的操作，视频采集处理后推流到流媒体服务器，第一部分功能完成。第二部分是流媒体服务器负责把从第一部分接收的流进行处理并分发给观众。第三部分是观众，只需拥有支持流传输协议的播放器。

1.3.2 通用的视频直播模型

直播中运用到的技术难点非常多，包括视声频处理、图形处理、视声频压缩、CDN 分发、声频降噪、视频美颜、即时通信等技术，但音视频直播领域的技术专家，已经封装好了许多成熟的框架，只需用这些框架，就能快速地搭建一个直播平台。一般通用的视频直播模型如图 1-9 所示。

首先是主播方，主播方是产生视频流的源头，由一系列流程组成：第一，通过一定的设备来采集数据；第二，将采集的这些视频进行一系列处理，例如水印、美颜和特效滤镜等处理；第三，将处理后的视频编码压缩成可观看可传输的视频流；第四，分发推流，即将压缩后的视频流通过网络通道传输出去。

其次是播放端，播放端的功能有两个层面，第 1 个层面是关键性的需求；第 2 个层面是业务层面的功能。先看第 1 个层面，它涉及一些非常关键的指标，例如秒开，在很多场景中都有这样的要求，然后是对一些重要内容的版权保护。为了达到更好的效果，还需要配合服务器端做智能解析，这在某些场景下也是关键性需求。再来看第 2 个层面，即业务层面的功能，对于一个社交直播产品来讲，在播放端，观众希望能够实时地看到主播端推过来的视频流，并且和主播及其他观众产生一定的互动，因此它可能包含一些像点赞、聊天和弹幕等的功能，以及礼物等更高级的道具。

内容产生方和消费方一般不是一一对应的。对于一个直播产品来讲，最直观的体现是

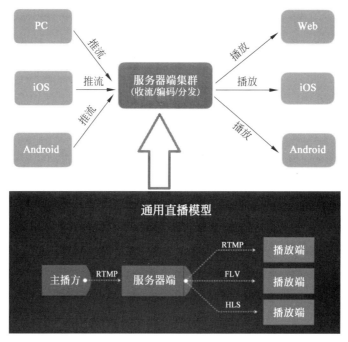

图 1-9 通用的视频直播模型

一个主播可能会有很多用户,因此,不能直接让主播端和所有播放端进行点对点通信,这在技术上是做不到或者很难做到。主播端播出的视频到达播放端之前,需要经过一系列中间环节,即这里讲的直播服务器端。

直播服务器端提供的最核心功能是收集主播端的视频推流,并将其放大后推送给所有观众端。除了这个核心功能,还有很多运营级别的诉求,例如鉴权认证、视频连线和实时转码、自动鉴黄、多屏合一及云端录制存储等功能。另外,对于一个主播端推出的视频流,中间需要经过一些环节才能到达播放端,因此对中间环节的质量进行监控,以及根据这些监控进行智能调度也是非常重要的诉求。

实际上,无论是主播端还是播放端,他们的诉求都不会仅仅是拍摄视频和播放视频这么简单。在这个核心诉求被满足之后,还有很多关键诉求需要被满足。例如,对于一个消费级的直播产品来讲,除了这三大模块之外,还需要实现一个业务服务器端进行推流和播放控制,以及所有用户状态的维持。如此,就构成了一个消费级可用的直播产品。

1.3.3 视频直播系统的模块

完整的直播系统涉及音视频采集、编码、推流、拉流、分发、转码、认证鉴权、自动鉴黄等一系列的模块和技术点,如图 1-10 所示。

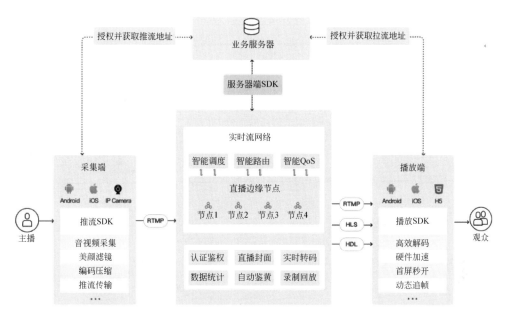

图 1-10　视频直播系统涉及的模块和技术点

推流是指将直播内容推送至服务器的过程。

拉流是指服务器已有直播内容,用指定地址进行拉取的过程。

H.264 编码是一种高性能的视频编码技术,最大的优势是具有很高的数据压缩比率,是以较低的数据速率传送基于联网协议(IP)的视频流。

视频的采集、转码和播放等模块涉及很多不同的技术点,如图 1-11 所示。

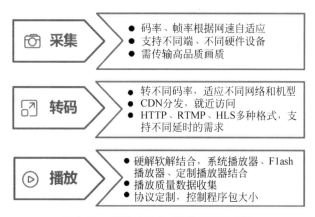

图 1-11　视频的采集、转码和播放模块

码率是指数据传输时单位时间传送的数据位数,一般用的单位是 kb/s,即千位每秒。

帧率(Frame Rate)是用于测量显示帧数的量度。所谓的测量单位为每秒显示帧数(Frame Per Second,FPS)或赫兹(Hz)。

视频直播链路涉及编码、封装、转码、切片、CDN 分发、鉴黄等相关技术，如图 1-12 所示。

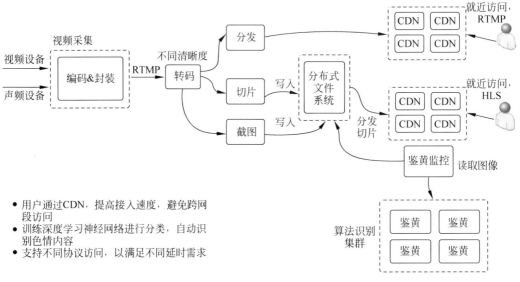

- 用户通过CDN，提高接入速度，避免跨网段访问
- 训练深度学习神经网络进行分类，自动识别色情内容
- 支持不同协议访问，以满足不同延时需求

图 1-12　视频直播链路

第 2 章 RTSP 流媒体协议

实时流传输协议(RTSP)对流媒体提供了诸如暂停、快进等控制,而它本身并不传输数据,RTSP 的作用相当于流媒体服务器的远程控制。

RTSP 和 HTTP 的区别和联系如下。

(1) 联系: 两者都用纯文本来发送消息,并且 RTSP 的语法和 HTTP 类似。RTSP 一开始这样设计,也是为了能够兼容以前写的 HTTP 分析代码。

(2) 区别: RTSP 是有状态的,不同的是 RTSP 的命令需要知道现在正处于一个什么状态,也就是说 RTSP 的命令总是按照顺序来发送,某个命令总在另外一个命令之前发送。RTSP 不管处于什么状态都不会去断掉连接,所以 RTSP 需要"心跳"来保持连接,而 HTTP 则不保存状态,协议在发送一个命令以后,连接就会断开,并且命令之间是没有依赖性的。RTSP 使用 554 端口,而 HTTP 使用 80 端口。

2.1 RTSP 简介

RTSP 是 TCP/IP 协议体系中的一个应用层协议。该协议定义了一对多应用程序如何有效地通过 IP 网络传送多媒体数据。RTSP 在体系结构上位于 RTP 和 RTCP 之上,它使用 TCP 或 UDP 完成数据传输。HTTP 与 RTSP 相比,HTTP 请求由客户机发出,服务器做出响应; 使用 RTSP 时,客户机和服务器都可以发出请求,即 RTSP 可以是双向的。RTSP 是用来控制声音或影像的多媒体串流协议,并允许同时多个串流需求控制,传输时所用的网络通信协定并不在其定义的范围内,服务器端可以自行选择使用 TCP 或 UDP 来传送串流内容,它的语法和运作跟 HTTP 1.1 类似,但并不特别强调时间同步,所以比较能容忍网络延迟。它允许同时多个串流需求控制(Multicast),除了可以降低服务器端的网络用量,还可以支持多方视频会议(Video Conference)。因为与 HTTP 1.1 的运作方式相似,所以代理服务器的缓存功能也同样适用于 RTSP,并因 RTSP 具有重新导向功能,可视实际负载情况来转换提供服务的服务器,以避免过大的负载集中于同一服务器而造成延迟。

RTSP 是 TCP/IP 协议体系中的一个应用层协议,如图 2-1 所示。该协议定义了一对多应用程序如何有效地通过 IP 网络传送多媒体数据。RTSP 在体系结构上位于 RTP 和

RTCP 之上,它使用 TCP 或 UDP 完成数据传输。HTTP 与 RTSP 相比,HTTP 传送 HTML,而 RTSP 传送的是多媒体数据。

应用层	SDP	
	RTSP	
传输层		RTP
	TCP	UDP
网络层	IP	

图 2-1 RTSP 在 TCP/IP 协议簇中的位置

RTSP 是基于文本的协议,采用 ISO 10646 字符集,使用 UTF-8 编码方案。行以 CRLF 中断,包括消息类型、消息头、消息体和消息长,但接收者本身可将 CR 和 LF 解释成行终止符。基于文本的协议使其以自描述方式增加可选参数更容易,接口中采用 SDP 作为描述语言。

RTSP 是应用级协议,控制实时数据的发送。RTSP 提供了一个可扩展框架,使实时数据,如声频与视频的受控点播成为可能。数据源包括现场数据与存储在剪辑中的数据。该协议的目的在于控制多个数据发送连接,为选择发送通道(如单播 UDP、组播 UDP 与 TCP)提供途径,并为选择基于 RTP 的发送机制提供方法。

RTSP 建立并控制一个或几个时间同步的连续流媒体。尽管连续媒体流与控制流交换技术上是可能的,但通常它本身并不发送连续流。换言之,RTSP 充当多媒体服务器的网络远程控制。RTSP 连接没有绑定到传输层连接,如 TCP。在 RTSP 连接期间,RTSP 用户可打开或关闭多个对服务器的可传输连接以发出 RTSP 请求。此外,可使用无连接传输协议,如 UDP。RTSP 流控制的流可能用到 RTP,但 RTSP 操作并不依赖用于携带连续媒体的传输机制。

2.1.1 RTSP 支持

RTSP 支持,如图 2-2 所示。

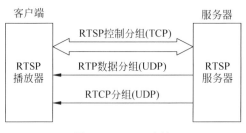

图 2-2 RTSP 支持

(1) 从媒体服务器上检索媒体:用户可通过 HTTP 或其他方法提交一个演示描述。如演示是组播,就包含用于连续媒体的组播地址和端口。如演示仅通过单播发送给用户,用户为了安全应提供目的地址。

(2) 媒体服务器邀请进入会议：媒体服务器可被邀请参加正在进行的会议，或回放媒体，或记录其中一部分。这种模式在分布式教育应用上很有用，会议中几方可轮流按远程控制按钮。

(3) 将媒体加到现成讲座中：如服务器告诉用户可获得附加媒体内容，对现场讲座显得尤其有用。与 HTTP 1.1 类似，RTSP 请求可由代理、通道与缓存处理。

2.1.2　RTSP 特点

RTSP 具有以下特点。

(1) 可扩展性：新方法和参数很容易加入 RTSP。

(2) 易解析：RTSP 可由标准 HTTP 或 MIME 解析器解析。

(3) 安全：RTSP 使用网页安全机制。

(4) 独立于传输：RTSP 可使用不可靠数据报协议(UDP)、可靠流协议(TCP)。

(5) 多服务器支持：每个流可放在不同服务器上，用户端自动与不同服务器建立几个并发控制连接，媒体同步在传输层执行。

(6) 记录设备控制：协议可控制记录和回放设备。

(7) 流控与会议开始分离：仅要求会议初始化协议提供，或可用来创建唯一会议标识号。特殊情况下，可用 SIP 或 H.323 来邀请服务器入会。

(8) 适合专业应用：通过 SMPTE 时标，RTSP 支持帧级精度，允许远程数字编辑。

(9) 演示描述中立：协议没有强加特殊演示或元文件，可传送所用格式类型，然而，演示描述至少必须包括一个 RTSP URL。

(10) 代理与防火墙友好：协议可由应用和传输层防火墙处理。防火墙需要理解 SETUP 方法，为 UDP 媒体流打开一个"缺口"。

(11) HTTP 友好：RTSP 明智地采用了 HTTP 观念，使现存结构都可重用。结构包括 Internet 内容选择平台(PICS)。由于在大多数情况下控制连续媒体需要服务器状态，RTSP 可以向 HTTP 添加方法。

(12) 适当的服务器控制：如用户可以启动一个流，也必须可以停止一个流。

(13) 传输协调：在实际处理连续媒体流前，用户可协调传输方法。

(14) 性能协调：如基本特征无效，必须有一些清理机制让用户决定哪种方法没有生效。这允许用户提出适合的用户界面。

2.2　RTSP 消息格式

RTSP 中所有的操作都是通过服务器端和客户端的消息应答机制完成的，其中消息包括请求和应答两种，RTSP 是对称的协议，客户端和服务器端都可以发送和回应请求。RTSP 是一个基于文本的协议，它使用 UTF-8 编码(RFC 2279)和 ISO 10646 字符序列，采用 RFC 882 定义的通用消息格式,每个语句行都由 CRLF 结束(\r\n)。

2.2.1 请求消息

请求消息由请求行、标题行中的各种标题域和消息主体组成。请求行和标题行由 ASCII 字符组成。请求消息的格式如图 2-3 所示。

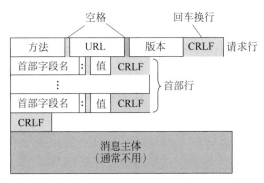

图 2-3 RTSP 的请求消息格式

(1) 方法包括 OPTIONS、DESCRIBE、SETUP、PLAY、PAUSE、TEARDOWN 等。
(2) URL 是接收方的地址,例如 rtsp://192.168.1.6/video.264。
(3) RTSP 版本一般为 RTSP 1.0。
(4) 每行后面的 CRLF 表示回车换行,需要接收端有相应的解析,最后一条消息头需要有两个 CRLF。
(5) 消息主体是可选的,有的请求消息并不带消息体。

2.2.2 应答消息

RTSP 应答消息(也称作回应消息或响应消息)的格式如图 2-4 所示。

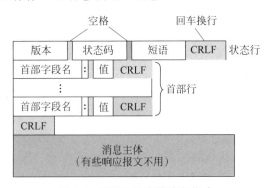

图 2-4 RTSP 的应答消息格式

(1) RTSP 版本一般为 RTSP 1.0。
(2) 状态码是一个数值,用于表示请求消息的执行结果,例如 200 表示成功。

（3）短语是与状态码对应的文本解释。

2.3 RTSP 交互流程

RTSP 的参与角色分为客户端和服务器端，交互流程如图 2-5 所示，其中，C 表示客户端，S 表示 RTSP 服务器端。参与交互的消息主要包括 OPTIONS、DESCRIBE、SETUP、PLAY、PAUSE、TEARDOWN 等。

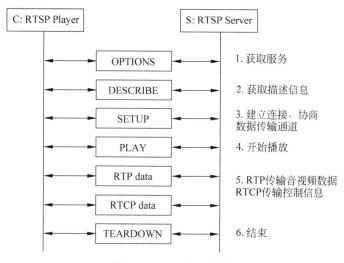

图 2-5　RTSP 交互流程

RTSP 交互流程的详细信息，如表 2-1 所示。

表 2-1　RTSP 交互流程详细信息

方　向	消　息	描　述
C→S	OPTIONS request	Client 询问 Server 有哪些方法可用
S→C	OPTIONS response	Server 回应消息中包含所有可用的方法
C→S	DESCRIBE request	Client 请求得到 Server 提供的媒体初始化描述信息
S→C	DESCRIBE response	Server 回应媒体初始化信息，主要是 SDP（会话描述协议）
C→S	SETUP request	设置会话属性及传输模式，请求建立会话
S→C	SETUP response	Server 建立会话，返回会话标识及会话相关信息
C→S	PLAY request	Client 请求播放
S→C	PLAY response	Server 回应请求播放信息
S→C	Media Data Transfer	发送流媒体数据
C→S	TEARDOWN request	Client 请求关闭会话
S→C	TEARDOWN response	Server 回应关闭会话请求

注意：C 代表客户端，S 代表服务器端。

第一步,查询服务器可用方法,代码如下:

```
C→S:OPTIONS request          //查询S有哪些方法可用
S→C:OPTIONS response         //S回应信息的public头字段中提供的所有可用方法
```

第二步,得到媒体描述信息,代码如下:

```
C→S:DESCRIBE request         //要求得到S提供的媒体描述信息
S→C:DESCRIBE response        //S回应媒体描述信息,一般是SDP信息
```

第三步,建立RTSP会话,代码如下:

```
C→S:SETUP request            //通过transport头字段列出可接受的传输选项,建立S会话
S→C:SETUP response           //S建立会话,通过transport头字段返回选择的具体传输选项
```

第四步,请求开始传输数据,代码如下:

```
C→S:PLAY request             //C请求S开始发送数据
S→C:PLAY response            //S回应该请求的信息
```

第五步,数据传送播放中,代码如下:

```
S→C:发送流媒体数据            //通过RTP传送数据
```

第六步,关闭会话,退出,代码如下:

```
C→S:TEARDOWN request         //C请求关闭会话
S→C:TEARDOWN response        //S回应该请求
```

上述过程只是标准的、友好的RTSP流程,但在实际需求中并不一定按此过程。其中第三步和第四步是必需的。第一步,只要服务器端和客户端约定好,有哪些方法可用,则OPTIONS请求可以不要。第二步,如果有其他途径得到媒体初始化描述信息(例如HTTP请求等),则也可以不通过RTSP中的DESCRIBE请求来完成。

2.4 RTSP重要概念

RTSP包含一些重要概念,解释如下。

1. 集合控制

集合控制是指对多个流的同时控制。对声频/视频来讲,客户端仅需发送一条播放或者暂停消息就可同时控制声频流和视频流。

2. 实体

实体(Entity)作为请求或者回应的有效负荷传输的信息。由以实体标题域(Entity-

Header Field)形式存在的元信息和以实体主体(Entity Body)形式存在的内容组成。如不受请求方法或响应状态编码限制,请求和响应信息可传输实体,实体则由实体头和实体主体组成,有些响应仅包括实体头。在此,根据谁发送实体、谁接收实体,发送者和接收者可分别指用户和服务器。

实体头用于定义实体主体可选元信息,如没有实体主体,则指请求标识的资源。扩展头机制允许定义附加实体头段,而不用改变协议,但这些段不能假定接收者能识别。不可识别头段应被接收者忽略,而让代理转发。

3. 容器文件

容器文件(Container File)是可以容纳多个媒体流的文件。RTSP 服务器可以为这些容器文件提供集合控制。

4. RTSP 会话

RTSP 会话(RTSP Session)是指 RTSP 交互的全过程。例如对一部电影的观看过程,会话(Session)包括由客户端建立媒体流传输机制(SETUP)、使用播放(PLAY)或录制(RECORD)开始传送流、使用停止(TEARDOWN)关闭流等。

5. RTSP 参数

RTSP 版本一般为 RTSP 1.0。

RTSPURL 用于指 RTSP 使用的网络资源。

会议标识对 RTSP 来讲是模糊的,采用标准 URI 编码方法编码,可包含任何八位组数值。会议标识必须全局唯一。

连接标识是长度不确定的字符串,必须随机选择,至少要 8 个八位组长,使其很难被猜出。

SMPTE 相关时标表示相对剪辑开始的时间,相关时标表示成 SMPTE 时间代码,精确到帧级。时间代码格式为"小时:分钟:秒:帧"。缺省 SMPTE 格式是 SMPTE 30,帧速率为每秒 29.97 帧。其他 SMPTE 代码可选择使用 SMPTE 时间获得支持(如 SMPTE 25)。时间数值中帧段值可从 0 到 29。每秒 30 与 29.97 帧的差别可将每分钟的头两帧丢掉实现。如帧值为零,就可删除。

正常播放时间(NPT)表示相对演示开始的流的绝对位置。时标由十进制分数组成。左边部分用秒或小时、分钟表示;小数点右边部分表示秒的部分。演示的开始对应 0.0s,负数没有定义。特殊常数可定义成现场事件的当前时刻,这只用于现场事件。直观上,NPT 是联系观看者与程序的时钟,通常以数字式显示在 VCR 上。

绝对时间表示成 ISO 8601 时标,采用 UTC(GMT)。

可选标签是用于指定 RTSP 新可选项的唯一标记。这些标记用在请求和代理-请求头段。当登记新 RTSP 选项时,需提供下列信息:

(1) 名称和描述选项。名称长度不限,但不应该多于 20 个字符。名称不能包括空格、控制字符。

(2) 表明谁改变选项的控制。如 IETF、ISO、ITU-T,或其他国际标准团体、联盟或公司。

(3) 深入描述的参考,如 RFC、论文、专利、技术报告、文档源码和计算机手册。

(4) 对专用选项,附上联系方式。

6. RTSP 信息

RTSP 是基于文本的协议,采用 ISO 10646 字符集,使用 UTF-8 编码方案。行以 CRLF 中断,但接收者本身可将 CR 和 LF 解释成行终止符。基于文本的协议使以自描述方式增加可选参数更容易。由于参数的数量和命令的频率出现较低,处理效率没有引起注意。文本协议很容易以脚本语言(如 Tcl、Visual Basic 与 Perl)实现研究原型。

ISO 10646 字符集避免敏感字符集切换,但对应用来讲不可见。RTCP 也采用这种编码方案。带有重要意义位的 ISO 8859-1 字符表示,如 100001x 10x x x x x x。RTSP 信息可通过任何低层传输协议携带。

请求包括方法、方法作用于其上的对象及进一步描述方法的参数。方法也可设计为在服务器端只需少量或不需要状态维护。当信息体包含在信息中时,信息体长度由以下因素决定:

(1) 不管实体头段是否出现在信息中,不包括信息体的响应,信息总以头段后第 1 个空行结束。

(2) 如出现内容长度头段,其值以字节计,表示信息体长度。如未出现头段,则其值为零。

(3) 服务器关闭连接。

注意,RTSP 目前并不支持 HTTP 1.1"块"传输编码,需要有内容长度头。假如返回适度演示描述长度,即使动态产生,使块传输编码没有必要,服务器也应该能决定其长度。如有实体,即使必须有内容长度,并且长度没显式给出,规则可确保行为合理。

从用户到服务器端的请求信息在第一行内包括源采用的方法、源标识和所用协议版本。RTSP 定义了附加状态码,但没有定义任何 HTTP 代码。

7. RTSP 连接

RTSP 请求可以用几种不同的方式传送:

(1) 持久传输连接,用于多个请求/响应传输。

(2) 每个请求/响应传输一个连接。

(3) 无连接模式。

传输连接类型由 RTSP URL 来定义。对 RTSP 方案,需要持续连接,而 RTSPU 方案,需要调用 RTSP 请求发送,而不用建立连接。

不像 HTTP,RTSP 允许媒体服务器给媒体用户发送请求,然而,这仅在持久连接时才支持,否则媒体服务器没有可靠途径到达用户,这也是请求通过防火墙从媒体服务器传到用户的唯一途径。

注意:RTSPU 是指采用 UDP 方式实现的 RTSP。

8. RTSP 扩展

由于不是所有媒体服务器都有相同的功能,媒体服务器有必要支持不同请求集。

RTSP 可以用以下 3 种方式扩展：

（1）以新参数扩展。如用户需要拒绝通知，而方法扩展不支持，相应标记就应加入要求的段中。

（2）加入新方法。如信息接收者不理解请求，返回 501 错误代码，发送者不应再次尝试这种方法。用户可使用 OPTIONS 方法查询服务器支持的方法。服务器使用公共响应头列出支持的方法。

（3）定义新版本协议，允许改变所有部分（协议版本号位置除外）。

9. RTSP 操作模式

支持持久连接或无连接的客户端可能给其请求排队。服务器必须以收到请求的同样顺序发出响应。如果请求不是发送给多播组，接收者就确认请求，如没有确认信息，发送者可在超过一个来回时间（RTT）后重发同一信息。

在 TCP 中 RTT 估计的初始值为 500ms。应用缓存最后所测量的 RTT 作为将来连接的初始值。如使用一个可靠传输协议传输 RTSP，请求不允许重发，RTSP 应用反过来依赖低层传输提供可靠性。如两个低层可靠传输（如 TCP 和 RTSP）应用重发请求，有可能每个包损失导致两次重传。由于传输栈在第一次尝试到达接收者前不会发送应用层重传，接收者也不能充分利用应用层重传。如包损失由阻塞引起，不同层的重发将使阻塞进一步恶化。时标头用来避免重发模糊性问题，避免对圆锥算法的依赖。每个请求在 CSeq 头中携带一个系列号，每发送一个不同请求，它就加一。如由于没有确认而重发请求，请求必须携带初始系列号。

实现 RTSP 的系统必须支持通过 TCP 传输 RTSP，并支持 UDP。对 UDP 和 TCP，RTSP 服务器的缺省端口都是 554。许多目的一致的 RTSP 包被打包成单个低层 UDP 或 TCP 流。RTSP 数据可与 RTP 和 RTCP 包交叉。不像 HTTP，RTSP 信息必须包含一个内容长度头，无论信息何时包含负载。否则，RTSP 包以空行结束，后跟最后一个信息头。

每个演示和媒体流可用 RTSP URL 识别。演示组成的整个演示与媒体属性由演示描述文件定义。用户使用 HTTP 或其他途径可获得这个文件，它没有必要保存在媒体服务器上。为了说明这个问题，假设演示描述了多个演示，其中每个演示维持了一个公共时间轴。为了简化说明，并且不失一般性，假定演示描述的确包含这样一个演示。演示可包含多个媒体流。除媒体参数外，网络目标地址和端口也需要决定。

下面区分几种操作模式。

（1）单播：用户选择的端口号将媒体发送到 RTSP 请求源。

（2）服务器选择地址多播：媒体服务器选择多播地址和端口，这是现场直播或准点播常用的方式。

（3）用户选择地址多播：如服务器加入正在进行的多播会议，多播地址、端口和密钥由会议描述给出。

2.5 RTSP 重要方法

RTSP 方法表示资源上执行的方法，它区分大小写。新方法可在将来定义，但不能以 $ 开头。已定义的方法如表 2-2 所示。

表 2-2 RTSP 方法列表

方法	方向	对象	要求	含义
DESCRIBE	C→S	P,S	推荐	检查演示或媒体对象的描述，也允许使用接收头指定用户理解的描述格式。DESCRIBE 的答复-响应组成媒体 RTSP 初始阶段
ANNOUNCE	C→S S→C	P,S	可选	当从客户端发往服务器时，ANNOUNCE 将请求 URL 识别的演示或媒体对象描述发送给服务器；反之，ANNOUNCE 实时更新连接描述。如新媒体流加入演示，整个演示描述再次发送，而不仅附加组件，使组件能被删除
GET_PARAMETER	C→S S→C	P,S	可选	GET_PARAMETER 请求检查 URL 指定的演示与媒体的参数值。当没有实体体时，GET_PARAMETER 也许能用来测试用户与服务器的连通情况
OPTIONS	C→S S→C	P,S	要求	可在任意时刻发出 OPTIONS 请求，如用户打算尝试非标准请求，并不影响服务器状态
PAUSE	C→S	P,S	推荐	PAUSE 请求引起流发送临时中断。如请求 URL 命名一个流，仅回放和记录被停止；如请求 URL 命名一个演示或流组，演示或组中所有当前活动的流发送都停止。恢复回放或记录后，必须维持同步。在 SETUP 消息中连接头超时参数所指定时段期间被暂停后，尽管服务器可能关闭连接并释放资源，但服务器资源会被预订
PLAY	C→S	P,S	要求	PLAY 告诉服务器以 SETUP 指定的机制开始发送数据；直到一些 SETUP 请求被成功响应，客户端才可发布 PLAY 请求。PLAY 请求将正常播放时间设置在所指定范围的起始处，发送流数据直到范围的结束处。PLAY 请求可排成队列，服务器将 PLAY 请求排成队列，顺序执行
RECORD	C→S	P,S	可选	该方法根据演示描述初始化媒体数据记录范围，时标反映开始和结束时间；如没有给出时间范围，使用演示描述提供的开始和结束时间。如连接已经启动，立即开始记录，服务器数据请求 URL 或其他 URL 决定是否存储记录的数据；如服务器没有使用 URL 请求，响应应为 201（创建），并包含描述请求状态和参考新资源的实体与位置头。支持现场演示记录的媒体服务器必须支持时钟范围格式，SMPTE 格式没有意义

续表

方法	方向	对象	要求	含义
REDIRECT	S→C	P,S	可选	重定向请求通知客户端连接到另一服务器地址。它包含强制头地址,指示客户端发布 URL 请求;也可能包括参数范围,以指明重定向何时生效。若客户端要继续发送或接收 URL 媒体,客户端必须对当前连接发送 TEARDOWN 请求,而对指定新连接发送 SETUP 请求
SETUP	C→S	S	要求	对 URL 的 SETUP 请求指定用于流媒体的传输机制。客户端对正播放的流发布一个 SETUP 请求,以改变服务器允许的传输参数。如不允许这样做,响应错误为 455 Method Not Valid In This State。为了穿过防火墙,客户端必须指明传输参数,即使对这些参数没有影响
SET_PARAMETER	C→S S→C	P,S	可选	这种方法请求设置演示或 URL 指定流的参数值。请求仅应包含单个参数,允许客户端决定某个特殊请求为何失败。如请求包含多个参数,所有参数可成功设置,服务器必须只对该请求起作用。服务器必须允许参数可重复设置成同一值,但不让改变参数值。注意:媒体流传输参数必须用 SETUP 命令设置。将设置传输参数限制为 SETUP 有利于防火墙。将参数划分成规则排列形式,结果有更多意义的错误指示
TEARDOWN	C→S	P,S	要求	TEARDOWN 请求停止给定 URL 流发送,释放相关资源。如 URL 是此演示 URL,任何 RTSP 连接标识不再有效。除非全部传输参数是连接描述定义的,SETUP 请求必须在连接可再次播放前发布

注意:对象 P 代表演示,对象 S 代表流,方向 C 代表客户端,方向 S 代表服务器端。

某些防火墙设计与其他环境可能要求服务器插入 RTSP 方法和流数据。由于插入将使客户端和服务器端操作复杂,并增加附加开销,除非有必要,应避免这样做。插入二进制数据仅在 RTSP 通过 TCP 传输时才可使用。流数据(如 RTP 包)用一个 ASCII 字符 $ 封装,后跟一个一字节通道标识,其后是封装二进制数据的长度,两字节整数。流数据紧跟其后,没有 CRLF,但包括高层协议头。每个 $ 块包含一个高层协议数据单元。

当传输选择为 RTP 时,RTCP 信息也被服务器通过 TCP 连接插入。缺省情况下,RTCP 包在比 RTP 通道高的第 1 个可用通道上发送。客户端可能在另一通道显式请求 RTCP 包,这可通过指定传输头插入参数中的两个通道来做到。当两个或更多流交叉时,为取得同步,需要 RTCP,而且,这为当网络设置需要通过 TCP 控制连接穿过 RTP/RTCP 提供了一条方便的途径,也可以在 UDP 上进行传输。

2.6 RTSP 状态机

RTSP 在交互流程中有很多种状态来回切换,具体的状态机如图 2-6 所示。

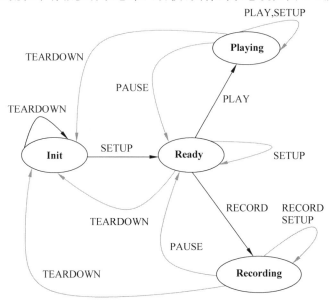

图 2-6 RTSP 状态机

RTSP 用以控制媒体流(Stream),该媒体流可能通过一个单独的协议,与控制通道(Control Channel)无关的方式被发送。例如,RTSP 控制可通过 TCP 连接,而数据流通过 UDP 发送,因此,即使媒体服务器没有收到请求,数据也会继续发送。在连接生命期,单个媒体流可通过不同 TCP 连接顺序发出请求来控制,所以服务器需要维持能联系流与 RTSP 请求的连接状态。RTSP 中很多方法与状态无关,但下列方法在定义服务器流资源的分配与应用上起着重要的作用。

(1) SETUP:让服务器给流分配资源,启动 RTSP 连接。
(2) PLAY 与 RECORD:启动 SETUP 分配流的数据传输。
(3) PAUSE:临时停止流,而不释放服务器资源。
(4) TEARDOWN:释放流的资源,RTSP 连接停止。

标识状态的 RTSP 方法使用连接头段识别 RTSP 连接,为响应 SETUP 请求,服务器连接产生连接标识。

RTSP 客户端和服务器端的状态机描述了从 RTSP 会话初始化到会话终止过程中协议的行为。根据每个对象的要素来定义其状态。可以通过媒体流 URL 和 RTSP 会话标志符来唯一地标识每个对象。聚合 URL(Aggregate Urls)用以标识由多个媒体流组成的表示,任何使用这种聚合 URL 的请求/回复都将会影响表示中的所有媒体流的状态。例如,表示/movie 包含两个媒体流/movie/audio 和/movie/video,命令如下:

```
PLAY rtsp://abc.com/movie RTSP/1.0
CSeq: 559
Session: 12345678
```

/movie/audio 和/movie/video 的状态将会受到影响。

OPTIONS、ANNOUNCE、DESCRIBE、GET_PARAMETER、SET_PARAMETER 等请求不会影响客户端或服务器端的状态机,因此它们没有在状态表中列出。

2.6.1 客户端状态机

RTSP 客户端呈现以下状态。

(1) 初始态(Init):SETUP 请求已经发出,等待回复。

(2) 就绪态(Ready):收到 SETUP 回复,或在播放态时收到 PAUSE 回复。

(3) 播放态(Playing):收到 PLAY 回复。

(4) 记录态(Recording):收到 RECORD 回复。

通常来讲,客户端在收到对请求的回复后立即改变状态,但要注意某些请求会在将来某个时间或某个位置才生效,例如 PAUSE 请求,到时状态也要进行相应改变。如果对象不需要显式的 SETUP 请求,例如它在一个可用组播群中,那么其起始态就为就绪态。在这种情况下只有两种状态:就绪态和播放态。当到达被请求范围(The Requested Range)的结尾时,客户端也会将状态从播放态/记录态迁移到就绪态。

"下一状态"列表示在收到一个成功响应(2xx)后的状态。如果请求产生状态码 3xx,状态将变成初始态,而如果状态码是 4xx,则状态将不作改变。在当前状态不能发出的消息没有在状态机中列出,上文提到的那些不影响当前状态的消息也没有列出。从服务器端收到一个 REDIRECT 方法等同于从服务器接收到一个 3xx 的重定向状态码。

客户端状态机的详细信息,如表 2-3 所示。

表 2-3 RTSP 客户端状态机

状 态	发出的消息	响应后下一状态
初始态	SETUP	就绪态
	TEARDOWN	初始态
就绪态	PLAY	播放态
	RECORD	记录态
	TEARDOWN	初始态
	SETUP	就绪态
播放态	PAUSE	就绪态
	TEARDOWN	初始态
	PLAY	播放态
	SETUP	播放态(改变传输)

续表

状　态	发出的消息	响应后下一状态
记录态	PAUSE	就绪态
	TEARDOWN	初始态
	RECORD	记录态
	SETUP	记录态(改变传输)

2.6.2　服务器端状态机

RTSP 服务器端呈现以下状态。

(1) 初始态(Init)：最初的状态，未收到有效的 SETUP 请求。

(2) 就绪态(Ready)：成功接收上一个 SETUP 请求，回复发出，或者从播放态迁移而来，成功接收上一个 PAUSE 请求，向客户端发回回复。

(3) 播放态(Playing)：成功接收上一个 PLAY 请求，对其回复发出。数据正在发送。

(4) 记录态(Recording)：服务器正在记录媒体数据。

通常来讲，服务器端在收到请求后立即改变状态。在单播模式下，如果服务器在一个定义的时间间隔内(默认为 1min)没有从客户端收到"满意的(Wellness)"的信息，则它将从播放态或记录态恢复到初始态，并且关闭(TEARDOWN)RTSP 会话。服务器在会话响应头(Session Response Header)中声明另一个超时值(Timeout Value)。

如果处在就绪态的服务器在超过 1min 的时间间隔内没有收到一个 RTSP 请求，它将恢复到初始态。注意某些请求(例如 PAUSE)可能会在将来某个时间或某个位置生效，服务器状态会在恰当的时间改变(而不是在收到请求后立即改变)。到达客户端请求范围的结尾时，服务器状态从播放态或记录态恢复到就绪态。除非 REDIRECT 消息有 Range 首部域指出重定向生效的时间，否则它在发出后立即生效。在有 Range 的情况下，服务器状态也会在恰当的时间改变。如果对象不需要显式的 SETUP 请求，则它将以就绪态开始，并且只有就绪和播放两种状态。"下一状态"列表示发出一个成功响应(2xx)后的状态。如果某个请求引起的状态码为 3xx，则状态变成初始态。4xx 的状态码不会引起状态改变。

服务器端状态机的详细信息，如表 2-4 所示。

表 2-4　RTSP 服务器端状态机

状　态	收到的消息	下一状态
初始态	SETUP	就绪态
	TEARDOWN	初始态
就绪态	PLAY	播放态
	SETUP	就绪态
	TEARDOWN	初始态
	RECORD	记录态

续表

状　　态	收到的消息	下一状态
播放态	PLAY	播放态
	PAUSE	就绪态
	TEARDOWN	初始态
	SETUP	播放态
记录态	RECORD	记录态
	PAUSE	就绪态
	TEARDOWN	初始态
	SETUP	记录态

2.7　VLC作为RTSP流媒体服务器

　　VLC的功能很强大，不仅是一个视频播放器，也可作为小型的视频服务器，还可以一边播放一边转码，把视频流发送到网络上。VLC作为视频服务器的具体步骤如下：

（1）选择主菜单中"媒体"下的"流"选项。

（2）在弹出的对话框中单击"添加"按钮，选择一个本地视频文件，如图2-7所示。

图2-7　打开本地文件

（3）选择页面下方的"串流"选项，添加串流协议，如图2-8所示。

（4）该页面会显示刚才选择的本地视频文件，然后单击"下一个"按钮，如图2-9所示。

（5）在该页面单击"添加"按钮，选择具体的流协议，例如这里选择RTSP下拉项，然后单击"下一个"按钮，如图2-10所示。

（6）在该页面的下拉列表框列表中选择Video-H.264＋MP3(TS)，然后单击"下一个"按钮，如图2-11所示。

注意：一定要选中"激活转码"，并且需要是TS流格式。

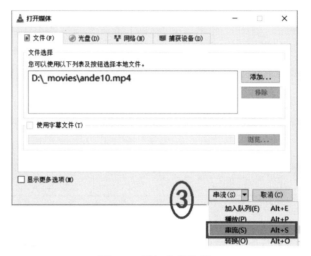

图 2-8　添加串流协议

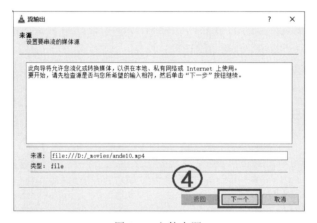

图 2-9　文件来源

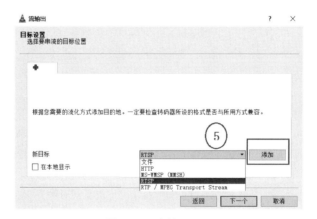

图 2-10　选择 RTSP

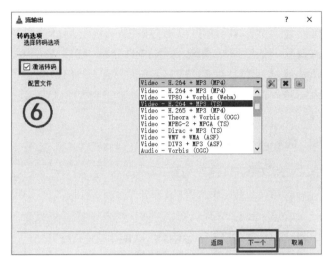

图 2-11　H.264＋MP3(TS)

（7）在该页面可以看到 VLC 生成的所有串流输出参数，然后单击"流"按钮即可，如图 2-12 所示。

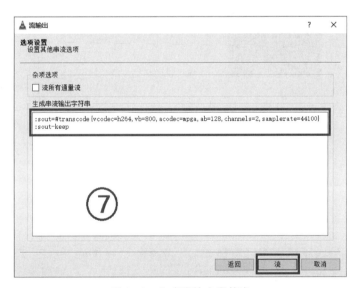

图 2-12　生成流输出字符串

2.8　RTSP 抓包流程分析

绝大多数程序员在做流媒体项目时会遇到各种网络问题，要解决这些问题除了对各种网络协议深入了解之外，还需要掌握各种网络分析工具的用法。Wireshark 绝对是这方面的翘楚，非常适合进行抓包分析，可惜的是，Wireshark 不能对本地接口（loopback 或者 127.0.0.1）进行直接抓包。Wireshark 可以通过操作系统访问所有的网络适配器（网卡），并把网卡上的数据流截获，然后复制，用于数据包的分析，所以 Wireshark 的使用前提是：要截获的数据包必须是通过网卡收发的，而 loopback 接口上的数据因为其特殊性（本地回还），是在操作系统内部转发的，不会通过网卡，类似于进程间通信，因此 Wireshark 从工作原理上就不能够获得 loopback 上的数据流。

2.8.1　安装 Wireshark

读者先下载 Wireshark 安装包（注意选择 Windows 版本），然后准备安装。

（1）双击 Wireshark 的安装包，开始安装，单击 Next 按钮，如图 2-13 所示。

图 2-13　Wireshark 安装的起始页

（2）在许可协议页面，单击 I Agree 按钮，如图 2-14 所示。

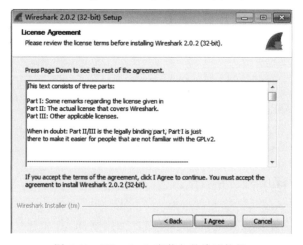

图 2-14　Wireshark 安装包的许可协议

（3）选择安装选项，然后单击 Next 按钮，如图 2-15 所示。

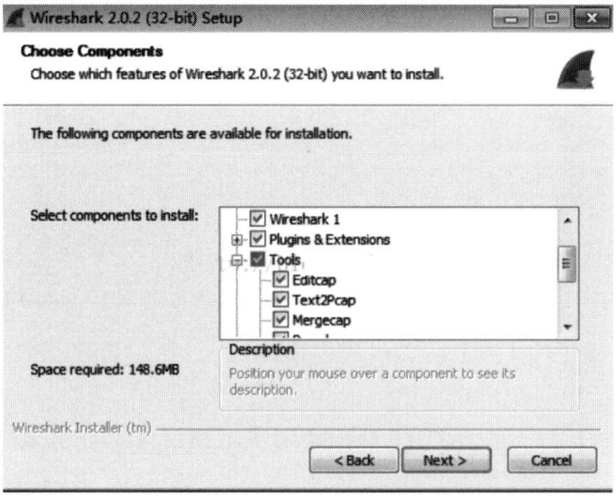

图 2-15　Wireshark 的安装选项

（4）选择附加任务，然后单击 Next 按钮，如图 2-16 所示。

图 2-16　Wireshark 的附加任务

（5）安装位置（默认为 C 盘，也可以选择其他安装位置），然后单击 Next 按钮，如图 2-17 所示。

（6）必须安装 WinPcap，才能捕获数据包，选中 Install WinPcap 4.1.3 左侧的复选框，然后单击 Next 按钮，如图 2-18 所示。

（7）可以根据自己的情况选择是否安装 USBPcap，然后单击 Install 按钮，如图 2-19 所示。

（8）开始安装，如图 2-20 所示。

（9）安装 WinPcap，单击 Next 按钮，如图 2-21 所示。

（10）WinPcap 的许可协议，单击 I Agree 按钮，如图 2-22 所示。

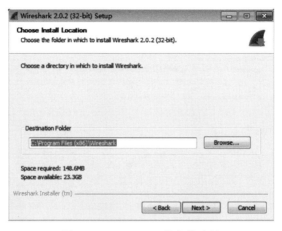

图 2-17　Wireshark 的安装路径

图 2-18　WinPcap 的选择

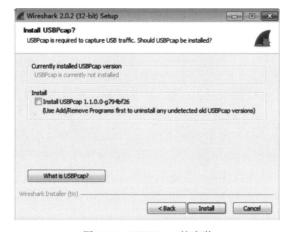

图 2-19　USBPcap 的安装

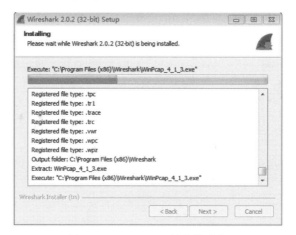

图 2-20　Wireshark 的安装进度

图 2-21　WinPcap 的安装起始页

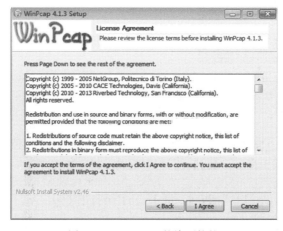

图 2-22　WinPcap 的许可协议

（11）开始安装 WinPcap 驱动，单击 Install 按钮，如图 2-23 所示，然后完成 WinPcap 的安装，单击 Finish 按钮，如图 2-24 所示。

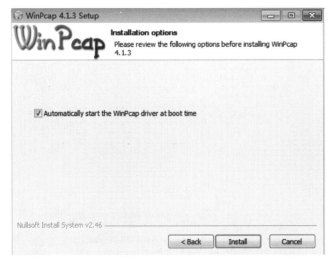

图 2-23　WinPcap 驱动的安装

图 2-24　WinPcap 驱动安装完成

（12）完成 WinPcap 安装后继续安装 Wireshark，单击 Next 按钮，如图 2-25 所示。
（13）安装完成，单击 Finish 按钮，至此 Wireshark 安装完毕，如图 2-26 所示。

2.8.2　Wireshark 抓取本地 localhost 的包

将自己的计算机既作为客户端又作为服务器端进行一个程序的测试，可以使用

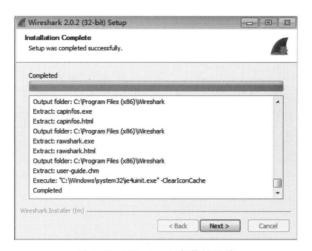

图 2-25　Wireshark 安装的继续

图 2-26　Wireshark 安装完成

Wireshark 来抓包分析问题，但由于 Wireshark 只能抓取经过计算机网卡的包，而使用 localhost 或者 127.0.0.1 进行测试时，流量是不经过计算机网卡的，所以 Wireshark 无法抓包。可以使用以下步骤来配置本地网卡，然后 Wireshark 就可以抓取到本地网卡的包了。

（1）以管理员身份打开命令提示符。

（2）输入的命令如下：

```
route add 本机 IP  mask 255.255.255.255 网关 IP
```

如果不知道本机 IP 和网关 IP，则可以在命令行输入 ipconfig 命令查看。例如笔者输入的命令如下：

```
route add 192.168.1.4 mask 255.255.255.255 192.168.1.1
```

执行该命令,如图 2-27 所示。

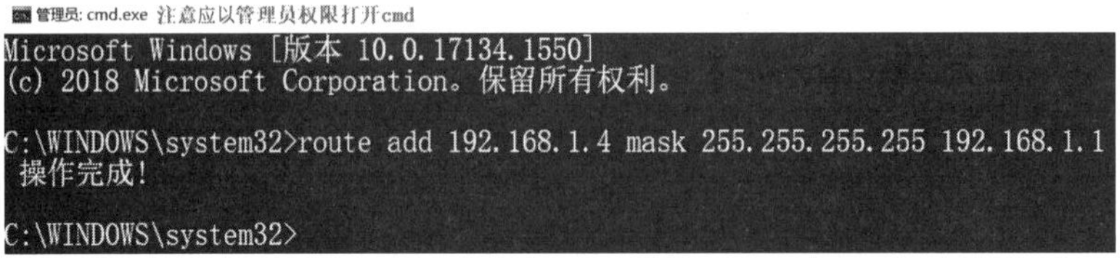

图 2-27 管理员权限增加本地 IP 的路由配置

注意:以上的配置并不具有永久性,若重新开机,则需要再次添加。
(3)将程序里面的 localhost 或者 127.0.0.1 替换成本机 IP。
(4)使用 Wireshark 即可抓到本地包。
(5)抓包结束后,需要删除上面的配置,命令如下:

```
route delete 本机 IP   mask 255.255.255.255 网关 IP
```

注意:一定要在测试完之后,使用上述命令来删除上面的更改,否则本机的所有报文都会先经过网卡再回到本机,会比较消耗性能。

2.8.3 使用 Wireshark 抓包分析 RTSP 交互流程

使用 Wireshark 抓包分析 RTSP 交互流程的详细步骤如下:
(1)首先配置 VLC 服务器来推送 RTSP 流,详细步骤可参考 2.7 节,如图 2-28 所示。

图 2-28 VLC 作为 RTSP 服务器进行推流

(2) 打开 Wireshark 进行抓包，选择要抓取的网口（如笔者选择的本机的 WLAN），在过滤器文本框中输入 host　IP 地址（如笔者输入的是 host 192.168.1.4），然后按 Enter 键，如图 2-29 所示。

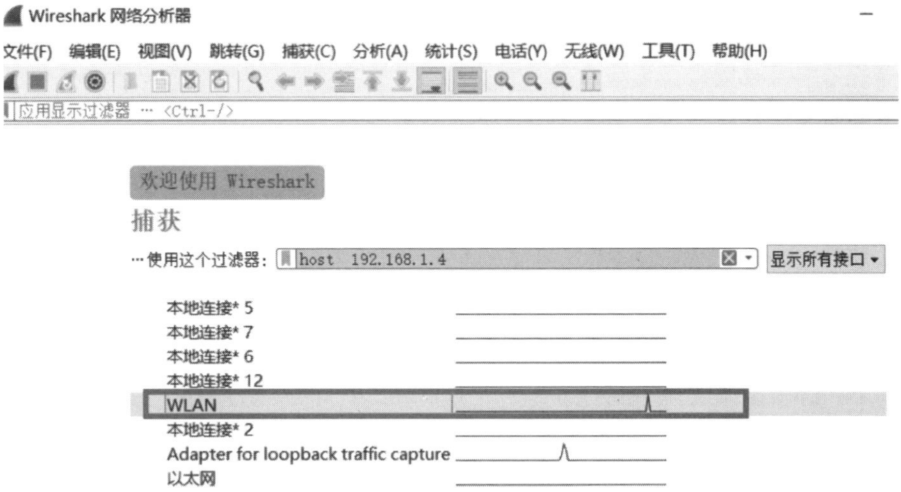

图 2-29　Wireshark 的过滤条件

(3) 打开另外一个 VLC，单击主菜单中的"媒体"，选择"打开网络串流"下拉菜单项，如图 2-30 所示，然后在弹出页面的网络 URL 文本框中输入 rtsp://ip:port/test，开始请求 RTSP 流，如图 2-31 所示，然后单击"播放"按钮，此时便可播放 RTSP 流，如图 2-32 所示。

注意：此处的 IP 地址不能使用 localhost 或 127.0.0.1，否则 Wireshark 无法抓取网络包。

图 2-30　VLC 打开网络串流

(4) 打开 Wireshark，会发现捕获了很多数据包，包括 TCP、RTSP、RTP、RTCP 等类型，如图 2-33～图 2-35 所示。

图 2-31　VLC 输入网络串流地址

图 2-32　VLC 播放 RTSP 网络流

注意：笔者将抓取的所有数据包存储为"RTSP 交互流程抓包分析（章节 2.8.3）.pcapng"，读者可以从清华大学出版社网站上本书对应的课件资料中下载。

RTSP 交互的一般顺序是 OPTIONS→DESCRIBE→SETUP→PLAY→TEARDOWN。

注意：有的 RTSP 服务器没有 GET_PARAMETER。

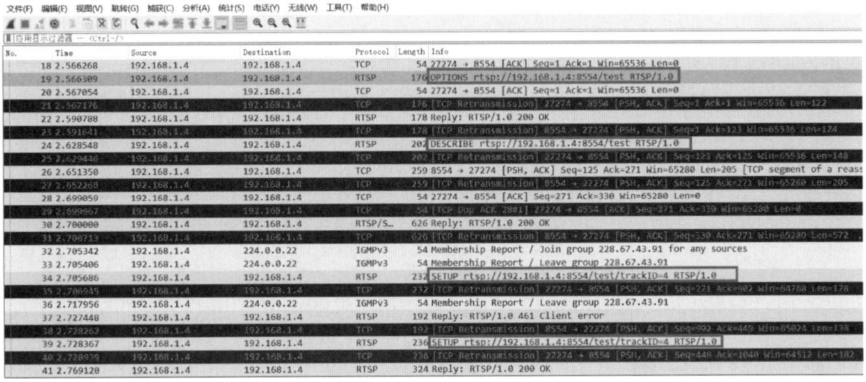

图 2-33　Wireshark 捕获 RTSP 的 SETUP 等消息

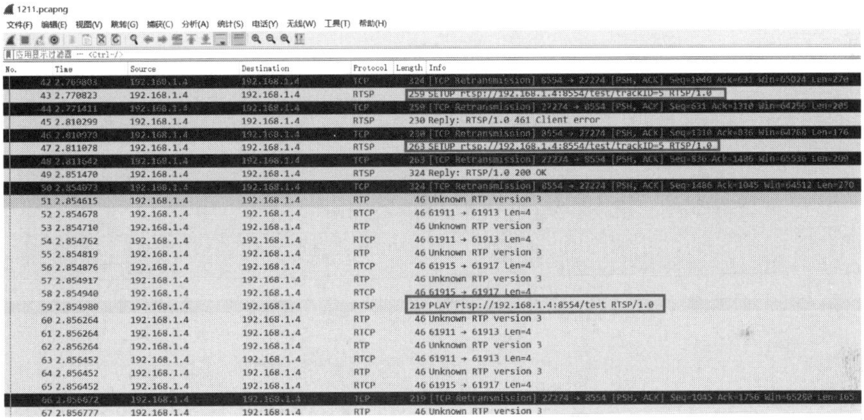

图 2-34　Wireshark 捕获 RTSP 的 PLAY 等消息

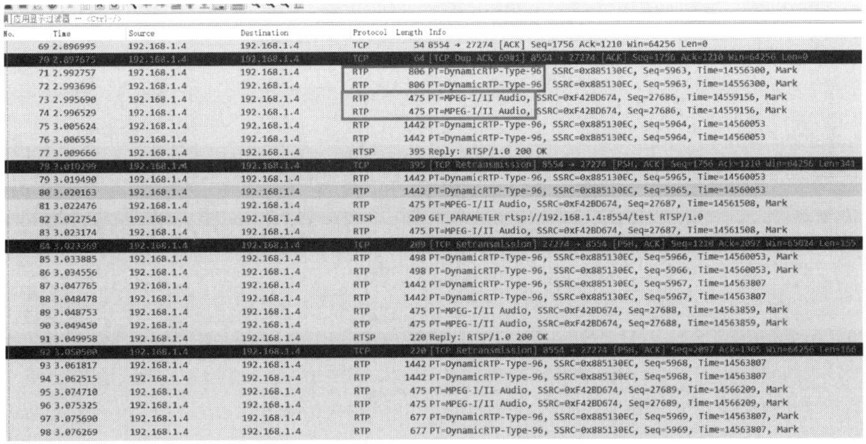

图 2-35　Wireshark 捕获 RTP 的音视频数据包

RTSP 的交互流程，代码如下：

```
//chapter2/wireshark.rtspAnalysis.txt
//第 2 章/Wireshark 抓包.RTSP 流程分析.txt
#OPTIONS:这个是选项,询问 RTSP 服务器支持哪些功能
OPTIONS rtsp://192.168.1.4:8554/test RTSP/1.0\r\n
CSeq: 2
User-Agent: LibVLC/2.2.4 (LIVE555 Streaming Media v2016.02.22)

#RTSP 服务器回复,支持的功能列表,以英文逗号分隔
RTSP/1.0 200 OK\r\n
CSeq: 2\r\n
Server: VLC/2.2.4\r\n
Public: DESCRIBE,SETUP,TEARDOWN,PLAY,PAUSE,GET_PARAMETER\r\n

#DESCRIBE:客户端请求服务器描述一下流的详细信息,可以接收 SDP 格式描述
DESCRIBE rtsp://192.168.1.4:8554/test RTSP/1.0\r\n
CSeq: 3
User-Agent: LibVLC/2.2.4 (LIVE555 Streaming Media v2016.02.22)
Accept: application/sdp

###注意,以下信息,有的 RTSP 服务器会提供鉴权认证,有的不需要
#服务器回答,客户端没有认证(用户密码),401 代表没有鉴权认证
RTSP/1.0 401 Unauthorized
CSeq: 3
WWW-Authenticate: Digest realm = "1868cb21d4df", nonce = "cfbaf30c677edba80dbd7f0eb1df5db6", stale = "FALSE"
WWW-Authenticate: Basic realm = "1868cb21d4df"

#服务器回答,客户端没有认证(用户密码),401 代表没有鉴权认证
RTSP/1.0 200 OK
CSeq: 3
Content-Type: application/sdp
Content-Base: Content-Base: rtsp://192.168.1.4:8554/test\r\n
Content-Length: 572

v = 0
o = - 1495555727123750 1495555727123750 IN IP4 192.168.1.4
s = Media Presentation
e = NONE
b = AS:5050
t = 0 0
a = control:rtsp://192.168.1.4:8554/test
m = video 0 RTP/AVP 96
c = IN IP4 0.0.0.0
b = AS:5000
```

a = recvonly
a = x-dimensions:1280,720
a = control:rtsp://192.168.1.4:8554/test/av_stream/trackID = 4
a = rtpmap:96 H264/90000
a = fmtp:96 profile-level-id = 420029; packetization-mode = 1; sprop-parameter-sets = Z00AKpWoHgCJ + WEAAAcIAAFfkAQ = ,a048gA = =
a = Media_header:MEDIAINFO = 494D4B4801020000040000010000000000000000000000000000000000000000000000000000;
a = appversion:1.0
♯RTSP 服务器应答,SDP 描述详细的音视频流信息
♯里面有各种信息,这里只有一路视频,720P,H.264 编码
♯96 是视频流 ID,这符合规范,mediainfo 是 SPS、PPS 等的相关信息

♯SETUP:请求 RTSP 服务器来建立连接,指定传输机制 RTP/AVP 和端口号
SETUP rtsp://192.168.1.4:8554/test/trackID = 4 RTSP/1.0\r\n
CSeq: 5
User-Agent: LibVLC/2.2.4 (LIVE555 Streaming Media v2016.02.22)
Transport: Transport: RTP/AVP;unicast;client_port = 61910-61911

♯服务器响应 SETUP 请求,并指定端口号,告诉客户端可以发起 PLAY 请求
RTSP/1.0 200 OK
Server: VLC/2.2.4\r\n
CSeq: 5
Transport: RTP/AVP/UDP;unicast;client_port = 61910-61911;server_port = 61912-61913;ssrc = F42BD674;mode = play
Session: 16e2af332b91410f;timeout = 60
Cache-Control: no-cache\r\n
Date: Thu, 06 Jan 2022 08:12:20 GMT\r\n

♯PLAY:客户端告诉服务器以 SETUP 指定的机制开始发送数据
♯还可以用关键字 Range 指定 PLAY 的范围
PLAY rtsp://192.168.1.4:8554/test RTSP/1.0\r\n
CSeq: 8
User-Agent: LibVLC/2.2.4 (LIVE555 Streaming Media v2016.02.22)
Session: 16e2af332b91410f
Range: npt = 0.000-

♯服务器响应 PLAY 消息,包括初始的随机序列号和随机时间戳
RTSP/1.0 200 OK
CSeq: 8
Session: 16e2af332b91410f;timeout = 60
RTP-Info: url = rtsp://192.168.1.4:8554/test/trackID = 4;seq = 27686;rtptime = 14548000\r\n
Date: Thu, 06 Jan 2022 08:12:20 GMT\r\n

```
Cache - Control: no - cache\r\n
Content - length: 0
```

#TEARDOWN:客户端请求终止,并释放相关资源
```
TEARDOWN rtsp://192.168.1.4:8554/test RTSP/1.0\r\n
CSeq: 10
User - Agent: LibVLC/2.2.4 (LIVE555 Streaming Media v2016.02.22)
Session: 16e2af332b91410f
```

#服务器响应:已经关闭这个会话 Session(16e2af332b91410f)
```
RTSP/1.0 200 OK\r\n
Server: VLC/2.2.4\r\n
CSeq: 10\r\n
Cache - Control: no - cache\r\n
Session: 16e2af332b91410f;timeout = 60
Date: Thu, 06 Jan 2022 08:12:42 GMT\r\n
```

1. OPTIONS

  OPTIONS 一般为 RTSP 客户端发起的第一条请求指令,该指令的目的是得到服务器端提供了哪些方法。OPTIONS 的抓包信息,请求的服务器的 URI 为 rtsp://192.168.1.4:8554;RTSP 的版本号为 RTSP 1.0;CSeq 为数据包的序列号,由于是第 1 个请求包,此处为 1;User-Agent 用户代理的值为 LibVLC/2.2.4。OPTIONS 的回复信息遵循 RTSP Response 消息的格式,第一行回复 RTSP 的版本、状态码、状态描述,然后是序列号,与 OPTIONS 请求中的序列号相同;之后是 Public 字段,用于描述服务器当前提供了哪些方法,最后是 Date 字段,表示日期。具体抓包信息,如图 2-36 所示。

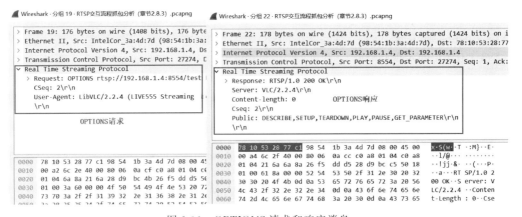

图 2-36　OPTIONS 请求和响应消息

OPTIONS 的示例代码如下：

```
//chapter2/wireshark.options.txt
//第 2 章/Wireshark 抓包.OPTIONS 示例代码.txt
#OPTIONS 请求
OPTIONS rtsp://192.168.1.4:8554/test RTSP/1.0\r\n
CSeq: 1\r\n
User-Agent: Lavf58.42.100\r\

#OPTIONS 响应
RTSP/1.0 200 OK\r\n
CSeq: 1\r\n
Public: OPTIONS, DESCRIBE, PLAY, PAUSE, SETUP, TEARDOWN, SET_PARAMETER, GET_PARAMETER\r\n
Date: Fri, Apr 10 2022 19:07:19 GMT\r\n
```

OPTIONS 的请求消息，各个字段的描述信息如下。

（1）OPTIONS：标识请求命令的类型。

（2）RTSPURI：请求的服务器端的 URI，以 rtsp:// 开头的地址，一般为 rtsp://ip:554 （RTSP 默认端口号）。

（3）RTSP VER：标识 RTSP 版本号，常见为 RTSP 1.0。

（4）CSeq：数据包序列号，由于 OPTIONS 一般而言为 RTSP 请求的第一条指令，所以针对 OPTIONS，该值为 1，有的服务器设定为 2。

（5）User-Agent：用户代理。

在 OPTIONS 回复的消息中 RTSP 版本为 RTSP 1.0；状态码为 200，表示正常；状态描述字符为 OK；CSeq 的值为 1，与 OPTIONS 请求中的序列号一致；Public 表示服务器端支持的方法，此处有 OPTIONS、DESCRIBE、PLAY、PAUSE、SETUP、TEARDOWN、GET_PARAMETER 等，表示 RTSP 服务器端支持这些方法；Date 表示日期和时间。

2. DESCRIBE

客户端发起 OPTION 请求后，得到了 RTSP 服务器端支持的指令。在此之后，客户端会继续向服务器端发送 DESCRIBE 消息，获取会话描述信息（SDP）。

DESCRIBE 的示例代码如下：

```
//chapter2/wireshark.describe.txt
//第 2 章/Wireshark 抓包.DESCRIBE 示例代码.txt
#DESCRIBE 请求
DESCRIBE rtsp://192.168.1.4:8554/test RTSP/1.0\r\n
CSeq: 3
User-Agent: LibVLC/2.2.4 (LIVE555 Streaming Media v2016.02.22)
Accept: application/sdp
#DESCRIBE :客户端请求服务器描述一下流的详细信息,可以接收 SDP 格式描述

###注意,以下信息,有的 RTSP 服务器会提供鉴权认证,有的不需要
```

```
RTSP/1.0 401 Unauthorized
CSeq: 3
WWW-Authenticate: Digest realm = "1868cb21d4df", nonce = "cfbaf30c677edba80dbd7f0eb1df5db6",
stale = "FALSE"
WWW-Authenticate: Basic realm = "1868cb21d4df"
#服务器回答,客户端没有认证(用户密码),401 代表没有鉴权认证

#DESCRIBE 响应
RTSP/1.0 200 OK
CSeq: 3
Content-Type: application/sdp
Content-Base: Content-Base: rtsp://192.168.1.4:8554/test\r\n
Content-Length: 572
###注意,以下是正文信息,格式为 SDP
v = 0
o = - 1495555727123750 1495555727123750 IN IP4 192.168.1.4
s = Media Presentation
e = NONE
b = AS:5050
t = 0 0
a = control:rtsp://192.168.1.4:8554/test
m = video 0 RTP/AVP 96
c = IN IP4 0.0.0.0
b = AS:5000
a = recvonly
a = x-dimensions:1280,720
a = control:rtsp://192.168.1.4:8554/test/av_stream/trackID = 4
a = rtpmap:96 H264/90000
a = fmtp:96 profile-level-id = 420029; packetization-mode = 1; sprop-parameter-sets =
Z00AKpWoHgCJ + WEAAAcIAAFfkAQ = ,aO48gA = =
a = Media_header:MEDIAINFO = 494D4B4801020000040000010000000000000000000000000000
00000000000000000000;
a = appversion:1.0
#RTSP 服务器应答,SDP 描述详细的音视频流信息
#里面有各种信息,这里只有一路视频,720P,H.264 编码
#96 是视频流 ID,这符合规范,mediainfo 是 SPS、PPS 的加密信息
```

DESCRIBE 请求消息首先用 DESCRIBE 描述请求类型,然后在 URI 中注明请求的服务器端地址,RTSP_VER 表示 RTSP 的版本号,加入\r\n 消息头表示此条目结束。DESCRIBE 请求的消息体包含以下字段。

(1) Accept:指明接收数据的格式,如 application/sdp 表示接收 SDP 信息,之后加入\r\n 表示此条目结束。

(2) CSeq:RTSP 序列号,一般 DESCRIBE 包在 RTSP 请求过程中的序列号为 2,之后加入\r\n 表示此条目结束。

（3）User-Agent：指明用户代理，由于是最后一个条目，所以加入两组\r\n表示结束。

对于DESCRIBE消息，服务器端的回复有两种可能。如果需要认证，则首先返回401，并要求客户端认证，客户端再次发送包含认证信息的DESCRIBE指令，服务器端收到带认证信息的DESCRIBE请求，将SDP信息返回客户端；如果不需要认证，则直接返回SDP，如图2-37所示。

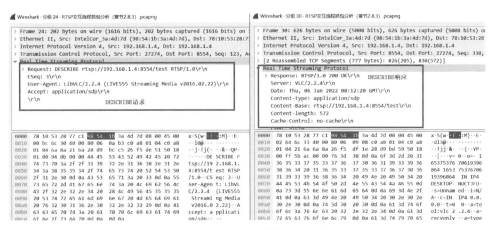

图2-37　DESCRIBE请求和响应消息

对于需要认证的情况，RTSP服务器端发送回复消息，状态码为401，状态描述为Unauthorized（未认证）；包序列号与DESCRIBE请求中的序号相同；发回WWW-Authenticate消息，告诉客户端认证所需信息；发回日期。客户端收到该消息之后，需要再次向服务器发送DESCRIBE请求，这一次消息体要增加Authorization字段，realm和nonce后填上一步服务器端返回的WWW-Authenticate消息。服务器端收到带认证信息的DESCRIBE请求之后，如果信息正确，则会回复消息200 OK，同时返回SDP信息。此时返回的状态码为200，状态描述为OK，包序列号与DESCRIBE请求的序号相同，表示对该请求的回复，主要包含以下字段：

（1）Content-type表示回复内容类型，值为application/sdp。

（2）Content-Base：一般用RTSP URI表示。

（3）Content-length表示返回的SDP信息的长度。

对于需要认证的情况，DESCRIBE的请求和响应消息的示例，代码如下：

```
//chapter2/wireshark.describeWithAuthorization.txt
//第2章/Wireshark抓包.需要认证的DESCRIBE示例代码.txt

#第一次DESCRIBE请求
DESCRIBE rtsp://192.168.1.4:8554/test RTSP/1.0
Accept: application/sdp
CSeq: 2
```

```
User - Agent: Lavf58.42.100
#DESCRIBE:客户端请求服务器端描述一下流的详细信息,可以接收 SDP 格式描述


#服务器端回复的 401 消息
RTSP/1.0 401 Unauthorized
CSeq: 2
WWW - Authenticate: Digest realm = "IP Camera(23306)", nonce = "a946c352dd3ad04cf9830d5e72ffb11e",
stale = "FALSE"
Date: Fri, Apr 10 2021 19:07:19 GMT


#第二次 DESCRIBE 请求
DESCRIBE rtsp://192.168.1.4:8554/test RTSP/1.0
Accept: application/sdp
CSeq: 3
User - Agent: Lavf58.42.100
Authorization: Digest username = "admin", realm = "IP Camera(23306)",
nonce = "a946c352dd3ad04cf9830d5e72ffb11e", uri = "rtsp://192.168.1.4:8554/test",
response = "8f1987b6da1aeb3f3744e1307d850281"


#服务器端验证 OK 消息
RTSP/1.0 200 OK
CSeq: 3
Content - Type: application/sdp
Content - Base: rtsp://192.168.1.4:8554/test
Content - Length: 712

v = 0
o = - 1586545639954157 1586545639954157 IN IP4 192.168.1.4
s = Media Presentation
e = NONE
b = AS:5100
t = 0 0
a = control:rtsp://192.168.1.4:8554/test
m = video 0 RTP/AVP 96
c = IN IP4 0.0.0.0
b = AS:5000
a = recvonly
a = x - dimensions:1920,1080
a = control:rtsp://192.168.1.4:8554/trackID = 1
a = rtpmap:96 H264/90000
a = fmtp:96 profile - level - id = 420029; packetization - mode = 1; sprop - parameter - sets =
Z01AKI2NQDwBE/LgLcBAQFAAAD6AAAw1DoYACYFAABfXgu8uNDAATAoAAL68F3lwoA == ,aO44gA ==
m = audio 0 RTP/AVP 8
```

```
c = IN IP4 0.0.0.0
b = AS:50
a = recvonly
a = control:rtsp://192.168.1.4:554/test/trackID = 2
a = rtpmap:8 PCMA/8000
a = Media_header:MEDIAINFO = 494D4B4801030000040000011710110401F000000FA0000000000000000
0000000000000000000;
a = appversion:1.0
```

3. SETUP

SETUP 请求的作用是指明媒体流该以什么方式传输；每个流 PLAY 之前必须执行 SETUP 操作；发送 SETUP 请求时，客户端会指定两个端口，一个端口用于接收 RTP 数据，另一个端口用于接收 RTCP 数据，偶数端口用来接收 RTP 数据，相邻的奇数端口用于接收 RTCP 数据。

SETUP 的示例代码如下：

```
//chapter2/wireshark.setup.txt
//第2章/Wireshark 抓包.SETUP 示例代码.txt
# SETUP 请求
# SETUP:请求 RTSP 服务器来建立连接,指定传输机制 RTP/AVP 和端口号
SETUP rtsp://192.168.1.4:8554/test/trackID = 4 RTSP/1.0\r\n
CSeq: 5
User - Agent: LibVLC/2.2.4 (LIVE555 Streaming Media v2016.02.22)
Transport: Transport: RTP/AVP;unicast;client_port = 61910 - 61911


# SETUP 响应
# 服务器响应 SETUP 请求,并指定端口号,告诉客户端可以发起 PLAY 请求
RTSP/1.0 200 OK
Server: VLC/2.2.4\r\n
CSeq: 5
Transport: RTP/AVP/UDP;unicast;client_port = 61910 - 61911;server_port = 61912 - 61913;ssrc = F42BD674;mode = play
Session: 16e2af332b91410f;timeout = 60
Cache - Control: no - cache\r\n
Date: Thu, 06 Jan 2022 08:12:20 GMT\r\n
```

SETUP 交互流程的抓包信息，如图 2-38 所示。

SETUP 请求消息，主要包括以下字段：

(1) SETUP 表明消息类型。

(2) URI 表示请求的 RTSP 服务器的地址。

(3) RTSP_VER 表明 RTSP 的版本。

(4) TRANSPORT 表明媒体流的传输方式,具体包括传输协议,如 RTP/UDP；指出是

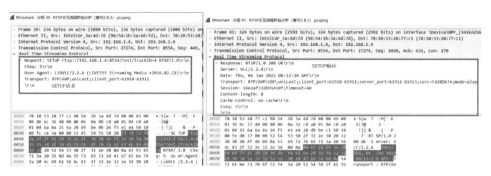

图 2-38　SETUP 请求和响应消息

单播,组播还是广播;声明两个端口,一个为奇数,用于接收 RTCP 数据,另一个为偶数,用于接收 RTP 数据。

(5) CSeq 数据包请求序列号。

(6) User-Agent 指明用户代理。

(7) Session 标识会话 ID。

(8) Authorization 标识认证信息。

在该 SETUP 请求中,Transport 字段声明了两个端口,即 61910 和 61911,同时指明了通过 UDP 发送 RTP 数据,61910 端口用来接收 RTP 数据,61911 端口用来接收 RTCP 数据,unicast 表示传输方式为单播。

SETUP 请求之后,如果没有异常情况,RTSP 服务器的回复比较简单,回复 200 OK 消息,同时在 Transport 字段中增加 sever_port,指明对等的服务器端 RTP 和 RTCP 传输的端口,增加 ssrc 字段和 mode 字段,同时返回一个 session id,用于标识本次会话连接,之后客户端发起 PLAY 请求的时候需要使用该字段。

4. PLAY

SETUP 可以说是 PLAY 的准备流程,只有 SETUP 请求被成功回复之后,客户端才可以发起 PLAY 请求。PLAY 消息是客户端发送的播放请求,发送播放请求时可以指定播放区间。发起播放请求后,如果连接正常,则服务器端开始播放,即开始向客户端按照之前在 Transport 中约定好的方式发送音视频数据包,播放流程便正式开始。

PLAY 的示例,代码如下:

```
//chapter2/wireshark.play.txt
//第 2 章/Wireshark 抓包.PLAY 示例代码.txt

# 客户端的 PLAY 请求信息
# PLAY:客户端告诉服务器以 SETUP 指定的机制开始发送数据
# 还可以用关键字 Range 指定 PLAY 的范围
PLAY rtsp://192.168.1.4:8554/test RTSP/1.0\r\n
CSeq: 8
```

```
User-Agent: LibVLC/2.2.4 (LIVE555 Streaming Media v2016.02.22)
Session: 16e2af332b91410f
Range: npt = 0.000 -


# 服务器端的 PLAY 响应信息
# 服务器响应 PLAY 消息,包括初始的随机序列号和随机时间戳
RTSP/1.0 200 OK
CSeq: 8
Session: 16e2af332b91410f;timeout = 60
RTP - Info: url = rtsp://192.168.1.4:8554/test/trackID = 4;seq = 27686;rtptime = 14548000\r\
nDate: Thu, 06 Jan 2022 08:12:20 GMT\r\n
Cache - Control: no - cache\r\n
Content - length: 0
```

PLAY 交互流程的抓包信息,如图 2-39 所示。

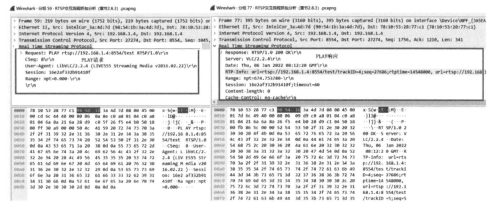

图 2-39　PLAY 请求和响应消息

PLAY 请求消息,主要包括以下字段:

(1) RTSP URI 表明请求的 RTSP 地址。

(2) RTSP Version 表明版本号。

(3) CSeq 表示请求的序列号。

(4) User-Agent 表示用户代理。

(5) Session 表示会话 ID,值为 SETUP 请求之后,服务器端返回的 Session ID 的值。

(6) Authorization 表示认证信息。

(7) Range 是 PLAY 消息特有的,代表请求播放的时间段,使用 NTP 时间来表示。Range 的值为 npt=0.0000-,表示从开始播放,默认一直播放。

客户端发送 PLAY 请求之后,服务器端会回复 RTSP 消息,常见的回复字段格式如下:

(1) RTSP Version 表示 RTSP 的版本。

(2) 状态码表示当前消息的状态,没有异常的情况下一般为 200。

(3) 状态描述是针对状态码的描述,如 200 对应的描述为 OK。

(4) CSeq 表示 RTSP 包的序号。

(5) Session 表示会话 ID,SETUP 返回时确定的 ID。

(6) RTP-Info 表示 RTP 播放音视频流的详细信息。

(7) Date 表示日期。

5. TEARDOWN

TEARDOWN 对于 RTSP 而言表示结束流传输,同时释放与之相关的资源,TEARDOWN 之后,整个 RTSP 连接随之结束。TEARDOWN 的示例代码如下:

```
//chapter2/wireshark.teardown.txt
//第2章/Wireshark 抓包.TEARDOWN 示例代码.txt

#TEARDOWN:客户端请求终止播放,并释放相关资源
TEARDOWN rtsp://192.168.1.4:8554/test RTSP/1.0\r\n
CSeq: 10
User - Agent: LibVLC/2.2.4 (LIVE555 Streaming Media v2016.02.22)
Session: 16e2af332b91410f


#服务器响应:已经关闭这个会话 Session(16e2af332b91410f)
RTSP/1.0 200 OK\r\n
Server: VLC/2.2.4\r\n
CSeq: 10\r\n
Cache - Control: no - cache\r\n
Session: 16e2af332b91410f;timeout = 60
Date: Thu, 06 Jan 2022 08:12:42 GMT\r\n
```

TEARDOWN 交互流程的抓包信息,如图 2-40 所示。

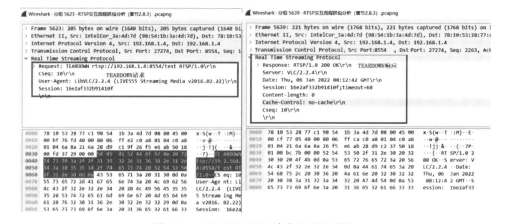

图 2-40　TEARDOWN 请求和响应消息

在 TEARDOWN 的请求消息中，URI 表示资源地址；RTSP 表示版本号；CSeq 表示序列号；Authorization 表示认证信息；User-Agent 是用户代理；Session 表示会话 ID（SETUP 消息请求之后 RTSP Server 返回的会话 ID）。

在 TEARDOWN 的响应消息中包含 RTSP 版本号、状态码及针对状态码的描述，同时返回消息的序列号（对应请求序列号）及 Session ID，另外还返回日期信息。如果服务器端正常返回该消息，则此次 RTSP 连接消息结束，相关资源会被释放。

注意：以上几条消息比较常用，其他消息读者可以自行抓包分析。

2.9 RTSP 与 HTTP

RTSP 在语法和操作上与 HTTP 1.1 类似，因此 HTTP 的扩展机制大都可加入 RTSP，然而，在很多重要方面 RTSP 仍不同于 HTTP，主要包括 RTSP 引入了大量新方法并具有一个不同的协议标识符；在大多数情况下，RTSP 服务器需要保持缺省状态，与 HTTP 的无状态相对；RTSP 中客户端和服务器都可以发出请求；在多数情况下，数据由不同的协议传输。

HTTP 超文本传输协议是分布式、协作的、超媒体信息系统的应用层协议。它遵循请求（Request）/应答（Response）模型，并且是一种无连接无状态的协议，当一个客户端向服务器端发出请求，然后 Web 服务器返回响应（Response），连接就被关闭了，在服务器端不保留连接的有关信息。客户端向服务器请求服务时，只需传送请求方法和路径；允许传输任意类型的数据对象，正在传输的类型由 Content-Type 加以标记。无连接的含义是限制每次连接只处理一个请求，服务器处理完客户的请求并收到客户的应答后，即断开连接，采用这种方式可以节省传输时间。无状态是指协议对于事务处理没有记忆能力，缺少状态意味着如果后续处理需要前面的信息，则它必须重传，这样可能导致每次连接传送的数据量增大。另一方面，在服务器不需要先前信息时它的应答就较快。

HTTP 消息由客户端到服务器的请求和服务器到客户端的响应组成。请求消息和响应消息都由开始行（对于请求消息，开始行是请求行；对于响应消息，开始行是状态行）、消息报头（可选）、空行（只有 CRLF 的行）、消息正文（可选）组成。HTTP 消息报头包括普通报头、请求报头、响应报头、实体报头。每个报头域都由"名字＋：＋空格＋值"组成，消息报头域的名字与大小写无关。

HTTP 请求由三部分组成，分别是请求行、消息报头、请求正文。请求行以一种方法符号开头，以空格分开，后面跟着请求的 URI 和协议的版本，格式如下：

```
Method Request-URI HTTP-Version CRLF
```

其中，Method 表示请求方法，Request-URI 是一个统一资源标识符，HTTP-Version 表示请求的 HTTP 版本，CRLF 表示回车和换行（除了作为结尾的 CRLF 外，不允许出现单独的 CR 或 LF 字符）。请求方法（所有方法全为大写）有多种，各种方法的解释如下：

(1) GET：请求获取 Request-URI 所标识的资源。

(2) POST：在 Request-URI 所标识的资源后附加新的数据。

(3) HEAD：请求获取由 Request-URI 所标识的资源的响应消息报头。

(4) PUT：请求服务器存储一个资源，并用 Request-URI 作为标识。

(5) DELETE：请求服务器删除 Request-URI 所标识的资源。

(6) TRACE：请求服务器回送收到的请求信息，主要用于测试或诊断。

(7) CONNECT：保留，供将来使用。

(8) OPTIONS：请求查询服务器的性能，或者查询与资源相关的选项和需求。

HTTP 服务器端在接收和解释请求消息后，会返回一个 HTTP 响应消息，由 3 部分组成，即状态行、消息报头和响应正文。状态行的格式如下：

HTTP - Version Status - Code Reason - Phrase CRLF

其中，HTTP-Version 表示服务器 HTTP 的版本，Status-Code 表示服务器发回的响应状态码，Reason-Phrase 表示状态码的文本描述。

状态码由 3 位数字组成，第 1 个数字定义了响应的类别，并且有 5 种可能的取值，如表 2-5 所示。

表 2-5 HTTP 状态码及响应类别

状态码	类型	描述
1xx	指示信息	表示请求已接收，继续处理
2xx	成功	表示请求已被成功接收、理解、接受
3xx	重定向	要完成请求必须进行更进一步的操作
4xx	客户端错误	请求有语法错误或请求无法实现
5xx	服务器端错误	服务器未能实现合法的请求

注意：1xx 表示的是 3 位数字，例如 100、110 等。

其中常见的 HTTP 状态码、类型及描述，如表 2-6 所示。

表 2-6 常见的 HTTP 状态码及描述信息

状态码	类型	描述
200	OK	客户端请求成功
400	Bad Request	客户端请求有语法错误，不能被服务器所理解
401	Unauthorized	请求未经授权，这种状态码必须和 WWW-Authenticate 报头域一起使用
403	Forbidden	服务器收到请求，但是拒绝提供服务
404	Not Found	请求资源不存在，例如输入了错误的 URL
500	Internal Server Error	服务器发生不可预期的错误
503	Server Unavailable	服务器当前不能处理客户端的请求，一段时间后可能恢复正常

最后，HTTP 响应正文是服务器返回的资源内容。

RTSP 使用 ISO 10646(UTF-8)而非 ISO 8859-1，与当前的国际标准 HTML 相一致；URI 请求总是包含绝对 URI。为了与过去的错误相互兼容，HTTP 1.1 只在请求过程中传送绝对路径并将主机名置于另外的头字段。RTSP 在功能上与 HTTP 有重叠，与 HTTP 相互作用体现在与流内容的初始接触是通过网页的。目前的协议规范的目的是允许在网页服务器与实现 RTSP 媒体服务器之间存在不同传递点。例如，演示描述可通过 HTTP 和 RTSP 检索，这降低了浏览器的往返传递，也允许独立 RTSP 服务器与用户不全依靠 HTTP，但是，RTSP 与 HTTP 的本质差别在于数据发送以不同协议进行。HTTP 是不对称协议，用户发出请求，服务器作出响应。在 RTSP 中，媒体用户和服务器都可发出请求，并且其请求都是无状态的；在请求确认后的很长时间内，仍可设置参数，控制媒体流。重用 HTTP 功能至少在两个方面有好处，即安全和代理。当要求非常接近时，在缓存、代理和授权上采用 HTTP 功能是有价值的。当大多数实时媒体使用 RTP 作为传输协议时，RTSP 没有绑定到 RTP。RTSP 假设存在演示描述格式可表示包含几个媒体流的演示的静态与临时属性。

RTSP 与 HTTP 有很多相同点，它们都是在应用层；理论上都可以做直播和点播，但一般做直播用 RTSP，做点播用 HTTP；RTSP 在语法和操作上与 HTTP 类似，全是基于 TCP 的连接应用。

RTSP 与 HTTP 有很多不同点，HTTP 本质上是一个非对称协议，客户端提出请求而服务器响应，而 RTSP 是对称的，服务器和客户端都可发送和响应请求。RTSP 引入了很多新方法并且有不同的协议标识符。RTSP 服务器在大多数默认情况下需要维持一种状态，但 HTTP 是无状态协议。RTSP 客户机和服务器都可以发出请求，RTSP 的数据由另一个协议传送(例如 RTP)。RTSP 使用 ISO 10646(UTF-8)而不是 ISO 8859-1 标准，以配合当前 HTML 的国际化。RTSP 使用 URI 请求时包含绝对 URI，而 HTTP 只在请求中包含绝对路径，把主机名放入单独的报头域中。RTSP 是有状态的，不同的是 RTSP 的命令需要知道现在正处于什么状态，也就是说 RTSP 的命令总是按照顺序来发送，某个命令总在另外一个命令之前发送。RTSP 不管处于什么状态都不会去断开连接，而 HTTP 则不保存状态，协议在发送一个命令以后，连接就会断开，并且命令之间没有依赖性。RTSP 使用 554 端口，而 HTTP 使用 80 端口。

2.10 SDP

会话描述协议(Session Description Protocol, SDP)用于描述多媒体会话，它为会话通知、会话初始和其他形式的多媒体会话初始等操作提供服务。SDP 的设计宗旨是通用性协议，所以它可以应用于很大范围的网络环境和应用程序，但 SDP 不支持会话内容或媒体编码的协商操作。SDP 信息主要包括会话名称和目标、会话活动时间、构成会话的媒体、有关接收媒体的信息、地址等。

SDP 主要用于两个会话实体之间的媒体协商。例如一次网络电话、一次电话会议、一次视频聊天，这些都可以称为一次会话。发送这个描述文本，主要是为了解决参与会话的各成员之间能力不对等的问题，如果参加本次通话的成员都支持高质量的通话，但是没有进行协议，为了兼容性，使用的都是普通质量的通话格式，这样就很浪费资源，所以会话之前先使用 SDP 来描述一下基本参数信息还是很有必要的。

SDP 描述由许多文本行组成，文本行的格式为<类型>=<值>，<类型>是一个字母，<值>是结构化的文本串，其格式依<类型>而定。SDP 信息是文本信息，UTF-8 编码采用 ISO 10646 字符设置。SDP 会话描述如下（标注 * 符号的表示可选字段）。

（1）会话名称和目标：

v=（协议版本）

o=（所有者/创建者和会话标识符）

s=（会话名称）

i=*（会话信息）

u=*（URI 描述）

e=*（Email 地址）

p=*（电话号码）

c=*（连接信息：如果包含在所有媒体中，则不需要该字段）

b=*（带宽信息）

（2）一个或更多时间描述：

z=*（时间区域调整）

k=*（加密密钥）

a=*（0 个或多个会话属性线路）

（3）时间描述：

t=（会话活动时间）

r=*（0 或多次重复次数）

（4）媒体描述：

m=（媒体名称和传输地址）

i=*（媒体标题）

c=*（连接信息：如果包含在会话层，则该字段可选）

b=*（带宽信息）

k=*（加密密钥）

a=*（0 个或多个会话属性线路）

SDP 会话示例（双斜杠之后的注释对这些字段有详细的说明），代码如下：

```
//chapter2/SDP.sample.txt
//第 2 章/SDP.示例代码.txt
```

```
v = 0  //SDP 版本号,一直为 0,RFC 4566 规定

o = - 7017624586836067756 2 IN IP4 127.0.0.1
//o = <username><sess-id><sess-version><nettype>
//<addrtype><unicast-address>
//username 如果没有使用,则代替,7017624586836067756 是整个会话的编号,
//2 代表会话版本,如果在会话
//过程中有改变编码之类的操作,重新生成 sdp 时,sess-id 不变,sess-version 加 1

s = -
//会话名,如果没有使用,则代替

t = 0 0
//两个值分别是会话的起始时间和结束时间,这里都是 0,代表没有限制

a = group:BUNDLE audio video data
//需要共用一个传输通道传输的媒体
//如果没有这一行,音视频和数据就会分别单独用一个 UDP 端口来发送

a = msid-semantic: WMS h1aZ2OmbQBOGSsqOYxLfJmiYWE9CBfGch97C
//WMS 是 WebRTC Media Stream 简称
//这一行定义了本客户端支持同时传输多个流,一个流可以包括多个 track
//一般定义了这个,后面 a = ssrc 这一行就会有 msid、mslabel 等属性

m = audio 9 UDP/TLS/RTP/SAVPF 111 103 104 9 0 8 106 105 13 126
//m = audio 说明本会话包含声频,9 代表声频使用端口 9 来传输
//但是在 WebRTC 中现在一般不使用,如果设置为 0,则代表不
//传输声频,UDP/TLS/RTP/SAVPF 表示用户来传输声频所支持的协议
//UDP、TLS、RTP 代表使用 UDP 来传输 RTP 包,并使用 TLS 加密
//SAVPF 代表使用 SRTCP 的反馈机制来控制通信过程
//后台 111 103 104 9 0 8 106 105 13 126 表示本会话声频支持的编码
//后面几行会有详细补充说明

c = IN IP4 0.0.0.0
//这一行表示要用来接收或者发送声频时使用的 IP 地址,WebRTC 使用 ICE 传输,不使用这个地址

a = rtcp:9 IN IP4 0.0.0.0
//用来传输 RTCP 地址和端口,WebRTC 中不使用

a = ice-ufrag:khLS
a = ice-pwd:cxLzteJaJBou3DspNaPsJhlQ
//以上两行是 ICE 协商过程中的安全验证信息

a = fingerprint:sha-256
FA:14:42:3B:C7:97:1B:E8:AE:0C2:71:03:05:05:16:8F:B9:C7:98:E9:60:43:4B:5B:2C:28:EE:5C:8F3:17
//以上这行是 DTLS 协商过程中需要的认证信息
```

```
a = setup:actpass
//以上这行代表本客户端在 DTLS 协商过程中,可以做客户端也可以做服务器端
//参考 RFC 4145 RFC 4572

a = mid:audio
//在前面 BUNDLE 这一行中用到的媒体标识

a = extmap:1 urn:ietf:params:rtp-hdrext:ssrc-audio-level
//上一行指出要在 RTP 头部加入音量信息,参考 RFC 6464

a = sendrecv
//上一行指出是双向通信,另外几种类型是 recvonly、sendonly、inactive

a = rtcp-mux
//上一行指出 RTP 和 RTCP 包使用同一个端口来传输
//下面几行都是对 m = audio 这一行的媒体编码补充说明,指出了编码采用的编号、采样率、声道等

a = rtpmap:111 opus/48000/2
a = rtcp-fb:111 transport-cc
//以上这行说明 OPUS 编码支持使用 RTCP 来控制拥塞,参考
//https://tools.ietf.org/html/draft-holmer-rmcat-transport-wide-cc-extensions-01

a = fmtp:111 minptime = 10;useinbandfec = 1
//对 OPUS 编码可选的补充说明,minptime 代表最小打包时长是 10ms
//useinbandfec = 1 代表使用 OPUS 编码内置 FEC 特性

a = rtpmap:103 ISAC/16000
a = rtpmap:104 ISAC/32000
a = rtpmap:9 G722/8000
a = rtpmap:0 PCMU/8000
a = rtpmap:8 PCMA/8000
a = rtpmap:106 CN/32000
a = rtpmap:105 CN/16000
a = rtpmap:13 CN/8000
a = rtpmap:126 telephone-event/8000
a = ssrc:18509423 cname:sTjtznXLCNH7nbRw
//cname 用来标识一个数据源,ssrc 当发生冲突时可能会发生变化
//但是 cname 不会发生变化,也会出现在 RTCP 包中 SDEC 中,
//用于音视频同步

a = ssrc:18509423 msid:h1aZ20mbQB0GSsq0YxLfJmiYWE9CBfGch97C
15598a91-caf9-4fff-a28f-3082310b2b7a
//以上这一行定义了 SSRC 和 WebRTC 中的 MediaStream 和 AudioTrack 之间的关系,
//msid 后面第 1 个属性是 stream-d,第 2 个属性是 track-id

a = ssrc:18509423 mslabel:h1aZ20mbQB0GSsq0YxLfJmiYWE9CBfGch97C
```

```
a = ssrc:18509423 label:15598a91 - caf9 - 4fff - a28f - 3082310b2b7a
m = video 9 UDP/TLS/RTP/SAVPF 100 101 107 116 117 96 97 99 98
//参考上面 m = audio,含义类似


c = IN IP4 0.0.0.0
a = rtcp:9 IN IP4 0.0.0.0
a = ice - ufrag:khLS
a = ice - pwd:cxLzteJaJBou3DspNaPsJhlQ
a = fingerprint:sha - 256
FA:14:42:3B:C7:97:1B:E8:AE:0C2:71:03:05:05:16:8F:B9:C7:98:E9:60:43:4B:5B:2C:28:EE:5C:8F3:17
a = setup:actpass
a = mid:video
a = extmap:2 urn:ietf:params:rtp - hdrext:toffset
a = extmap:3 http://www.webrtc.org/experiments/rtp - hdrext/abs - send - time
a = extmap:4 urn:3gpp:video - orientation
a = extmap:5 http://www.ietf.org/id/draft - hol ... de - cc - extensions - 01
a = extmap:6 http://www.webrtc.org/experiments/rtp - hdrext/playout - delay
a = sendrecv
a = rtcp - mux
a = rtcp - rsize
a = rtpmap:100 VP8/90000
a = rtcp - fb:100 ccm fir
//ccm 是 codec control using RTCP feedback message 的简称
//意思是支持使用 RTCP 反馈机制实现编码控制,FIR 是 Full Intra Request 的
//简称,意思是接收方通知发送方发送幅完全帧过来

a = rtcp - fb:100 nack
//支持丢包重传,参考 RFC 4585


a = rtcp - fb:100 nack pli
//支持关键帧丢包重传,参考 RFC 4585


a = rtcp - fb:100 goog - remb
//支持使用 RTCP 包来控制发送方的码流


a = rtcp - fb:100 transport - cc
//参考上面的 OPUS


a = rtpmap:101 VP9/90000
a = rtcp - fb:101 ccm fir
a = rtcp - fb:101 nack
a = rtcp - fb:101 nack pli
a = rtcp - fb:101 goog - remb
a = rtcp - fb:101 transport - cc
a = rtpmap:107 H264/90000
a = rtcp - fb:107 ccm fir
```

```
a = rtcp-fb:107 nack
a = rtcp-fb:107 nack pli
a = rtcp-fb:107 goog-remb
a = rtcp-fb:107 transport-cc
a = fmtp:107
level-asymmetry-allowed = 1;packetization-mode = 1;profile-level-id = 42e01f
//H.264 编码可选的附加说明


a = rtpmap:116 red/90000
//FEC 冗余编码，一般如果 SDP 中有这一行，RTP 头部负载类型是 116
//否则是各编码原生负责类型


a = rtpmap:117 ulpfec/90000
//支持 ULP FEC，参考 RFC 5109


a = rtpmap:96 rtx/90000
a = fmtp:96 apt = 100
//以上两行是 VP8 编码的重传包 RTP 类型


a = rtpmap:97 rtx/90000
a = fmtp:97 apt = 101
a = rtpmap:99 rtx/90000
a = fmtp:99 apt = 107
a = rtpmap:98 rtx/90000
a = fmtp:98 apt = 116
a = ssrc-group:FID 3463951252 1461041037
//在 WebRTC 中，重传包和正常包 SSRC 是不同的
//上一行中前一个是正常 RTP 包的 SSRC，后一个是重传包的 SSRC


a = ssrc:3463951252 cname:sTjtznXLCNH7nbRw
a = ssrc:3463951252 msid:h1aZ20mbQB0GSsq0YxLfJmiYWE9CBfGch97C
ead4b4e9-b650-4ed5-86f8-6f5f5806346d
a = ssrc:3463951252 mslabel:h1aZ20mbQB0GSsq0YxLfJmiYWE9CBfGch97C
a = ssrc:3463951252 label:ead4b4e9-b650-4ed5-86f8-6f5f5806346d
a = ssrc:1461041037 cname:sTjtznXLCNH7nbRw
a = ssrc:1461041037 msid:h1aZ20mbQB0GSsq0YxLfJmiYWE9CBfGch97C ead4b4e9-b650-4ed5-86f8
-6f5f5806346d
a = ssrc:1461041037 mslabel:h1aZ20mbQB0GSsq0YxLfJmiYWE9CBfGch97C
a = ssrc:1461041037 label:ead4b4e9-b650-4ed5-86f8-6f5f5806346d
m = application 9 DTLS/SCTP 5000
c = IN IP4 0.0.0.0
a = ice-ufrag:khLS
a = ice-pwd:cxLzteJaJBou3DspNaPsJhlQ
a = fingerprint:sha-256
FA:14:42:3B:C7:97:1B:E8:AE:0C2:71:03:05:05:16:8F:B9:C7:98:E9:60:43:4B:5B:2C:28:EE:5C:
8F3:17
a = setup:actpass
a = mid:data
a = sctpmap:5000 webrtc-datachannel 1024
```

第 3 章 RTP 与 RTCP 流媒体协议

RTP 是针对 Internet 上多媒体数据流的一个传输协议,由 IETF(Internet 工程任务组)作为 RFC 1889 发布。RTP 被定义为在一对一或一对多的传输情况下工作,其目的是提供时间信息和实现流同步。RTP 的典型应用建立在 UDP 上,但也可以在 TCP 或 ATM 等其他协议之上工作。RTP 本身只保证实时数据的传输,并不能为按顺序传送数据包提供可靠的传送机制,也不提供流量控制或拥塞控制,它依靠 RTCP 提供这些服务。

多媒体应用的一个显著特点是数据量大,并且许多应用对实时性要求比较高。传统的 TCP 协议是一个面向连接的协议,它的重传机制和拥塞控制机制都不适用于实时多媒体传输。RTP 是一个应用型的传输层协议,它并不提供任何传输可靠性的保证和流量的拥塞控制机制。RTP 位于 UDP(User Datagram Protocol)之上。UDP 虽然没有 TCP 那么可靠,并且无法保证实时业务的服务质量,需要 RTCP 实时监控数据传输和服务质量,但是,由于 UDP 的传输时延低于 TCP,能与声频和视频很好地配合,因此在实际应用中 RTP/ RTCP/ UDP 用于传输声频/视频媒体,而 TCP 用于数据和控制信令的传输。目前支持流媒体传输的协议主要有实时传输协议(Realtime Transport Protocol,RTP)、实时传输控制协议(Realtime Transport Control Protocol,RTCP)和实时流协议(Real Time Streaming Protocol,RTSP)等。RTP 标准可以参考 RFC 3550,网址为 https://datatracker.ietf.org/doc/html/rfc3550#section-5.3.1。

3.1 RTP

RTP 用来为语音、图像、传真等多种需要实时传输的多媒体数据提供端到端的实时传输服务。RTP 为 Internet 上端到端的实时传输提供时间信息和流同步,但并不保证服务质量,服务质量由 RTCP 来提供。RTP 用来提供实时传输,因而可以看成传输层的一个子层。流媒体应用中的一个典型的协议体系结构,如图 3-1 所示。

RTP 用于在单播或多播网络中传送实时数据,它们典型的应用场合有以下几个:

(1) 简单的多播声频会议。语音通信通过一个多播地址和一对端口实现。一个用于声频数据(RTP),另一个用于控制包(RTCP)。

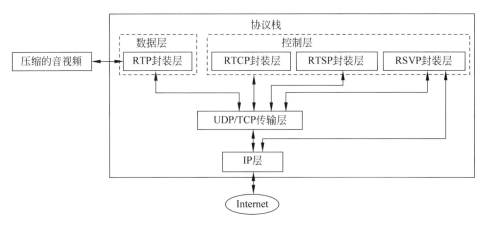

图 3-1　流媒体体系结构的协议栈

（2）声频和视频会议。如果在一次会议中同时使用了声频和视频会议，这两种媒体将分别在不同的 RTP 会话中传送，每个会话使用不同的传输地址（IP 地址＋端口）。如果一个用户同时使用了两个会话，则每个会话对应的 RTCP 包都使用规范化名字 CNAME（Canonical Name）。与会者可以根据 RTCP 包中的 CNAME 获取相关联的声频和视频，然后根据 RTCP 包中的计时协议相关信息（Network Time Protocol）实现声频和视频的同步。

（3）翻译器和混合器。翻译器和混合器都是 RTP 级的中继系统。翻译器用在通过 IP 多播不能直接到达的用户区，例如发送者和接收者之间存在防火墙。当与会者能接收的声频编码格式不一样，例如有一个与会者通过一条低速链路接入到高速会议，这时就要使用混合器。在进入声频数据格式需要变化的网络前，混合器将来自一个源或多个源的声频包进行重构，并把重构后的多个声频合并，采用另一种声频编码进行编码后，再转发这个新的 RTP 包。从一个混合器出来的所有数据包要用混合器作为它们的同步源（SSRC）来识别，可以通过贡献源列表（CSRC）确认谈话者。

RTP 详细说明了在互联网上传递声频和视频的标准数据包格式。它一开始被设计为一个多播协议，但后来被用在很多单播应用中。RTP 常用于流媒体系统（配合 RTCP 或者 RTSP）。因为 RTP 自身具有时间戳（Timestamp），所以在 FFmpeg 中被用作一种 Format（封装格式）。

3.1.1　RTP 格式

RTP 格式，如图 3-2 所示。

RTP 的各个字段，解释如下。

（1）V：RTP 的版本号，占 2b，当前协议版本号为 2。

（2）P：填充标志，占 1b，如果 P＝1，则在该报文的尾部填充一个或多个额外的八位组，它们不是有效载荷的一部分。

（3）X：扩展标志，占 1b，如果 X＝1，则在 RTP 报头后跟有一个扩展报头。

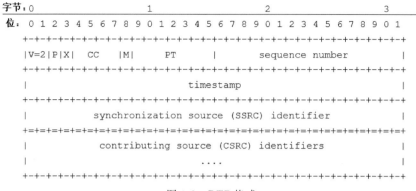

图 3-2 RTP 格式

（4）CC：CSRC 计数器，占 4b，指示 CSRC 标识符的个数。

（5）M：标记，占 1b，不同的有效载荷有不同的含义，对于视频，标记一帧的结束；对于声频，标记会话的开始。

（6）PT：有效荷载类型，占 7b，用于说明 RTP 报文中有效载荷的类型，如 GSM 声频、JPEG 图像等，在流媒体中大部分用来区分声频流和视频流，这样便于客户端进行解析。RTP 的负载类型，如表 3-1 所示。

表 3-1 RTP 负载类型

负载类型	编码类型	A/V	时钟频率	声道数	参考文档
0	PCMU	A	8000	1	[RFC 3551]
1	Reserved				
2	Reserved				
3	GSM	A	8000	1	[RFC 3551]
4	G723	A	8000	1	[Vineet_Kumar][RFC 3551]
5	DVI4	A	8000	1	[RFC 3551]
6	DVI4	A	16000	1	[RFC 3551]
7	LPC	A	8000	1	[RFC 3551]
8	PCMA	A	8000	1	[RFC 3551]
9	G722	A	8000	1	[RFC 3551]
10	L16	A	44100	2	[RFC 3551]
11	L16	A	44100	1	[RFC 3551]
12	QCELP	A	8000	1	[RFC 3551]
13	CN	A	8000	1	[RFC 3389]
14	MPA	A	90000		[RFC 3551][RFC 2250]
15	G728	A	8000	1	[RFC 3551]
16	DVI4	A	11025	1	[Joseph_Di_Pol]
17	DVI4	A	22050	1	[Joseph_Di_Pol]
18	G729	A	8000	1	[RFC 3551]

续表

负载类型	编码类型	A/V	时钟频率	声道数	参考文档
19	Reserved	A			
20	Unassigned	A			
21	Unassigned	A			
22	Unassigned	A			
23	Unassigned	A			
24	Unassigned	V			
25	CelB	V	90000		[RFC 2029]
26	JPEG	V	90000		[RFC 2435]
27	Unassigned	V			
28	nv	V	90000		[RFC 3551]
29	Unassigned	V			
30	Unassigned	V			
31	H261	V	90000		[RFC 4587]
32	MPV	V	90000		[RFC 2250]
33	MP2T	AV	90000		[RFC 2250]
34	H263	V	90000		[Chunrong_Zhu]
35-71	Unassigned	?			
72-76	Reserved for RTCP conflict avoidance				[RFC 3551]
77-95	Unassigned	?			
96-127	dynamic	?			[RFC 3551]

注意：基本的 A/V 列中的 A 表示声频，V 表示视频，? 表示未知。

(7) 序列号(Sequence Number)：占 16b，用于标识发送者所发送的 RTP 报文的序列号，每发送一个报文，序列号增 1。这个字段目前层的承载协议用 UDP 时，网络状况不好的时候可以用来检查丢包。同时在出现网络抖动的情况下可以用来对数据进行重新排序，序列号的初始值是随机的，同时声频包和视频包的 sequence 分别进行记数。

(8) 时间戳(Timestamp)：占 32b，必须使用 90kHz 时钟频率。时间戳反映了该 RTP 报文的第 1 个八位组的采样时刻。接收者使用时间戳来计算延迟和延迟抖动，并进行同步控制。

(9) 同步信源(SSRC)标识符：占 32b，用于标识同步信源。该标识符是随机选择的，参加同一视频会议的两个同步信源不能有相同的 SSRC。

(10) 贡献信源(CSRC)标识符：每个 CSRC 标识符占 32b，可以有 0~15 个。每个 CSRC 标识了包含在该 RTP 报文有效载荷中的所有贡献信源。

注意：基本的 RTP 说明并不定义任何头扩展，如果遇到 X=1，则需要特殊处理。

下面是一段示例码流,用十六进制显示如下:

```
80 e0 00 1e 00 00 d2 f0 00 00 00 00 41 9b 6b 49 ?....??....A?kI
e1 0f 26 53 02 1a ff06 59 97 1d d2 2e 8c 50 01 ?.&S....Y?.?.?P.
cc 13 ec 52 77 4e e50e 7b fd 16 11 66 27 7c b4 ?.?RwN?.{?..f'|?
f6 e1 29 d5 d6 a4 ef3e 12 d8 fd 6c 97 51 e7 e9 ??)????>.??1?Q??
cfc7 5e c8 a9 51 f6 82 65 d6 48 5a 86 b0 e0 8c ??^??Q??e?HZ????
```

各字节的值及对应的字段,如表 3-2 所示。

表 3-2　RTP 示例码流的值及对应字段

十 六 进 制	对 应 字 段	十 六 进 制	对 应 字 段
80	V、P、X、CC	00 00 d2 f0	Timestamp
e0	M、PT	00 00 00 00	SSRC
00 1e	SequenceNumber		

把前两字节(0x80e0)换成二进制,即 1000 0000 1110 0000,按顺序解释,如表 3-3 所示。

表 3-3　示例码流的前两字节的二进制及对应字段

前两字节的二进制	对 应 字 段
10	V,即版本是 2
0	P,填充标志,0 表示没有
0	X,扩展标志,0 表示没有
0000	CC,CSRC 计数器
1	M,标记位;对于视频,标记一帧的结束
110 0000	PT,有效荷载类型,这里的值为 96,代表 H.264

3.1.2　RTP 封装 H.264

RTP 荷载格式定义了 3 种不同的基本荷载结构,接收者可以通过 RTP 荷载的第 1 字节的后 5 位识别荷载结构,如图 3-3 所示。

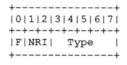

图 3-3　RTP 荷载第 1 字节的字段结构

(1)单个 H.264 的 NAL 单元包:荷载中只包含一个 NAL 单元。NAL 头类型域等于原始 NAL 单元类型,即在范围 1 到 23 之间。

(2)聚合包:本类型用于将多个 NAL 单元聚合到单个 RTP 荷载中。本包有 4 个版本,包括单时间聚合包类型 A(STAP-A)、单时间聚合包类型 B(STAP-B)、多时间聚合包类型(MTAP)16位位移(MTAP16)和多时间聚合包类型(MTAP)24位位移(MTAP24)。赋予STAP-A、STAP-B、MTAP16、MTAP24的NAL单元类型号分别是24、25、26、27。

(3) 分片单元：用于将单个NAL单元分片到多个RTP包。现存两个版本FU-A和FU-B，分别用NAL单元类型28和29标识。

常用的打包时的分包规则是：如果小于MTU，则采用单个NAL单元包，如果大于MTU，则采用分片方式(FUs)。因为常用的打包方式是单个NAL包和FU-A方式，这里只解析这两种。

1. 单个NAL单元包

定义在此的NAL单元包必须只包含一个。这意味着聚合包和分片单元不可以用在单个NAL单元包中，并且RTP序号必须符合NAL单元的解码顺序。NAL单元的第一字节和RTP荷载头的第1字节重合，如图3-4所示。打包H.264码流时，只需要在帧前面加上12字节的RTP头。

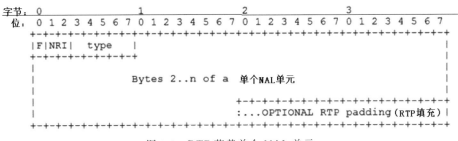

图3-4　RTP荷载单个NAL单元

2. 分片单元(FU-A)

分片只定义于单个NAL单元，不用于任何聚合包。NAL单元的一个分片由整数个连续NAL单元字节组成。每个NAL单元字节必须正好是该NAL单元一个分片的一部分。相同NAL单元的分片必须使用递增的RTP序号连续按顺序发送，即第一和最后分片之间没有其他的RTP包。类似地，NAL单元必须按照RTP顺序号的顺序装载。

当一个NAL单元被分片运送在分片单元(FUs)中时，被引用为分片NAL单元。STAPs和MTAPs不可以被分片。FUs不可以嵌套，即一个FU不可以包含另一个FU。运送FU的RTP时戳被设置成分片NAL单元的NALU时刻。

FU-A的RTP荷载格式，如图3-5所示。FU-A由1字节的分片单元指示(FU indicator，如图3-3所示)、1字节的分片单元头(FU header，如图3-6所示)和分片单元荷载(FU payload)组成。

RTP的分片单元头(FU-A header)的各个字段(如图3-6所示)，解释如下。

(1) S：长度为1b，当设置成1时，开始位指示分片NAL单元的开始。当跟随的FU荷载不是分片NAL单元荷载的开始时，开始位设为0。

(2) E：长度为1b，当设置成1时，结束位指示分片NAL单元的结束，即荷载的最后字节也是分片NAL单元的最后一字节。当跟随的FU荷载不是分片NAL单元的最后分片

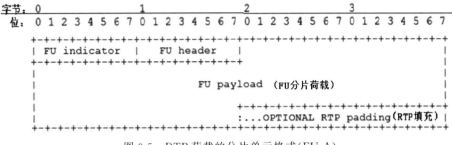

图 3-5 RTP 荷载的分片单元格式(FU-A)

图 3-6 RTP 的分片单元头(FU-A header)

时,结束位设置为 0。

(3) R:长度为 1b,保留位,必须设置为 0,接收者必须忽略该位。

(4) Type:长度为 5b,打包时,原始的 NAL 头的前三位为 FU indicator 的前三位,原始的 NAL 头的后五位为 FU header 的后五位,即这里的 Type 字段,表示 H.264 的 NALU 类型。

3. RTP 示例码流分析

下面是一段 RTP 示例码流,用十六进制显示如下:

```
80 60 01 0f 00 0e 10 00 00 00 00 00 7c 85 88 82 €˜.........|???
00 0a 7f ca 94 05 3b 7f 3e 7f fe 14 2b 27 26 f8 ...??.;.>.?.+'&?
89 88 dd 85 62 e1 6d fc 33 01 38 1a 10 35 f2 14 ????b?m?3.8..5?.
84 6e 21 24 8f 72 62 f0 51 7e 10 5f 0d 42 71 12 ?n!$?rb?Q~._.Bq.
17 65 62 a1 f1 44 dc df 4b 4a 38 aa 96 b7 dd 24 .eb??D??KJ8????$
```

(1) 前 12B 是 RTP Header,具体字段格式如图 3-2 所示。

(2) 7c 是 FU indicator。

(3) 85 是 FU header。

(4) FU indicator(0x7c)和 FU header(0x85)换成二进制,即 0111 1100 1000 0101,按顺序解释,如表 3-4 所示。

表 3-4 FU indicator 和 FU header 的字段的二进制值及解释

二进制对应的值	字 段 解 释
0	F,即版本是 2
11	NRI,填充标志,0 表示没有
11100	FU Type,这里是 28,即 FU-A 分片模式
1	S,Start,1 表示是分片的第 1 个包。这里的值为 1,说明是分片的第一包

续表

二进制对应的值	字 段 解 释
0	E,End,如果是分片的最后一包,设置为1。这里是0,表示不是分片的最后一个包
0	R,Remain,保留位,总是0
00101	NAL Type,这里是5,说明是关键帧

打包时,FU indicator 的 F、NRI 是 NAL header 中的 F、NRI,Type 是 28;FU header 的 S、E、R 分别按照分片起始位置设置,Type 是 NAL header 中的 Type。

解包时,取 FU indicator 的前三位和 FU header 的后五位,即 0110 0101(0x65)为 H.264 的 NALU header(共 8b)。

3.1.3　RTP 的会话过程

当应用程序建立一个 RTP 会话时,应用程序将确定一对目的地传输地址。目的地传输地址由一个网络地址和一对端口组成,有两个端口:一个给 RTP 包,另一个给 RTCP 包,使 RTP/RTCP 数据能够正确发送。RTP 数据发向偶数的 UDP 端口,而对应的控制信号 RTCP 数据发向相邻的奇数 UDP 端口(偶数的 UDP 端口+1),这样就构成一个 UDP 端口对。RTP 的发送过程如下,接收过程则相反。

(1) RTP 从上层接收流媒体信息码流(如 H.264),封装成 RTP 数据包;RTCP 从上层接收控制信息,封装成 RTCP 控制包。

(2) RTP 将 RTP 数据包发往 UDP 端口对中的偶数端口;RTCP 将 RTCP 控制包发往 UDP 端口对中的接收端口。

3.1.4　RTP 的抓包分析

安装好 Wireshark 之后,双击"RTSP 交互流程抓包分析(章节 2.8.3).pcapng"(可从本书对应的代码资料中下载),弹出界面,可以看出包含声频流和视频流,如图 3-7 所示。

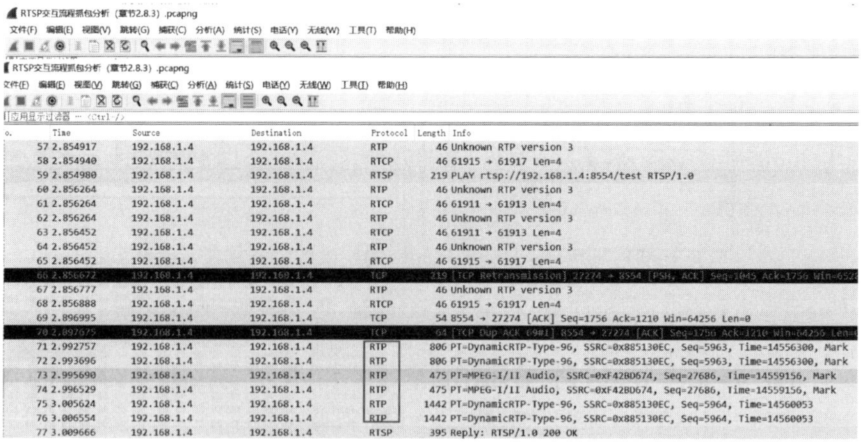

图 3-7　RTP 的抓包流程截图

然后，双击序号为 71 的那一行，弹出界面如图 3-8 所示。

图 3-8　RTP 包的详细字段解析

该 RTP 包的各个字段如下：

```
10.. .... = Version: RFC 1889 Version (2)           //版本号为 2
..0. .... = Padding: False                          //没有填充位
...0 .... = Extension: False                        //没有扩展
.... 0000 = Contributing source identifiers count: 0  //CC
1... .... = Marker: True                            //M,标记位
Payload type: DynamicRTP-Type-96 (96)               //PT:负载类型,这里为 H.264 码流
Sequence number: 5963                               //序列号
[Extended sequence number: 71499]
Timestamp: 14556300                                 //时间戳
Synchronization Source identifier: 0x885130ec (2287022316)  //SSRC
Payload: 5c41114cca2d06fe257bff25d3c57264cf1220954fe23881… //负载
```

3.2　RTCP

实时传输控制协议（Real-time Transport Control Protocol，RTCP）负责管理传输质量并在当前应用进程之间交换控制信息。在 RTP 会话期间，各参与者周期性地传送 RTCP 包，包中含有已发送的数据包的数量、丢失的数据包的数量等统计资料，因此，服务器可以利用这些信息动态地改变传输速率，甚至改变有效载荷类型。RTP 和 RTCP 配合使用，能以有效的反馈和最小的开销使传输效率最佳化，故特别适合传送网上的实时数据。

当应用程序开始一个 RTP 会话时将使用两个端口：一个给 RTP，另一个给 RTCP。RTP 本身并不能为按顺序传送数据包提供可靠的传送机制，也不提供流量控制或拥塞控制，它依靠 RTCP 提供这些服务。在 RTP 的会话之间周期性地发放一些 RTCP 包以用来监听服务质量和交换会话用户信息等功能。RTCP 包中含有已发送的数据包的数量、丢失的数据包的数量等统计资料，因此，服务器可以利用这些信息动态地改变传输速率，甚至改变有效载荷类型。RTP 和 RTCP 配合使用，它们能以有效的反馈和最小的开销使传输效率最佳化，因而特别适合传送网上的实时数据。根据用户间的数据传输反馈信息，可以制定流量控制的策略，而会话用户信息的交互，可以制定会话控制的策略。

3.2.1 RTCP 的 5 种分组类型

RTP 需要 RTCP 为其服务质量提供保证，RTCP 的主要功能是服务质量的监视与反馈、媒体间的同步及多播组中成员的标识。在 RTP 会话期间，各参与者周期性地传送 RTCP 包。RTCP 包中含有已发送的数据包的数量、丢失的数据包的数量等统计资料，因此，各参与者可以利用这些信息动态地改变传输速率，甚至改变有效载荷类型。RTP 和 RTCP 配合使用，它们能以有效的反馈和最小的开销使传输效率最佳化，因而特别适合传送网上的实时数据。RTCP 也是用 UDP 来传送的，但 RTCP 封装的仅仅是一些控制信息，因而分组很短，所以可以将多个 RTCP 分组后封装在一个 UDP 包中。在 RTCP 通信控制中，RTCP 的功能是通过不同的 RTCP 数据报实现的，有 5 种分组类型，如表 3-5 所示。

表 3-5 RTCP 的 5 种分组类型

类 型	缩 写	用 途
200	SR(Sender Report)	发送端报告
201	RR(Receiver Report)	接收端报告
202	SDES(Source DEScription)	源描述
203	BYE	通知离开
204	APP	应用程序自定义

（1）SR：发送端报告，所谓发送端是指发出 RTP 数据报的应用程序或者终端，发送端同时也可以是接收端。

（2）RR：接收端报告，所谓接收端是指仅接收但不发送 RTP 数据报的应用程序或者终端。

（3）SDES：源描述，主要功能是作为会话成员有关标识信息的载体，如用户名、邮件地址、电话号码等，此外还具有向会话成员传达会话控制信息的功能。

（4）BYE：通知离开，主要功能是指示某一个或者几个源不再有效，即通知会话中的其他成员自己将退出会话。

（5）APP：由应用程序自己定义，解决了 RTCP 的扩展性问题，并且为协议的实现者提供了很大的灵活性。

3.2.2 RTCP 包结构

上述 5 种分组的封装大同小异，下面只讲述 SR 类型，而其他类型可参考 RFC 3550。发送端报告分组 SR（Sender Report）用来使发送端以多播方式向所有接收端报告发送情况。SR 分组的主要内容有相应的 RTP 流的 SSRC、RTP 流中最新产生的 RTP 分组的时间戳和 NTP、RTP 流包含的分组数,以及 RTP 流包含的字节数。SR 包的封装结构,如图 3-9 所示。

位:0		8	16	24	32
V=2	P	RC	PT=SR=200	Length	
SSRC of sender					
NTP timestamp, most significant word					
NTP timestamp, least significant word					
RTP timestamp					
Sender's packet count					
Sender's octet count					
SSRC_1(SSRC of first source)					
Fraction lost			Cumulative number of packets lost		
Extended highest sequence number received					
Interarrival jitter					
Last SR(LSR)					
Delay since last SR(DLSR)					
SSRC_2(SSRC of second source)					
...					
Profile-specific extensions					

图 3-9　RTCP 的头格式

RTCP 头部格式的各个字段解释如下。

(1) 版本(V):同 RTP 包头域。

(2) 填充(P):同 RTP 包头域。

(3) 接收报告计数器(RC):5b,该 SR 包中的接收报告块的数目,可以为零。

(4) 包类型(PT):8b,SR 包是 200。

(5) 长度域(Length):16b,其中存放的是该 SR 包以 32b 为单位的总长度减一。

(6) 同步源(SSRC):SR 包发送者的同步源标识符。与对应 RTP 包中的 SSRC 一样。

(7) NTP(Network Time Protocol)timestamp:SR 包发送时的绝对时间值。NTP 的作用是同步不同的 RTP 媒体流。

(8) RTP timestamp:与 NTP 时间戳对应,与 RTP 数据包中的 RTP 时间戳具有相同的单位和随机初始值。

(9) Sender's packet count:从开始发送包到产生这个 SR 包这段时间里,发送者发送的 RTP 数据包的总数。SSRC 改变时,这个域清零。

(10) Sender's octet count:从开始发送包到产生这个 SR 包这段时间里,发送者发送的净荷数据的总字节数(不包括头部和填充)。发送者改变其 SSRC 时,这个域要清零。

(11) 同步源 n 的 SSRC 标识符:该报告块中包含的是从该源接收的包的统计信息。

(12) 丢失率(Fraction Lost)：表明从上一个 SR 或 RR 包发出以来从同步源 n(SSRC_n) 来的 RTP 数据包的丢失率。

(13) 累计的包丢失数目：从开始收到 SSRC_n 的包到发送 SR，从 SSRC_n 传过来的 RTP 数据包的丢失总数。

(14) 收到的扩展最大序列号：从 SSRC_n 收到的 RTP 数据包中最大的序列号。

(15) 接收抖动(Interarrival Jitter)：RTP 数据包接受时间的统计方差估计。

(16) 上次 SR 时间戳(Last SR，LSR)：取最近从 SSRC_n 收到的 SR 包中的 NTP 时间戳的中间 32b。如果目前还没收到 SR 包，则该域清零。

(17) 上次 SR 以来的延时(Delay since Last SR，DLSR)：上次从 SSRC_n 收到 SR 包到发送本报告的延时。

3.2.3　RTCP 的注意事项

不同类型的 RTCP 信息包可堆叠，不需要插入任何分隔符就可以将多个 RTCP 包连接起来形成一个 RTCP 组合包，然后由低层协议用单一包发送出去。由于需要低层协议提供整体长度来决定组合包的结尾，在组合包中没有单个 RTCP 包的显式计数。

组合包中每个 RTCP 包可独立处理，而不需要按照包组合的先后顺序处理。在组合包中有以下几条强制约束：

(1) 只要带宽允许，在 SR 包或 RR 包中的接收统计应该经常发送，因此每个周期发送的组合 RTCP 包中应包含报告包。

(2) 每个组合包中都应该包含 SDES CNAME，因为新接收者需要通过接收 CNAME 来识别源，并与媒体联系进行同步。

(3) 组合包前面是包类型数量，其增长应该受到限制。

所有 RTCP 包至少必须以两个包组合的形式发送，推荐格式如下：

(1) 加密前缀(Encryption Prefix)：

(2) 仅当组合包被加密，才加上一个 32 位随机数用于每个组合包发送。

对于 SR 或 RR，组合包中第 1 个 RTCP 包必须是一个报告包，以帮助分组头的确认。即使没有数据发送，也没有收到数据，也要发送一个空 RR，哪怕组合包中 RTCP 包为 BYE。对于附加 RR，如报告统计源数目超过 31，在初始报告包后应该有附加 RR 包。对于 SDES，包含 CNAME 项的 SDES 包必须包含在每个组合 RTCP 包中；SDES 包可能包括其他源描述项，这要根据特别的应用需要，并同时考虑带宽限制。对于 BYE 或 APP，除了 BYE 应作为最后一个包发送，其他 RTCP 包类型可以按任意顺序排列，包类型的出现次数可不止一次。

混合器从多个源组合单个 RTCP 包，如组合包整体长度超过网络路径最大传输单元，则可分成多个较短组合包并用低层协议以单个包形式发送。注意，每个组合包必须以 SR 或 RR 包开始。附加 RTCP 包类型可在 Internet Assigned Numbers Authority (IANA)处注册，以获得合法的类型号。

1. RTCP 传输间隔

由于 RTP 被设计成允许应用自动扩展，所以可从几个人的小规模系统扩展成上千人的大规模系统，而每个会话参与者可周期性地向所有其他参与者发送 RTCP 控制信息包，如每个参与者以固定速率发送接收报告，控制流量将随参与者的数量线性增长。由于网络资源有限，相应的数据包就要减少，直接影响用户关心的数据传输。为了限制控制信息的流量，RTCP 控制信息包速率必须按比例下降。一旦确认加入 RTP 会话中，即使后来被标记成非活动站，地址的状态仍会被保留，地址应继续计入共享 RTCP 带宽地址的总数中，时间要保证能扫描典型网络分区，建议为 30 分钟。注意，这仍大于 RTCP 报告间隔最大值的五倍。

2. SR 源报告包和 RR 接收者报告包

SR 源报告包和 RR 接收者报告包用于提供接收质量反馈，除包类型代码外，SR 与 RR 间唯一的差别是源报告包含一个 20 字节发送者信息段。RR 针对每个信源都提供信息包丢失数、已收信息包最大序列号、到达时间抖动、接收最后一个 SR 的时间、接收最后一个 SR 的延迟等信息。SR 不仅提供接收质量反馈信息（与 RR 相同），而且提供 SSRC 标识符、NTP 时间戳、RTP 时间戳、发送包数及发送字节数等。根据接收者是否为发送者来决定使用 SR 还是 RR 包，活动源在发出最后一个数据包之后或前一个数据包与下一个数据包间隔期间发送 SR；否则，就发送 RR；SR 和 RR 包都可没有接收报告块，也可以包括多个接收报告块，其发布报告表示的源不一定是在 CSRC 列表上的起作用的源，每个接收报告块提供从特殊源接收数据的统计。最大可有 31 个接收报告块嵌入在 SR 或 RR 包中，丢失包累计数差别给出间隔期间丢包的数量，而系列号的差别给出间隔期间希望发送的包数量，两者之比等于经过间隔期间包丢失百分比。从发送者信息，第三方监控器可计算载荷平均数据速率与没收到数据间隔的平均包速率，两者比值给出平均载荷大小。如假设包丢失与包大小无关，则特殊接收者收到的包数量给出此接收者收到的表观流量。

3. SDES 源描述包

SDES 源描述包提供了直观的文本信息，用来描述会话的参加者，包括 CNAME、NAME、EMAIL、PHONE、LOC 等源描述项，这些为接收方获取发送方的有关信息提供了方便。SDES 包由包头与数据块组成，数据块可以没有，也可有多个。包头由版本（V）、填充（P）、长度指示、包类型（PT）和源计数（SC）组成。PT 占 8 位，用于识别 RTCP 的 SDES 包，SC 占 5 位，用于指示包含在 SDES 包中的 SSRC/CSRC 块的数量，零值有效，但没有意义。数据块由源描述项组成，源描述项的内容如下：

（1）CNAME 用于规范终端标识 SDES 项，类似 SSRC 标识，RTCP 为 RTP 连接中每个参加者赋予唯一一个 CNAME 标识。在发生冲突或重启程序时，由于随机分配的 SSRC 标识可能发生变化，CNAME 项可以提供从 SSRC 标识到仍为常量的源标识的绑定。为了方便第三方监控，CNAME 应适合程序或人员定位源。

（2）NAME 是指用户名称 SDES 项，是用于描述源的真正的名称，如 John Doe、Bit Recycler、Megacorp 等，可以是用户想要的任意形式。由于采用文本信息来描述，对诸如会议应用，可以对参加者直接列表显示，NAME 项是除 CNAME 项以外发送最频繁的项目。NAME 值在一次 RTP 会话期间应该保持为常数，但它不该成为连接的所有参加者中的唯一依赖。

（3）EMAIL 是指电子邮件地址 SDES 项，邮件地址格式由 RFC 822 规定，如 John.Doe@megacorp.com。一次 RTP 会话期间，EMAIL 项的内容应保持不变。

（4）PHONE 是指电话号码 SDES 项，电话号码应带有加号，代替国际接入代码，如+1 908 555 1212 为美国电话号码。

（5）LOC 是指用户地理位置 SDES 项，根据应用，此项具有不同程度的细节。对会议应用，字符串（如 Murray Hill、New Jersey）就足够了，然而，对活动标记系统，字符串（如 Room 2A244，AT&T BL MH）就适用。细节留给实施者或用户，但格式和内容可用来设置指示。在一次 RTP 会话期间，除移动主机外，LOC 值应保持不变。

（6）TOOL 是指应用或工具名称 SDES 项，包含一个字符串，表示产生流的应用的名称与版本，如 videotool 1.2。这部分信息对调试很有用，类似于邮件或邮件系统版本 SMTP 头。TOOL 值在一次 RTP 会话期间应保持不变。

（7）NOTE 是指通知/状态 SDES 项，旨在描述源当前状态的过渡信息，如 on the phone、can't talk，或在讲座期间用于传送谈话的题目，它的语法可在设置中显式定义。NOTE 项一般只用于携带例外信息，而不应包含在全部参加者中，因为这将降低接收报告和 CNAME 发送的速度，降低协议的性能。一般 NOTE 项不作为用户设置文件的项目，也不会自动产生。由于 NOTE 项对显示很重要，当会话的参加者处于活动状态时，其他非 CNAME 项（如 NAME）传输速率将会降低，结果使 NOTE 项占用 RTCP 部分带宽。若过渡信息不活跃，则 NOTE 项会继续以同样的速度重复发送几次，并以一个串长为零的字符串通知接收者。

（8）PRIV 专用扩展 SDES 项，用于定义实验或应用特定的 SDES 扩展，它是由长字符串对组成的前缀、后跟填充该项其他部分和携带所需信息的字符串值组成。前缀长度段为 8 位。前缀字符串是定义 PRIV 项人员选择的名称，唯一对应应用接收的其他 PRIV 项。应用实现者可选择使用应用名称，如有必要，外加附加子类型标识。另外，推荐其他人根据其代表的实体选择名称，然后在实体内部协调名称的使用。注意，前缀应尽可能短。SDES 的 PRIV 项前缀没在 IANA 处注册。如证实某些形式的 PRIV 项具有通用性，则 IANA 应给它分配一个正式的 SDES 项类型，这样就不再需要前缀，从而简化应用，并提高传输的效率。

4. BYE 断开 RTCP 包

如混合器接收到一个 BYE 包，混合器转发 BYE 包，而不改变 SSRC/CSRC 标识。如混合器关闭，在关闭之前它应该发出一个 BYE 包，列出混合器处理的所有源，而不只是自己的 SSRC 标识。作为可选项，BYE 包可包括一个 8 位八进制计数，后跟文本信息，表示离开原因，如 cameramalfunction 或 RTPloop detected。字符串的编码与在 SDES 项中所描述的编码相同。如字符串信息至 BYE 包下 32 位边界结束处，字符串就不以空结尾；否则，BYE 包以空八进制填充。

5. APP 特殊应用包

APP 包用于开发新应用和新特征的实验,不要求注册包类型值。带有不可识别名称的 APP 包应被忽略。测试后,如确定应用广泛,推荐重新定义每个 APP 包,而不用向 IANA 注册子类型和名称段。

3.2.4 RTCP 的抓包分析

安装好 Wireshark 之后,双击"RTSP 交互流程抓包分析(章节 2.8.3).pcapng"(可从本书对应的代码资料中下载),弹出界面,可以看出包含声频流和视频流,如图 3-10 所示。

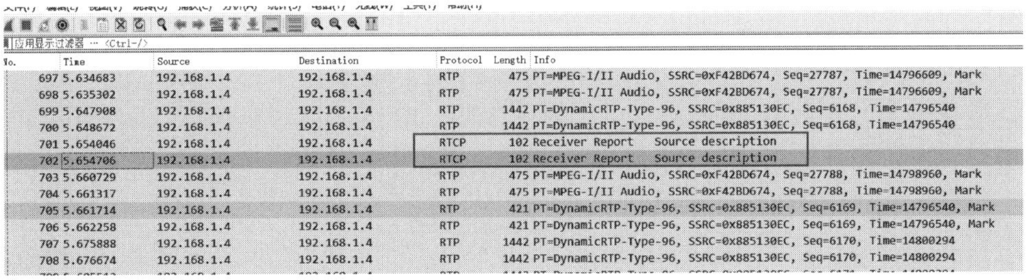

图 3-10 RTCP 抓包流程截图

双击序号为 702 的那一行,弹出界面如图 3-11 所示。

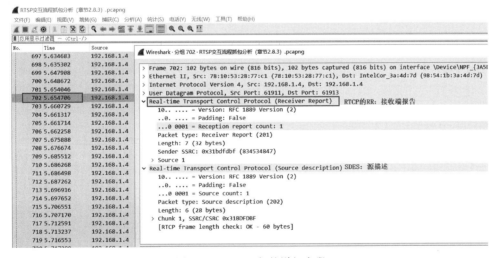

图 3-11 RTCP 包的详细字段

该 RTCP 包的各个字段(可参考"3.2.2 RTCP 包结构")如下:

```
//chapter3/rtcp.pack.fileIds.txt
#Real-time Transport Control Protocol (Receiver Report)
10.. .... = Version: RFC 1889 Version (2)
```

```
..0. .... = Padding: False
...0 0001 = Reception report count: 1
Packet type: Receiver Report (201)
Length: 7 (32 Bytes)
Sender SSRC: 0x31bdfdbf (834534847)
♯ Source 1
Identifier: 0xf42bd674 (4096513652)
SSRC contents
Extended highest sequence number received: 93323
Interarrival jitter: 109
Last SR timestamp: 0 (0x00000000)
Delay since last SR timestamp: 0 (0 milliseconds)

♯ Real - time Transport Control Protocol (Source description)
10.. .... = Version: RFC 1889 Version (2)
..0. .... = Padding: False
...0 0001 = Source count: 1
Packet type: Source description (202)
Length: 6 (28 Bytes)
♯ Chunk 1, SSRC/CSRC 0x31BDFDBF
Identifier: 0x31bdfdbf (834534847)
♯ SDES items
Type: CNAME (user and domain) (1)
Length: 15
Text: DESKTOP - NUCTJFU
Type: END (0)
负载
```

3.3 RTP/RTCP 与 RTSP 的关系

RTP 与 RTCP 通常会结合在一起使用，RTP 用于传输媒体流，而 RTSP 是媒体控协议。RTP/RTCP 一般是基于 UDP 来传输数据的，但也可以基于 TCP，因此可以将 RTP 划分到传输层。RTP、RTCP 与 RTSP 的网络层级关系如图 3-12 所示。

RTP 是用于 Internet 上针对多媒体数据流的一种传输层协议，详细说明了在互联网上传递声频和视频的标准数据包格式。RTP 协议常用于流媒体系统，并配合 RTCP、视频会议和一键通系统(配合 H.323 或 SIP)，使它成为 IP 电话产业的技术基础。RTP 和控制协议 RTCP 一起使用，通常建立在 UDP 上。RTP 本身并没有提供按时发送机制或其他服务质量(QoS)保证，它依赖于低层服务去实现这一过程。RTP 并不保证传送或防止无序传送，也不确定底层网络的可靠性。RTP 实行有序传送，RTP 中的序列号允许接收方重组发送方的包序列，同时序列号也能用于决定适当的包位置，例如在视频解码中就不需要按顺序解码。可以把广义的 RTP 理解为由两个紧密连接的部分组成，即 RTP 和 RTCP。RTP 用

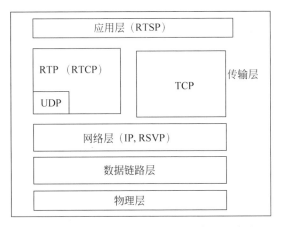

图 3-12　RTP、RTCP、RTSP 的网络层级关系

于传送具有实时属性的数据；RTCP 用于监控服务质量并传送正在进行的会话参与者的相关信息。

RTCP 是 RTP 的一个姐妹协议。RTCP 为 RTP 媒体流提供信道外（out-of-band）控制。RTCP 本身并不传输数据，但和 RTP 一起协作将多媒体数据打包和发送。RTCP 定期在流多媒体会话参加者之间传输控制数据。RTCP 的主要功能是为 RTP 所提供的服务质量（Quality of Service，QoS）提供反馈。RTCP 收集相关媒体连接的统计信息，例如传输字节数、传输分组数、丢失分组数、jitter、单向和双向网络延迟等。网络应用程序可以利用 RTCP 所提供的信息试图提高服务质量，例如限制信息流量或改用压缩比较小的编解码器。RTCP 本身不提供数据加密或身份认证。SRTCP 可以用于此类用途。

安全实时传输协议（Secure Real-time Transport Protocol，SRTP）是在 RTP 的基础上定义的一个协议，旨在为单播和多播应用程序中的 RTP 的数据提供加密、消息认证、完整性保证和重放保护。它是由思科公司和爱立信公司开发的，并最早由 IETF 于 2004 年 3 月作为 RFC 3711 发布。由于 RTP 和可以被用来控制 RTP 会话的 RTCP 有着紧密的联系，SRTP 同样也有一个伴生协议，它被称为安全实时传输控制协议（Secure RTCP，SRTCP）。SRTCP 为 RTCP 提供类似的与安全有关的特性，就像 SRTP 为 RTP 提供的那些一样。在使用 RTP 或 RTCP 时，使不使用 SRTP 或 SRTCP 是可选的，但即使使用了 SRTP 或 SRTCP，它们提供的所有特性（如加密和认证）也都是可选的，这些特性可以被独立地使用或禁用。唯一的例外是在使用 SRTCP 时，必须使用其消息认证特性。

RTSP 是用来控制声音或影像的多媒体串流协议，并允许同时多个串流需求控制，传输时所用的网络通信协定并不在其定义的范围内，服务器端可以自行选择使用 TCP 或 UDP 来传送串流内容，它的语法和运作跟 HTTP 1.1 类似，但并不特别强调时间同步，所以比较能容忍网络延迟，而前面提到的允许同时多个串流需求控制（Multicast），除了可以降低服务器端的网络用量，更进而支持多方视频会议（Video Conference）。因为与 HTTP 1.1 的运作方式相似，所以代理服务器的缓存功能也同样适用于 RTSP，并因 RTSP 具有重新导向功能,可根据实际负载情况来转换提供服务的服务器,以避免过大的负载集中于同一服务器而造成延迟。

RTP 不像 HTTP 和 FTP 那样可完整地下载整个影视文件,它是以固定的数据率在网络上发送数据,客户端也是按照这种速度观看影视文件,当影视画面播放过后,就不可以再重复播放了,除非重新向服务器端请求数据。RTSP 与 RTP 最大的区别在于:RTSP 是一种双向实时数据传输协议,它允许客户端向服务器端发送请求,如回放、快进、倒退等操作。当然,RTSP 可基于 RTP 来传送数据,还可以选择 TCP、单播 UDP 或组播 UDP 等通道来发送数据,具有很好的扩展性。它是一种类似于 HTTP 的网络应用层协议。例如一个应用场景,服务器端实时采集、编码并发送两路视频,客户端接收并显示这两路视频。由于客户端不必对视频数据做任何回放、倒退等操作,所以可直接采用 UDP+RTP+组播实现。RTP、RTCP 与 RTSP 的关系与作用,如图 3-13 所示。

图 3-13　RTP、RTCP 与 RTSP 的关系与作用

3.4　开源库 JRTPLIB 简介

JRTPLIB 是一个基于 C++、面向对象的 RTP 封装库,目前的较新版本是 3.x.x。为了与 RFC 3550 相兼容,3.x.x 版本已被完全重写,现在它提供了一些非常有用的组件,这些组件为构建各种各样的 RTP 应用程序开发提供了有用的帮助。较旧的 2.x.x 版本依然可用,但是不兼容 RFC 3550。JRTPLIB 支持定义于 RFC 3550 中的 RTP,它使发送和接收 RTP 报文变得非常简单,用户不用担心 SSRC 冲突,也不用考虑如何传输 RTCP 数据,因为 RTCP 功能完全在内部实现,不需用户手动操作。当发送 RTP 报文时,用户只需简单地给发送函数提供负载数据;当接收数据时,JRTPLIB 提供了访问传入的 RTP 和 RTCP 数据的接口。

目前为止,JRTPLIB 支持的平台主要包括 GNU/Linux、MS-Windows 和 Solaris 等,也可以运行于其他类 UNIX 环境。

JRTPLIB 可以使用 JTHREAD 库在后台自动轮询传入的数据,所以安装 JTHREAD 库是个很好的选择。如果没有安装 JTHREAD 库,JRTPLIB 也能正常工作,但是需要用户自己轮询传入的数据。3.x.x 版本的 JRTPLIB 至少需要 1.3.0 版本的 JTHREAD 库。JRTPLIB 官网网址是 http://research.edm.uhasselt.be/jori/page/Main/HomePage.html,可以从官网上下载源码。

3.4.1　Windows 10＋VS 2015 编译 JRTPLIB

操作系统使用 Windows 10，读者自己安装好 CMake 3.12.0，以及 Visual Studio 2015/2017/2019。由于 JRTPLIB 依赖于 JTHREAD 库，需要下载以下内容。

（1）jrtplib：http://research.edm.uhasselt.be/jori/jrtplib/jrtplib-3.11.1.zip。

（2）jthread：http://research.edm.uhasselt.be/jori/jthread/jthread-1.3.3.zip。

（3）cmake：https://cmake.org/files/v3.12/cmake-3.12.0-win64-x64.msi。

注意：如果下载网址无法使用，读者则可以自己百度，也可以从清华大学出版社网站上本书对应的课件资料中下载（jrtplib-3.11.1.zip、jthread-1.3.3.zip、cmake-3.12.0-win64-x64.msi）。

详细的编译步骤如下：

（1）安装 cmake-gui。

（2）将下载的 jrtplib 和 jthread 压缩包进行解压缩，同时在同目录下创建 build 文件夹。

（3）以下过程主要是编译 jthread 并生成 jthread.lib 和 jthread_d.lib。

打开 cmake-gui，首先添加输入源（where..）和输出路径（where to…），单击 Configure，目标选择 VS 2015/2017/2019 默认编译器，然后详细检查参数，如图 3-14 所示。确认无误后再单击 configure，最后单击 Generate，生成 VS 2015/2017/2019 工程文件，如图 3-15 所示。

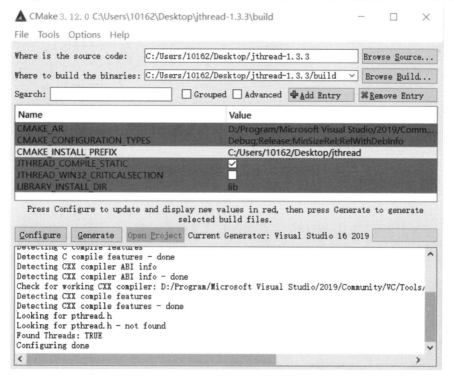

图 3-14　CMake 配置 JTHREAD

图 3-15　CMake 生成的 JTHREAD 工程文件

单击 Open Project 打开工程,如图 3-16 所示。

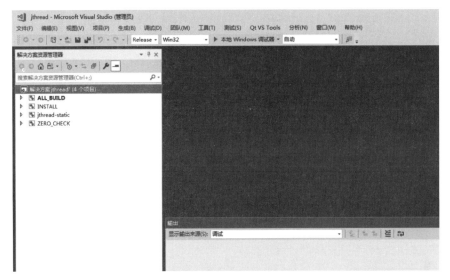

图 3-16　VS 打开 JTHREAD 工程

编译的具体方法为选择解决方案资源管理器里的解决方案 jthread,运行"重新生成解决方案";如果没有出现错误,再选择 INSTALL 项目,运行"生成"。debug 和 release 各进行一次上述操作即可。如果编译成功(如图 3-16 所示),则会在对应目录的\jthread\include\jthread 下生成头文件;在 lib 文件夹下生成 lib 和 cmake 文件。

(4) 以下过程主要是编译 jrtplib,生成 jrtplib.lib 和 jrtplib_d.lib。

大致的步骤与上述相同,但在编译和 configure 时需要添加一些配置,同样先输入源(where..)和输出路径(where to…),单击 configure,目标选择 VS 2015/2017/2019 默认编译器,初始的配置结果如图 3-17 所示。

第3章 RTP与RTCP流媒体协议

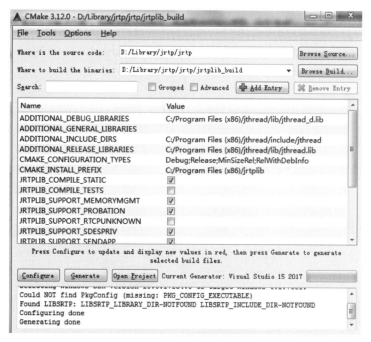

图 3-17　CMake 配置 JRTPLIB

注意这里需要添加几个路径，包括 ADDITIONAL_DEBUG_LIBRARIES、ADDITIONAL_RELEASE_LIBRARIES 和 ADDITIONAL_INCLUDE_DIRS 的路径。确认无误后再单击 Configure，最后单击 Generate，生成 VS 2017 工程文件，然后单击 Open Project 打开工程，如图 3-18 所示。

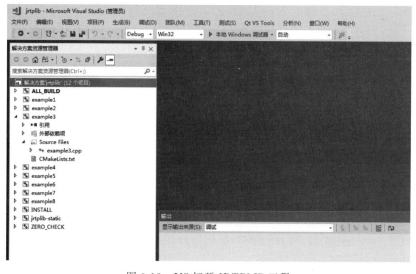

图 3-18　VS 打开 JRTPLIB 工程

编译的具体方法为选择解决方案资源管理器里的解决方案 jrtplib,运行"重新生成解决方案";如果没有出现错误,则选择 INSTALL 项目,运行"生成"。debug 和 release 各进行一次上述操作即可。如果编译成功,则会在对应的目录\jrtplib\include\jthread 生成头文件;在 lib 文件夹下生成 lib 和 cmake 文件。

3.4.2　Ubuntu 18 编译 JRTPLIB

Linux 下编译 JRTPLIB 比较简单,遵循基本的三部曲,即 configure、make、make install,这里以 Ubuntu 18 为例进行讲解。

(1) 源码下载,需要从 JRTPLIB 官网下载源码,这里需要下载两个库,包括 JTHREAD 和 JRTPLIB,如图 3-19 所示。

注意：官网网址 http://research.edm.uhasselt.be/jori/page/Main/HomePage.html。

图 3-19　JRTPLIB 官网

分别下载两个库 JTHREAD 和 JRTPLIB,如图 3-20 所示。

图 3-20　JRTPLIB 和 JTHREAD 下载

(2) 安装相关工具,JRTPLIB 使用 CMake 构建,这里需要安装较新版本的 CMake,可以使用以下命令安装:

```
sudo apt install cmake
```

(3) 编译并安装,先编译 JTHREAD,使用下面的命令解压 jthread-1.3.3.tar.gz:

```
tar xvzf jthread-1.3.3.tar.gz
```

在源码文件外创建一个 jthread-build 文件夹，用于放编译文件，这样不会对源码有任何改动，命令如下：

```
mkdir jthread-build
```

进入 jthread-build 文件夹：

```
cd jthread-build/
```

执行 cmake 命令生成 makefile 文件：

```
cmake ../jthread-1.3.3 -DCMAKE_INSTALL_PREFIX=/usr
```

使用 make 命令进行源码的编译：

```
make
```

使用 make install 命令进行安装：

```
sudo make install
```

此时可以看到链接库安装在 /usr/lib/ 目录下，头文件安装在 /usr/include/jthread/ 目录下。

然后来编译 JRTPLIB，使用如下命令解压 jrtplib-3.11.1.tar.gz：

```
tar xvzf jrtplib-3.11.1.tar.gz
```

在源码文件外创建一个 jrtplib-build 文件夹，用于放编译文件，这样不会对源码有任何改动：

```
mkdir jrtplib-build
```

进入 jrtplib-build 文件夹：

```
cd jrtplib-build/
```

执行 cmake 命令生成 makefile 文件：

```
cmake ../jrtplib-3.11.1 -DCMAKE_INSTALL_PREFIX=/usr
```

使用 make 命令进行源码的编译：

```
make
```

使用 make install 命令进行安装：

```
sudo make install
```

以上命令执行完后，库文件安装在/usr/lib/目录下，头文件在/usr/include/jrtplib3/目录下。

3.4.3 使用 VS 2015 搭建 JRTPLIB 开发环境并收发包案例解析

上文介绍了 jrtplib 源码库的编译，下面介绍一个简单的 JRTPLIB 接收端和客户端。在使用 JRTPLIB 之前需要将其添加进工程，笔者以 VS 2015（VS 2017/2019 与此大同小异）作为 IDE，编写一个 VC 程序，其他 IDE 参考 VS 即可，调用外部库通常有三点注意事项。

（1）引用时需要的头文件.h/.hpp。
（2）编译时需要的库文件.dll/.lib/.a。
（3）运行时需要的动态库.dll/.so。

下面介绍详细的配置步骤。

1. 新建 jrtplibdemo 工程

使用 VS 2015 新建 VC++空工程，移除创建的项目，然后添加 sender 和 recver 两个项目，如图 3-21 和图 3-22 所示。

图 3-21　VS 2015 创建 VC++新建项目

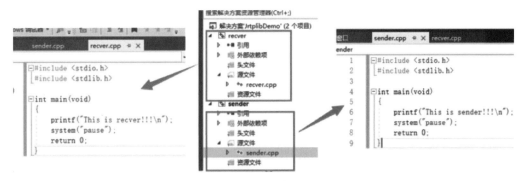

图 3-22　VS 2015 添加两个新项目

为了调试方便，启用多个项目调试，即运行时可设置运行调试哪些项目，如图 3-23 所示。

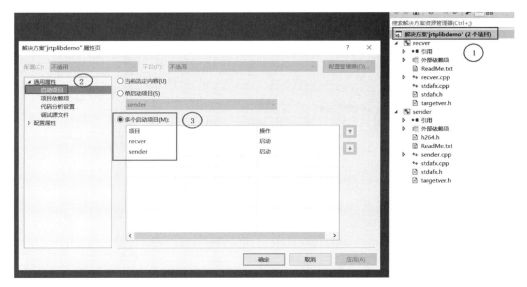

图 3-23　VS 2015 设置多项目启动

运行时，如图 3-24 所示。

图 3-24　VS 2015 运行多项目

2. 引用 JRTPLIB 头文件和库文件

新建一个文件夹 jthreaddevs,将 JRTPLIB 和 JTHREAD 的头文件和库文件整合到一起,如图 3-25 所示。

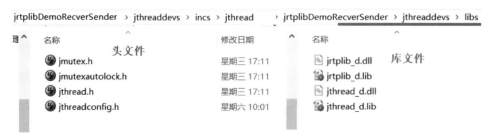

图 3-25 JTHREAD 和 JRTPLIB 的头文件和库文件

为 sender 项目引入头文件和库文件目录(recver 项目设置完全相同),如图 3-26 所示。其中,需要注意相对路径..\..\,需要将刚才创建的 jthreaddevs 文件夹放置到 jrtplibdemoSenderRecver 的同目录下,如图 3-27 所示。

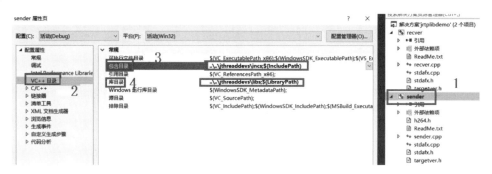

图 3-26 为 sender/recver 项目设置目录和库目录

图 3-27 jthreaddevs 的相对路径为..\..\

复制库文件,如果将 jrtplib 编译为静态库,则运行时不需要其他库;如果将 jrtplib 编译为动态库,则运行时需要使用 dll 动态库,需要将 DLL 文件复制到 exe 文件输出目录下,如图 3-28 所示。

3. JRTPLIB 示例代码实现发送和接收功能

发送端(参考 sender 项目下的 sender.cpp 文件)代码如下:

图 3-28　动态编译则运行时需要单独的 DLL 文件

```cpp
//chapter3/jrtplibDemoRecverSender/jrtplibdemoSenderRecver/sender/sender.cpp
#include <stdio.h>
#include <stdlib.h>

//RTP 库依赖 socket,必须在 RTP 库引入之前添加,否则会出现各种错误
#include <WinSock2.h>
#pragma comment(lib, "ws2_32.lib")

//RTP 库引入
#include "jrtplib/rtpsession.h"
#include "jrtplib/rtpudpv4transmitter.h"
#include "jrtplib/rtpipv4address.h"
#include "jrtplib/rtpsessionparams.h"
#include "jrtplib/rtperrors.h"
//注意引入对应的 lib 文件
#pragma comment(lib, "jrtplib_d.lib")          //jthread_d.lib;jrtplib_d.lib;
#pragma comment(lib, "jthread_d.lib")          //jthread 的 lib 库文件

using namespace jrtplib;                        //引入 jrtplib 命名空间

int main(void)
{
    //RTPSession 代表一个 RTP 会话
    RTPSession rtpSession;
    //设置会话参数
    RTPSessionParams rtpSessionParams;
    RTPUDPv4TransmissionParams rtpUdpv4Transmissionparams;   //UDP 地址

    char buf[1024] = { 0x00 };
    char ip[16] = { 0x00 };
    int port = 0;                              //端口号,需要运行时输入
    int ret = 0;
```

```
//容易忽略,因为自写代码中没有调用socket,RTP有调用,但是没有初始化
WSADATA dat;
WSAStartup(MAKEWORD(2, 2), &dat);

printf("This is sender!!!\n");

//目的ip与port
printf("Input destination ip:");
scanf("%s", ip);
printf("Input destination port:");
scanf("%d", &port);
printf("Destination %s:%d\n", ip, port);

//设置RTP会话的参数
rtpSessionParams.SetOwnTimestampUnit(1.0 / 1);           //时间戳单元
rtpSessionParams.SetUsePollThread(true);                 //线程轮询
rtpSessionParams.SetAcceptOwnPackets(false);  //是否接收自己的数据包
ret = rtpSession.Create(rtpSessionParams,&rtpUdpv4Transmissionparams);    //创建会话
if (ret < 0)
{
 printf("Failed to RtpSession::Create, ret = %d\n", ret);
}

RTPIPv4Address addr(ntohl(inet_addr(ip)), port);
rtpSession.AddDestination(addr);                         //将目的地址添加到RTP会话中

while (true)           //开启循环,连续发送消息,输入exit退出循环
{
 printf("Input message:");
 scanf("%s", buf);
 if (strcmp(buf, "exit") == 0)                           //输入exit退出循环
 {
    break;
 }
 //发送数据包,JRTPLIB会将原始数据封装为RTP包格式,自动添加RTP包头
 ret = rtpSession.SendPacket((void *)buf, strlen(buf), 0, false, 1);
 if (ret < 0)
 {
    printf("Failed to RtpSession::SendPacket, ret = %d\n", ret);
    continue;
 }
 else {
    printf("Succeed to RtpSession::SendPacket!!!\n");
 }
 RTPTime::Wait(RTPTime(0, 100));
}
 return 0;
}
```

接收端(参考 recver 项目下的 recver.cpp 文件)代码如下：

```cpp
//chapter3/jrtplibDemoRecverSender/jrtplibdemoSenderRecver/recver/recver.cpp
#include <stdio.h>
#include <stdlib.h>

//RTP 库依赖 socket,必须在 RTP 库引入之前添加,否则会出现各种错误
#include <WinSock2.h>
#pragma comment(lib, "ws2_32.lib")

//RTP 库引入
#include "jrtplib/rtpsession.h"
#include "jrtplib/rtpudpv4transmitter.h"
#include "jrtplib/rtpipv4address.h"
#include "jrtplib/rtpsessionparams.h"
#include "jrtplib/rtperrors.h"
#include "jrtplib/rtppacket.h"
#pragma comment(lib, "jrtplib_d.lib")
#pragma comment(lib, "jthread_d.lib")

using namespace jrtplib;

int main(void)
{
    RTPSession rtpSession;                          //RTP 会话
    RTPSessionParams rtpSessionParams;              //RTP 会话参数
    RTPUDPv4TransmissionParams rtpUdpv4Transmissionparams;

    char ip[16] = "127.0.0.1";
    int port = 0;
    int ret = 0;
    char buf[1024] = { 0x00 };

    //容易忽略,因为自写代码中没有调用 socket,RTP 有调用,但是没有初始化
    WSADATA dat;
    WSAStartup(MAKEWORD(2, 2), &dat);

    printf("This is recver!!!\n");

    printf("Input local port:");
    scanf("%d", &port);
    printf("recv %s:%d\n", ip, port);

    //设置 RTP 会话参数
    rtpSessionParams.SetOwnTimestampUnit(1.0 / 1);
    rtpSessionParams.SetUsePollThread(true);
```

```cpp
    rtpSessionParams.SetAcceptOwnPackets(true);
    rtpUdpv4Transmissionparams.SetPortbase(port);
    ret = rtpSession.Create(rtpSessionParams, &rtpUdpv4Transmissionparams);    //创建 RTP 会话
    if (ret < 0)
    {
            printf("Failed to RtpSession::Create, ret = %d\n", ret);
    }


    RTPIPv4Address addr(ntohl(inet_addr(ip)), port);
#if 0
    //组播
    rtpSession.JoinMulticastGroup(addr);
#else
    //本机接收,127.0.0.1
    rtpSession.AddDestination(addr);
#endif

    while (true)                                //开启循环,接收消息
    {
        rtpSession.BeginDataAccess();           //开始数据访问
        if (rtpSession.GotoFirstSourceWithData())
        {
            do {
                RTPPacket * packet;
//注意以下缩进是为了方便读者阅读,源码中建议使用 Tab 键对齐
//GetNextPacket 用于接收下一个可用的数据包
  while ((packet = rtpSession.GetNextPacket()) != NULL)
  {
    //RTP 数据包的负载内容的长度,不包含包头
    unsigned int recvSize = packet->GetPayloadLength();
    //RTP 负载的具体内容
    unsigned char * recvData = (unsigned char *)packet->GetPayloadData();
    memcpy(buf, recvData, recvSize);
    buf[recvSize] = '\0';
printf("recv %d, message: %s\n", recvSize, buf);
    rtpSession.DeletePacket(packet);            //用完后,需要删除数据包
  }
            } while (rtpSession.GotoNextSourceWithData());
        }
        rtpSession.EndDataAccess();             //结束数据访问
        //时间间隔,真实项目中要根据帧率设置
        RTPTime::Wait(RTPTime(0, 100));
    }
    return 0;
}
```

在 VS 中运行程序,效果演示,如图 3-29 所示。

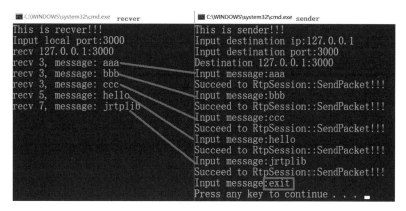

图 3-29　recver 和 sender 的收发效果演示

4. JRTPLIB 的重要数据结构及用法

JRTPLIB 的交互流程中涉及一些重要的数据结构及相关的 API,包括 RTPSession、RTPSessionParams、RTPUDPv4TransmissionParams、RTPIPv4Address 等。

创建一个 RTP 会话需要以下几个步骤:

(1) 使用 RTPSession 类创建一个会话对象 sess/session。

(2) 通过 RTP 会话的参数类 RTPSessionParams 创建一个参数设置的对象 sessparams/sessionparams。具体设置的属性有时间戳单元(SetOwnTimestampUnit)、是否允许接收自己的数据(SetAcceptOwnPackets)等。

(3) 传递参数类(RTPTransmissionParams)下面的有基于 UDP 和 IPv4 的传递参数的派生类(RTPUDPv4TransmissionParams),也有基于 UDP 和 IPv6 的派生类,一般使用第 1 个。用于设置本机的数据传递参数,主要是 RTP 数据包中的首部参数,本机要使用的端口号(注意是偶数)。

(4) 通过会话对象 sess/session 的 Create 方法调用步骤 3 和步骤 4 中的两个类完成对话的创建。

(5) 在 IPv4 目标地址类(RTPIPv4Address)创建的时候,完成目标端口号和目标 IP 地址。

(6) 通过会话对象 sess/session 的方法 AddDestination 将创建的目标地址对象添加到发送队列中,这里可以添加多个目标地址。

以上是使用 jrtplib 包进行 TCP 通信的通用步骤。端口号选择偶数是因为在 JRTPLIB 中偶数位用于 RTP 通信,然后自动将下一数字(奇数)用于 RTCP 通信。创建 RTP 会话依靠 RTPSession 类的方法,其他的 3 个类 RTPSessionParams、RTPTransmissionParams、RTPIPv4Address 作为 RTPSession 的参数分别为其提供 RTP 会话所需要的时间戳单元、本机的传递参数设置及目标主机的 IP 地址和端口号,样例中一般先创建前两个类,完成

RTP 对话的创建，最后使用第 3 个类添加目标主机的地址，也可以添加多个目标主机，即发往不同的主机上。

JRTPLIB 发送数据是由重载函数实现的，代码如下：

```
1. int jrtplib::RTPSession::SendPacket(const void * data, size_t len)
2. int jrtplib::RTPSession::SendPacket(const void * data, size_t len, uint8_t pt, bool mark, uint32_t timetamp inc)
```

第 2 个函数相对于第 1 个函数多了 pt、M 标志位及时间戳，这几个参数都是 RTP 首部包中需要的部分。如果需要使用第 1 个函数发送数据，则需要先将这 3 个参数设置成默认值。具体设置可通过 RTP 会话对象的 3 个属性完成，代码如下：

```
session.SetDefaultPayloadType(96);
session.SetDefaultMark(false);
session.SetDefaultTimestampIncrement(160);
```

在创建一个 TCP 对话和发送数据中两次用到了与时间戳相关的参数，这里解释一下这两处分别代表什么意思，以及该如何设置。第一处是 RTP 会话的参数类 RTPSessionParams，这里需要设置基本的时钟单元，例如，一个 8000Hz 的声音信号，接收端每接收一个采样信号的时间要增加 1/8000s。这个是传递这个信号最基本的时钟单元，sessionparams.SetOwnTimestampUnit(1.0/8000.0)。再例如，一个 20fps 的图像，每传送一张图像过去，时钟信号需要增加 1/20s。第二处是 RTP 会话对象的默认时间戳属性，假设每个 RTP 包中包含一个 20ms 的声音信号（对于声音而言，每字节是一个采样信号），则这一个包传送过去，时间需要增加 0.02s/(1/8000s)=160。得到的 160 是以第一处设置的基本时钟单元为单位传送这 20ms 的声音信号所需要的时间。

JRTPLIB 接收端首先要使用 RTPSession 的成员函数 poll 接收来自不同会话参与者的数据（不同的 IP 地址发来的数据，这里称为会话参与者）。在数据接收端，关于 RTP 会话参与者及数据包检索等信息，可以在对 RTPSession 类的成员函数 RTPSession::BegainDataAccess 和 RTPSession::EndDataAceess 的调用之间完成。这种方式是为了保证所使用的数据不会被其他隐藏线程所调用。使用 RTPSession::GotoFirstSource 和 RTPSession::GotoNextSource 两个成员函数的迭代找出所需要的会话参与者，当前被选中的会话参与者的数据包可以通过 RTPSession::GetNextPacket 函数获取，该函数返回一个 RTPPacket 类的对象。下面是接收端示例，代码如下：

```
//chapter/jrtplib/recvdemo.txt
status = session.Poll();
check(status);

status = session.BeginDataAccess();
```

```
if (session.GotoFirstSource())
{
    do
    {
        RTPPacket * packet;
        while ((packet = session.GetNextPacket()) != 0)
        {
            std::cout <<"Got packet with extended sequence number "
<< packet->GetExtendedSequenceNumber()
<<" from SSRC "<< packet->GetSSRC()
<< std::endl;
            session.DeletePacket(packet);
        }
    } while (session.GotoNextSource());
}
session.EndDataAccess();
```

有以下几个注意事项：

（1）RTPSession::GetNextPacket 函数用于获取当前参与者的数据包，而不是下一个。

（2）packet->GetPayloadData 函数用于获取负载数据。

（3）如果想要获取发送报告、接收报告、SDES 等数据可以通过 RTPSsion 类的成员函数 GetCurrentSourceInfo 函数获取，返回的是一个 RTPSourceData 类。

（4）会话参与者是指数据接收端接收不止一个 IP 主机发送过来的数据，不同的参与者指的是不同的 IP 主机。

另外，RTPSession 提供了一个 OnRTPPacket() 虚函数，可以更加方便快捷地接收数据包，代码如下：

```
virtual void OnRTPPacket(RTPPacket * pack, const RTPTime &receivetime, const RTPAddress * senderaddress)
```

使用 OnRTPPacket 函数时，需要注意几个问题：

（1）重载 OnRTPPacket 替代之前的接收方法，会出现内存泄漏，因为数据处理完后，无法调用 DeletePacket。

（2）即使能通过修改部分源码，释放内存，这种方式也不可取，因为 OnRTPPacket 收到的数据包是即时的，没经过排序。

JRTPLIB 与时间相关的类是 RTPTime，有两个构造函数，代码如下：

```
//这个函数的单位不同，一个是s,一个是s+ms
jrtplib::RTPTime::RTPTime(double t)
jrtplib::RTPTime::RTPTime(int64_t seconds, uint32_t microseconds )
```

通过 RTPTime 构造一个延时类，例如 RTPTimedelay(0.02)，此时并没有延时，只是构造了一个需要延时 0.02s 的 dealy 对象。

RTPTime 有两个成员函数,代码如下:

```
RTPTime jrtplib::RTPTime::CurrentTime()
void jrtplib::RTPTime::Wait ( constRTPTime & delay)
```

(1) RTPTime jrtplib::RTPTime::CurrentTime() 函数用于获取当前的时间,这个时间是以秒为单位,从世界标准时间的 1970 年 1 月 1 日 00:00:00 开始算起为第 0s,代码如下:

```
RTPTimestarttime = RTPTime::CurrentTime();
//构造一个RTPTime的对象,并且对其进行类的成员函数进行操作,等同于
RTPTime starttime;
starttime.CurrentTime();
```

(2) jrtplib::RTPTime::Wait (constRTPTime & delay) 函数用于等待延时,传入的是构造函数中的对象,例如 RTPTime::Wait(delay)。

3.4.4　RTP 与 H.264 的相关结构体

使用 RTP 可以封装 H.264 码流的数据包,详细过程可以参考"3.1.2 RTP 封装 H.264"节。这里详细介绍几个重要的结构体,主要包括 RTP_FIXED_HEADER、NALU_HEADER、FU_INDICATOR、FU_HEADER 和 NALU_t 等,详细的解释可参考下面的代码。

关于 H.264 的拆包流程,按照 FU-A 方式主要分为以下几个步骤。

(1) 第 1 个 FU-A 包的 FU indicator:F 应该为当前 NALU 头的 F,而 NRI 应该为当前 NALU 头的 NRI,Type 等于 28,表明它是 FU-A 包。FU header 生成方法:S=1、E=0、R=0,而 Type 等于 NALU 头中的 Type。

(2) 后续的 N 个 FU-A 包的 FU indicator 和第 1 个是完全一样的,如果不是最后一个包,则 FU header 应该为 S=0、E=0、R=0,Type 等于 NALU 头中的 Type。

(3) 最后一个 FU-A 包 FU header 应该为 S=0、E=1、R=0,Type 等于 NALU 头中的 Type。

RTP 与 H.264 的 NALU 数据结构,代码如下:

```
//chapter3/rtpnalu.txt
#define MAX_RTP_PKT_LENGTH  1360              //包长度不要超过1400
#define H264                96                //H.264 的负载类型
typedef struct //RTP 固定头
{
    /* Byte 0 */
    unsigned char csrc_len:4;                 /* 4位:csrn长度 */
```

```c
    unsigned char extension:1;          /* 1位:扩展 */
    unsigned char padding:1;            /* 1位:填充 */
    unsigned char version:2;            /* 2位:版本号 */
    /* Byte 1 */
    unsigned char payload:7;            /* 7位:负载类型 */
    unsigned char marker:1;             /* 1位:标志位 */
    /* Bytes 2,3 */
    unsigned short seq_no;              //RTP 序列号
    /* Bytes 4 - 7 */                   //RTP 时间戳
    unsigned long timestamp;
    /* Bytes 8 - 11 */
    unsigned long ssrc;                 /* ssrc */
} RTP_FIXED_HEADER;

/* 1 BYTES */
typedef struct { //NALU_HEADER
    //Byte 0
    unsigned char TYPE:5;               //类型
    unsigned char NRI:2;                //优先级
    unsigned char F:1;                  //禁止位

} NALU_HEADER;

typedef struct {
    //Byte 0
    unsigned char TYPE:5;
    unsigned char NRI:2;
    unsigned char F:1;
} FU_INDICATOR; /* ** // * 1 BYTES */

typedef struct {//FU_HEADER
    //Byte 0
    unsigned char TYPE:5;
    unsigned char R:1;                  //保留位,必须设置为 0,接收者必须忽略该位
    unsigned char E:1;                  //结束位指示分片 NAL 单元的结束
    unsigned char S:1;                  //开始位指示分片 NAL 单元的开始
} FU_HEADER; /* 1 BYTES */

typedef struct
{
    //4B for parameter sets and first slice in picture,
    //3B for everything else
    //如果是 SPS、PPS,则第 1 个 slice 为 4B,其他的为 3B
    int startcodeprefix_len;            //起始码的长度,3 或 4 字节

    //! Length of the NAL unit (Excluding the start code, which does not belong to the NALU)
```

```
//NALU 的字节数,不包括起始码
unsigned len;
unsigned max_size;              //! Nal Unit Buffer size,NALU 的缓冲区大小
int forbidden_bit;              //! should be always FALSE,禁止位
int nal_reference_idc;          //! NALU_PRIORITY_xxxx,优先级
int nal_unit_type;              //! NALU_TYPE_xxxx,NALU 的类型

//! contains the first Byte followed by the EBSP
unsigned char * buf;            //真正的帧数据缓冲区

//! true, if packet loss is detected,是否丢包
unsigned short lost_packets;
} NALU_t;
```

3.4.5　使用 JRTPLIB 发送 H.264 码流

使用 JRTPLIB 发送 H.264 码流,需要根据起始码获取 NALU,自动封装为 RTP 格式,然后发送出去,核心代码及解释如下所示,完整的代码可以参考课件资料中的 jrtplibdemoSendH264 工程。重要的结构体及注释说明可参考"3.4.4 RTP 与 H.264 的相关结构体"。

```cpp
//chapter3/jrtplib/sendh264.cpp
#ifndef H264_H_
#define H264_H_
#include <stdio.h>
#include <stdlib.h>
#include <string.h>

#define PACKET_BUFFER_END       (unsigned int)0x00000000
#define MAX_RTP_PKT_LENGTH      1360
#define H264                    96


#define SSRC             100
#define DEST_IP_STR      "127.0.0.1"
#define DEST_PORT        12500
#define BASE_PORT        9400


//static bool flag = true;
static int info2 = 0, info3 = 0;
RTP_FIXED_HEADER    * rtp_hdr;
FILE * bits = NULL;              //!< the bit stream file:位流文件
NALU_HEADER         * nalu_hdr;
```

```
FU_INDICATOR         * fu_ind;
FU_HEADER            * fu_hdr;

//查找开始字符 0x000001
static int FindStartCode2 (unsigned char * Buf)
{
    if(Buf[0]!= 0 || Buf[1]!= 0 || Buf[2] != 1) return 0;    //判断是否为0x000001。如果是,则返回1
    else return 1;
}

//查找开始字符 0x00000001
static int FindStartCode3 (unsigned char * Buf)
{
    //判断是否为 0x00000001,如果是,则返回 1
    if(Buf[0]!= 0 || Buf[1]!= 0 || Buf[2] != 0 || Buf[3] != 1) return 0;else return 1;
}

//打开 H.264 裸流文件
void OpenBitstreamFile (char * fn)
{
    if (NULL == (bits = fopen(fn, "rb")))        //操作二进制必须为 rb/wb
    {
            printf("open file error\n");
            exit(0);
    }
}


//为 NALU_t 结构体分配内存空间
NALU_t * AllocNALU(int buffersize)
{
    NALU_t * n;

    if ((n = (NALU_t * )calloc (1, sizeof (NALU_t))) == NULL)
    {
            printf("AllocNALU: n");
            exit(0);
    }

    n -> max_size = buffersize;
    //默认 80000 字节的大小
    if ((n -> buf = (unsigned char * )calloc (buffersize, sizeof (char))) == NULL)
    {
            free (n);
            printf ("AllocNALU: n -> buf");
            exit(0);
```

```c
    }
    return n;
}


//释放
void FreeNALU(NALU_t * n)
{
    if (n)
    {
        if (n->buf)
        {
            free(n->buf);
            n->buf = NULL;
        }
        free (n);
    }
}


//这个函数的输入为一个 NAL 结构体
//得到一个完整的 NALU 并保存在 NALU_t 的 buf 中,获取它的长度,填充 F、IDC、TYPE 位
//并且返回两个开始字符之间间隔的字节数,即包含前缀的 NALU 的长度
int GetAnnexbNALU (NALU_t * nalu)
{
    int pos = 0;
    int StartCodeFound, rewind;
    unsigned char * Buf;

    if ((Buf = (unsigned char * )calloc (nalu->max_size , sizeof(char))) == NULL)
            printf ("GetAnnexbNALU: Could not allocate Buf memory\n");

    nalu->startcodeprefix_len = 3;              //初始化码流序列的开始字符为3字节

    if (3 != fread (Buf, 1, 3, bits))           //从码流中读3字节
    {
            free(Buf);
            return 0;
    }
    info2 = FindStartCode2 (Buf);               //判断是否为 0x000001
    if(info2 != 1)
    {
            //如果不是,则再读一字节
            if(1 != fread(Buf + 3, 1, 1, bits))     //读一字节
            {
```

```c
            free(Buf);
            return 0;
        }
        info3 = FindStartCode3 (Buf);          //判断是否为 0x00000001
        if (info3 != 1)                        //如果不是,则返回-1
        {
            free(Buf);
            return -1;
        }
        else
        {
            //如果是 0x00000001,则得到的开始前缀为 4 字节
            pos = 4;
            nalu->startcodeprefix_len = 4;
        }
    }
    else
    {
        //如果是 0x000001,则得到的开始前缀为 3 字节
        nalu->startcodeprefix_len = 3;
        pos = 3;
    }
    //查找下一个开始字符的标志位
    StartCodeFound = 0;
    info2 = 0;
    info3 = 0;

    while (!StartCodeFound)
    {
        if (feof (bits))                       //判断是否到了文件尾
        {
            nalu->len = (pos-1) - nalu->startcodeprefix_len;
            memcpy (nalu->buf, &Buf[nalu->startcodeprefix_len], nalu->len);
            nalu->forbidden_bit = nalu->buf[0] & 0x80;      //1 bit
            nalu->nal_reference_idc = nalu->buf[0] & 0x60;  //2 bit
            nalu->nal_unit_type = (nalu->buf[0]) & 0x1f;    //5 bit
            free(Buf);
            return pos-1;
        }
        Buf[pos++] = fgetc (bits);              //将一字节读到 Buf 中
        info3 = FindStartCode3(&Buf[pos-4]);    //判断是否为 0x00000001
        if(info3 != 1)
            info2 = FindStartCode2(&Buf[pos-3]); //判断是否为 0x000001
        StartCodeFound = (info2 == 1 || info3 == 1);
    }
```

```c
            //Here, we have found another start code
            //(and read length of startcode Bytes more than we should
            //have. Hence, go back in the file
            //已经发现了一个起始码
            rewind = (info3 == 1)? -4 : -3;

            //把文件指针指向前一个NALU的末尾
            if (0 != fseek (bits, rewind, SEEK_CUR))
            {
                    free(Buf);
                    printf("GetAnnexbNALU: Cannot fseek in the bit stream file");
            }

            //Here the Start code, the complete NALU,
            //and the next start code is in the Buf.
            //完整的NALU已经在缓冲区中了
            //The size of Buf is pos
            //pos + rewind are the number of Bytes excluding the next
            //start code, and (pos + rewind) - startcodeprefix_len
            //is the size of the NALU excluding the start code

            nalu->len = (pos + rewind) - nalu->startcodeprefix_len;
            //复制一个完整NALU,不复制起始前缀 0x000001 或 0x00000001
            memcpy (nalu->buf, &Buf[nalu->startcodeprefix_len], nalu->len);
            nalu->forbidden_bit = nalu->buf[0] & 0x80;      //1 bit
            nalu->nal_reference_idc = nalu->buf[0] & 0x60;  //2 bit
            nalu->nal_unit_type = (nalu->buf[0]) & 0x1f;    //5 bit
            free(Buf);

            //返回两个开始字符之间间隔的字节数,即包含前缀的NALU的长度
            return (pos + rewind);}

#endif
```

可以使用VLC直接打开show.sdp来播放RTP封装的H.264码流。本地IP地址为127.0.0.1,端口号是12500,使用RTP封装格式,帧率为25,RTP负载类型是H.264,代码如下:

```
m = video 12500 RTP/AVP 96
a = rtpmap:96 H264
a = framerate:25
c = IN IP4 127.0.0.1
```

使用JRTPLIB发送H.264码流,以及VLC播放的效果,如图3-30所示。

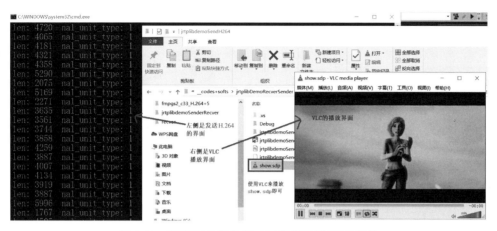

图 3-30　JRTPLIB 发送 H.264 码流后用 VLC 播放

3.5　RTP 扩展头结构

RTP 提供扩展机制允许实现个性化：某些新的与负载格式独立的功能要求的附加信息在 RTP 数据包头中传输。设计此方法可以使其他没有扩展的交互忽略此头扩展。

3.5.1　RTP 单扩展头

RTP 扩展头跟在确定头后，如果有 CSRC，就跟在 CSRC 后。RTP 单扩展头的格式如图 3-31 所示。

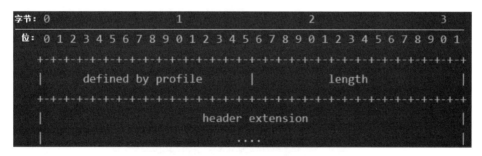

图 3-31　RTP 单扩展头结构

若 RTP 固定头中的可扩展比特位置为 1，则一个长度可变的头扩展部分被加到 RTP 固定头之后。头扩展包含 16b 的长度域，指示扩展项中 32b 的个数，不包括 4 字节扩展头（因此零是有效值）。RTP 固定头之后只允许有一个头扩展。为允许多个互操作独立生成不同的头扩展，或某种特定实现有多种不同的头扩展，扩展项的前 16b 用以识别标识符或参数。这 16b 的格式由具体实现的上层协议定义。基本的 RTP 说明并不定义任何头扩展本身。RTP 标准可以参考 RFC 3550，网址为 https://datatracker.ietf.org/doc/html/rfc3550#section-5.3.1。

3.5.2　RTP 多扩展头

上面介绍的这种形式只能够附加一个扩展头，为了支持多个扩展头，RFC 5285 对 defined by profile 进行了扩展，可以参考网址 https://datatracker.ietf.org/doc/html/rfc5285。

扩展头为 One-Byte Header 的情况，如图 3-32 所示。RTP 头后的第 1 个 16b 为固定的 0XBEDE 标志，意味着这是一个 One-Byte 扩展，length＝3 说明后面有 3 个扩展头，每个扩展头首先以一字节开始，前 4 位是这个扩展头的 ID，后 4 位是 data 的长度减 1。例如 L＝0 意味着后面有 1B 的 data，同理第 2 个扩展头的 L＝1 说明后面还有 2B 的 data，但是注意，其后没有紧跟第 3 个扩展头，而是添加了 2B 大小的全 0 的 data，这是为了使填充对齐，因为扩展头是以 32b 填充对齐的。

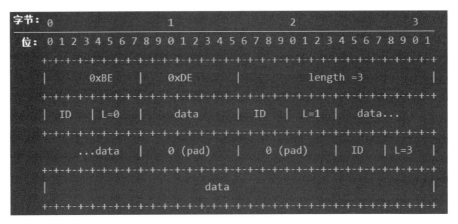

图 3-32　RTP 扩展头 One-Byte Header 结构

扩展头为 Two-Byte Header 的情况，如图 3-33 所示。RTP 头后的第 1 个 16b 为 0x100＋appbits，其中 appbits 可以用来填充应用层级别的数据。

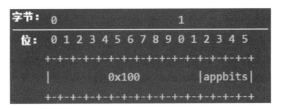

图 3-33　RTP 扩展头 Two-Byte Header 结构

扩展头为 Two-Byte Header 的一个案例,如图 3-34 所示。可以看到开头为 0x100+0x0,接下来的 length=3 表示有 3 个头,然后是扩展头和数据,扩展头除了 ID 和 L 相对于 One-Byte Header 从 4b 变成了 8b 之外,其余都一样。

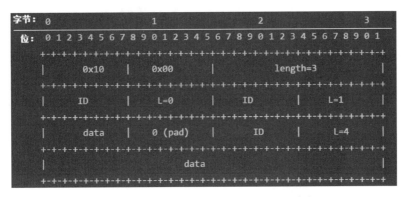

图 3-34　RTP 扩展头 Two-Byte Header 案例

第 4 章 RTMP 流媒体协议

7min

实时消息传输协议(Real Time Messaging Protocol,RTMP)基于 TCP,是一个协议簇,包括 RTMP 基本协议及 RTMPT/RTMPS/RTMPE 等多种变种。RTMP 是一种用于进行实时数据通信的网络协议,主要用来在 Flash/AIR 平台和支持 RTMP 的流媒体/交互服务器之间进行音视频和数据通信。支持该协议的软件包括 Adobe Media Server/Ultrant Media Server/Red5 等。RTMP 与 HTTP 一样,都属于 TCP/IP 四层模型的应用层。

4.1 RTMP 简介

RTMP 保证了媒体传输质量,使用户可以观看到高质量的多媒体。RTMP 采用 TCP 作为其在传输层的协议,避免了多媒体数据在广域网传输过程中的丢包对质量造成的损失。此外 RTMP 传输的 FLV 封装格式支持的 H.264 视频编码方式可以在很低的码率下显示质量还不错的画面,非常适合网络带宽不足的情况下收看流媒体。RTMP 也有一些局限,RTMP 基于 TCP,而 TCP 的实时性不如 UDP,也非常占用带宽。目前基于 UDP 的 RTMFP 能很好地解决这些问题,如 Adobe 的 AMS。RTMP 的播放依赖于 Flash Player,优势是可以直接将直播内容嵌入网页进行流媒体内容直播。那么它的一个局限也自然是这个协议的播放依赖于 Flash Player。如果没有这个播放媒介,这个协议就受到局限,如 macOS 计算机、iOS 手机和移动设备都屏蔽 Flash Player。目前谷歌公司也宣布 Android 系统也不再继续支持 Flash Player。

RTMP 是 Adobe 公司为 Flash 播放器和服务器之间声频、视频和数据传输开发的开放协议。它有多种变种:

(1) RTMP 工作在 TCP 之上,默认使用端口 1935。
(2) RTMPE 在 RTMP 的基础上增加了加密功能。
(3) RTMPT 封装在 HTTP 请求之上,可穿透防火墙。
(4) RTMPS 类似于 RTMPT,增加了 TLS/SSL 的安全功能。

4.2 RTMP 交互流程

RTMP Client 与 RTMP Server 的交互流程需要经过握手、建立连接、建立流、播放/发送 4 个步骤。握手成功之后，需要在建立连接阶段去建立客户端和服务器端之间的"网络连接"。建立流阶段用于建立客户端和服务器端之间的"网络流"。播放阶段用于传输音视频数据。RTMP 依赖于 TCP，Client 和 Server 的整体交互流程如图 4-1 所示。

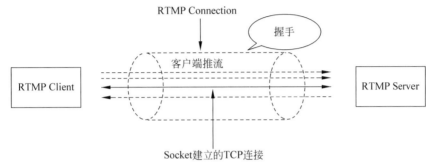

图 4-1　RTMP 客户端和服务器端交互流程

4.2.1 RTMP 握手

RTMP 握手（Handshake），服务器端和客户端需要发送大小固定的 3 个数据块，如图 4-2 所示，步骤如下：

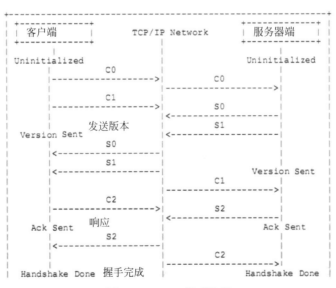

图 4-2　RTMP 握手流程

（1）握手开始于客户端发送 C0、C1 块。服务器端收到 C0 或 C1 后发送 S0 和 S1。

（2）当客户端收齐 S0 和 S1 后，开始发送 C2。当服务器端收齐 C0 和 C1 后，开始发送 S2。

（3）当客户端和服务器端分别收到 S2 和 C2 后，握手完成。

要建立一个有效的 RTMP Connection 连接，首先要进行"RTMP 握手"，包括客户端要向服务器端按顺序发送 C0、C1、C2 这 3 个消息块，服务器端向客户端按顺序发送 S0、S1、S2 这 3 个消息块，然后才能进行有效的信息传输。

RTMP 本身并没有规定这 6 个消息的具体传输顺序，但 RTMP 的实现者需要保证以下几点：

（1）客户端要等收到 S1 之后才能发送 C2。

（2）客户端要等收到 S2 之后才能发送其他信息（控制信息和真实音视频等数据）。

（3）服务器端要等到收到 C0 之后发送 S1。

（4）服务器端必须等到收到 C1 之后才能发送 S2。

（5）服务器端必须等到收到 C2 之后才能发送其他信息（控制信息和真实音视频等数据）。

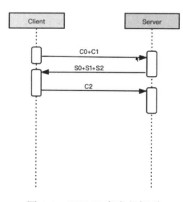

理论上来讲只要满足以上条件就可以了，不一定每次只发一个包，也可以组合在一起同时发送 2 个或 3 个包，只要保证满足以上的顺序即可。例如实际应用中为了在保证握手的身份验证功能的基础上尽量减少通信的次数，一般的发送顺序是这样的，这一点可以通过 Wireshark 抓取 FFmpeg 推流包进行验证，即客户端先向服务器端发送 C0 和 C1 两个包，然后服务器端向客户端同时发送 S0、S1 和 S2 这 3 个包，最后客户端再向服务器端发送 C2 包。这样安排明显降低了通信次数，但满足以上条件，如图 4-3 所示。在 RTMP 的握手阶段，双方需要分别发送大小固定的 3 个数据块。

图 4-3 RTMP 真实的握手

（1）客户端发送数据块 C0 和 C1。

（2）服务器端接收到 C0 或 C1 中任意一个后，向客户端发送数据块 S0 和 S1；如果服务器端接收齐了 C0 和 C1，那么服务器端还可以继续向客户端发送数据块 S2。

（3）客户端接收齐 S0 和 S1 后，向服务器端发送数据块 C2。

（4）如果服务器端接收到了 S2，客户端也接收到了 C2，至此握手完成。

客户端发送消息的流程，代码如下：

```
//chapter4/rtmp.handshake.client.txt
//客户端伪代码,先发送 C0、C1
S0 = null
S1 = null
```

```
S2 = null
send C0 and C1
while(S0 == null || S1 == null)
{
    recv S0 and S1            //接收 S0 和 S1
}
send C2                       //发送 C2
recv S2                       //接收 S2
```

服务器端发送消息的流程,代码如下:

```
//chapter4/rtmp.handshake.server.txt
//服务器伪代码
C0 = null,C1 = null
while(C0 == null && C1 == null)
{
    recv C0 or C1
}
send S0,S1
while(C0 == null && C1 == null)
{
    recv C0 or C1
}
send S2
recv C2
```

4.2.2　RTMP 建立连接

RTMP 建立连接(Net Connect),如图 4-4 所示,需要以下几个步骤:

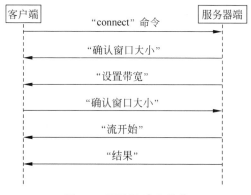

图 4-4　RTMP 建立连接

(1) 客户端将命令消息中的"连接"(Connect)发送到服务器端,请求与一个服务应用实例建立连接。

(2) 服务器端接收到连接命令消息后,将确认窗口大小(Window Acknowledgement Size)

协议消息发送到客户端,同时连接到连接命令中提到的应用程序。

(3) 服务器端将设置带宽协议消息发送到客户端。

(4) 客户端处理设置带宽协议消息后,将确认窗口大小协议消息发送到服务器端。

(5) 服务器端将用户控制消息中的"流开始"(Stream Begin)消息发送到客户端。

(6) 服务器端发送命令消息中的"结果"(_result),通知客户端连接的状态。

4.2.3 RTMP 建立流

RTMP 建立流(Net Stream),如图 4-5 所示,需要以下几个步骤:

(1) 客户端将命令消息中的"创建流"(Create Stream)命令发送到服务器端。

(2) 服务器端接收到"创建流"命令后,发送命令消息中的"结果"(_result),通知客户端流的状态。

4.2.4 RTMP 播放

RTMP 播放(Play),如图 4-6 所示,需要以下几个步骤:

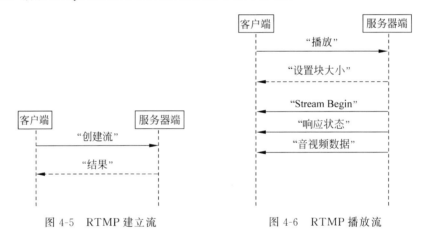

图 4-5 RTMP 建立流　　　　图 4-6 RTMP 播放流

(1) 客户端将命令消息中的"播放"(Play)命令发送到服务器端。

(2) 接收到播放命令后,服务器端发送设置块大小(Chunk Size)协议消息。

(3) 服务器端发送用户控制消息中的 Stream Begin,告知客户端流 ID。

(4) 播放命令成功,服务器端发送命令消息中的"响应状态"(NetStream.Play.Start & NetStream.Play.reset),告知客户端"播放"命令执行成功。

(5) 在此之后服务器端发送客户端要播放的音视频数据。

4.2.5 RTMP 相关名词解释

(1) Packet,即数据包,一个数据包由一个固定头和有效载荷数据构成。

(2) Payload,即有效载荷,是存储在一个数据包中的数据,例如声频采样或者压缩的视频数据。

（3）Port，即端口，传输协议用来指定端口号。

（4）Transport Address，即传输地址，标识传输层端点的网地址和端口的组合，例如一个 IP 地址和一个 TCP 端口。

（5）Message Stream，即消息流，是指通信中消息流通的一个逻辑通道。

（6）Message Stream ID，即消息流 ID，每条消息有一个关联的 ID，使用 ID 标识流通中的消息流。

（7）Chunk，即块，是指消息在发之前被拆分为很多小的块，以确保端到端交付所有消息有序 Timestamp。

（8）Chunk Stream，即块流，指通信中允许块流向一个特定方向的逻辑通道。块流可从客户端流向服务器端，也可从服务器端流向客户端。

（9）Chunk Stream ID，即块流 ID，每个块有一个关联的 ID，使用 ID 标识出流通中的块流。

（10）Metadata，即元数据，关于数据的描述，例如一部电影的 Metadata 包括电影标题、持续时间、创建时间等。

4.3 直播推流与拉流

直播推流，指的是把采集阶段封包好的内容传输到服务器的过程。其实是将现场的视频信号传到网络的过程。"推流"对网络要求比较高，如果网络不稳定，直播效果就会很差，观众观看直播时就会发生卡顿等现象，观看体验就比较糟糕。要想用于推流还必须把音视频数据使用传输协议进行封装，变成流数据。常用的流传输协议有 RTSP、RTMP、HLS 等，使用 RTMP 传输的延时通常在 1~3s，对于手机直播这种对实时性要求非常高的场景，RTMP 也成为手机直播中最常用的流传输协议。最后通过一定的 QoS 算法将音视频流数据推送到网络端，通过 CDN 进行分发。直播中使用广泛的推流协议一般是 RTMP，整体流程如图 4-7 所示。

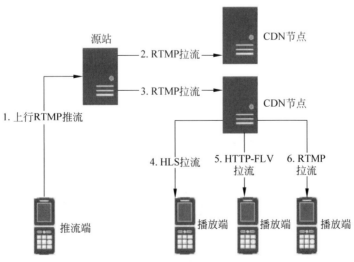

图 4-7　直播推流与拉流

4.3.1 直播推流

一般来讲,直播推流的步骤如下:

(1) 经过采集设备得到原始的采样数据,包括视频数据(YUV)和声频数据(PCM)。
(2) 使用硬编码或软编码(FFmpeg)来编码压缩音视频数据。
(3) 分别得到已编码的 H.264 视频数据和 AAC 声频数据。
(4) 采取不同的封装格式,如 FLV、TS、MPEG-TS 等。
(5) HLS 分段生成策略及 m3u8 索引文件(使用 HLS 协议的时候加上这一步)。
(6) 通过流上传到服务器。
(7) 服务器进行相关协议的分发。

也可以对推流进行一些优化,主要包括以下几点:

(1) 适当的 QoS(Quality of Service)策略,即推流端会根据当前上行网络情况控制音视频数据发包和编码,在网络较差的情况下,音视频数据发送不出去,会造成数据滞留在本地,此时会停掉编码器,防止发送数据进一步滞留,同时会根据网络情况选择合适的策略控制音视频发送。例如在网络很差的情况下,推流端会优先发送声频数据,保证用户能听到声音,并在一定间隔内发送关键帧数据,保证用户在一定时间间隔之后能看到一些画面的变化。

(2) 合理的关键帧配置,即合理控制关键帧发送间隔(建议 2s 或 1s 发送一个),这样可以减少后端处理过程,为将后端的缓冲区设置得更小创造条件。

RTMP 推流涉及一些具体的步骤,如图 4-8 所示。

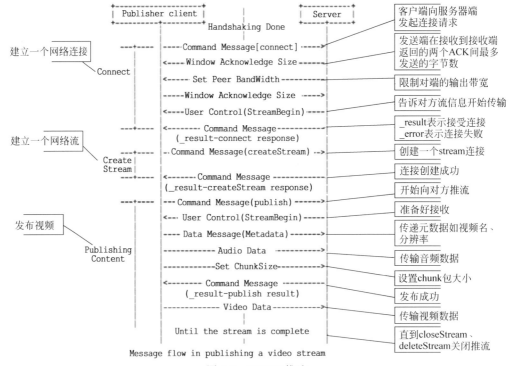

图 4-8 RTMP 推流

4.3.2 直播拉流

一般来讲，直播拉流的步骤如下：

(1) 根据协议类型（如 RTMP、RTP、RTSP、HTTP 等），与服务器建立连接并接收数据。

(2) 解析二进制数据，从中找到相关流信息。

(3) 根据不同的封装格式（如 FLV、TS)解复用(demux)。

(4) 分别得到已编码的 H.264 视频数据和 AAC 声频数据。

(5) 使用硬解码(对应系统的 API)或软解码(FFmpeg)来解压音视频数据。

(6) 经过解码后得到原始的视频数据（YUV)和声频数据（PCM)。

(7) 因为声频和视频解码是分开的，所以需要把它们同步起来，否则会出现音视频不同步的现象，例如别人说话会跟口型对不上。

(8) 最后把同步的声频数据送到耳机或外放，将视频数据送到屏幕上显示。

首屏时间优化，可以考虑以下几点：

(1) 通过预设解码器类型，省去探测文件类型的时间。

(2) 缩小视频数据探测范围，同时也意味着减少了需要下载的数据量，特别是在网络不好时，减少下载的数据量能为启动播放节省大量的时间，当检测到 I 帧数据后就立刻返回并进入解码环节。

RTMP 拉流涉及一些具体的步骤，如图 4-9 所示。

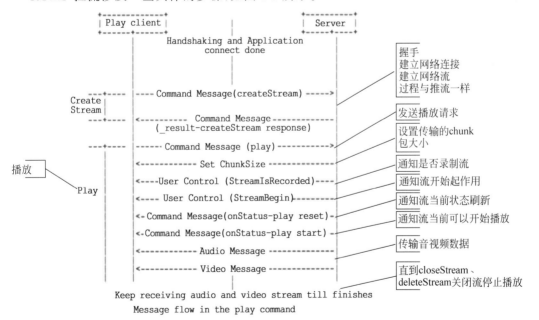

图 4-9 RTMP 拉流

4.4 RTMP 消息

在 RTMP 中数据传输的逻辑单元被成消息(Message)，然后在实际传输的过程中，每条消息被切割成消息块后在网络上传输，这样可以很好地避免内容较大的消息阻塞了后面内容较小但是优先级更高的消息，如声频或控制数据。RTMP 消息包含两部分，即消息头 (Message Header) 和消息负载 (Message Payload)，如图 4-10 所示。RTMP 消息负载包括具体的音视频数据或其他控制信息。

图 4-10 RTMP Message

RTMP 消息头包括消息类型、负载长度、时间戳、流 ID 等字段。RTMP Message 是指满足该协议格式的、可以切分成消息块发送的消息，消息包含的字段如图 4-11 所示。

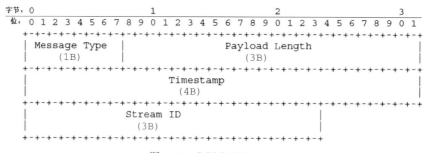

图 4-11 RTMP Message

（1）Message Type：1B，消息类型。
（2）Payload Length：3B，消息负载内容的长度。
（3）Timestamp：4B，时间戳。
（4）Stream ID：3B，消息流 ID，被复合到同一个块流的消息流，根据消息流 ID 进行分离。

4.4.1 RTMP 块流

实时消息传递协议块流 (RTMP Chunk Stream)，作为一款高级多媒体流协议提供了流的多路复用和打包服务。RTMP 块流被设计用来传输实时消息协议，它可以使用任何协议来发送消息流。每条消息都包含时间戳和有效类型标识。RTMP 块流和 RTMP 适用于各种视听传播的应用程序，包括一对一的和一对多的视频直播、点播服务、互动会议应用程序。

当使用一个可靠的传输协议（如 TCP）时，RTMP 块流提供了一种可以在多个流中，基于时间戳的端到端交付所有消息的方法。RTMP 块流不提供任何优先级或类似形式的控制，但可以使用更高级别的协议来提供这样的优先级。RTMP块流不仅包含了自己的协议控制信息，同时也提供了一个更高级别的协议机制，用来嵌入用户控制信息。RTMP块流是对传输RTMP Chunk的流的逻辑上的抽象，客户端和服务器端之间有关RTMP的信息都在这个流上通信。

RTMP在收发数据时并不是以消息为单位的，而是把消息拆分成消息块发送，而且必须在一个消息块发送完成之后才能开始发送下一个消息块。每个消息块中带有Message ID(Chunk Stream ID)，代表属于哪个消息，接收端也会按照这个ID来将Chunk组装成消息。这里解释一下RTMP为什么要将消息拆分成不同的消息块。因为通过拆分，数据量较大的消息可以被拆分成较小的消息，这样就可以避免优先级低的消息持续发送阻塞优先级高的数据，例如在视频的传输过程中，会包括视频帧、声频帧和RTMP控制信息，如果持续发送声频数据或者控制数据可能会造成视频帧的阻塞，然后就会造成观看视频时的卡顿现象。同时对于数据量较大的消息，可以通过Chunk Header的字段来压缩信息，从而减少信息的传输量。

消息块的默认大小是128B，在传输过程中，通过一个叫作Set Chunk Size的控制信息可以设置消息块数据量的最大值，在发送端和接收端会各自维护一个Chunk Size（如SRS流媒体服务器默认为60000），可以分别设置这个值来改变这一方发送的消息块的最大值。大一点的消息块减少了计算每个消息块的时间从而减少了CPU的占用率，但是它会占用更多的时间在发送上，尤其是在低带宽的网络情况下，很可能会阻塞后面更重要信息的传输。小一点的消息块可以减少这种阻塞问题，但小的消息块会引起过多额外的信息（消息块中的Header），少量多次地传输也可能会造成发送的间断，从而导致不能充分利用高带宽的优势，因此并不适合在高比特率的流中传输。在实际发送时应对要发送的数据用不同的Chunk Size去尝试，通过抓包分析等手段得出合适的消息块大小，并且在传输过程中可以根据当前的带宽信息和实际信息的大小动态地调整消息块的大小，从而尽量提高CPU的利用率并减少信息的阻塞概率。

4.4.2 消息块格式

在网络上传输数据时，消息需要被拆分成较小的数据块才适合在相应的网络环境上传输。在RTMP中规定，消息在网络上传输时被拆分成消息块。消息块首部（Chunk Header）由3部分组成，包括用于标识本块的Chunk Basic Header、用于标识本块负载所属消息的Chunk Message Header及当时间戳溢出时才出现的Extended Timestamp。消息块的报文结构如图4-12所示。

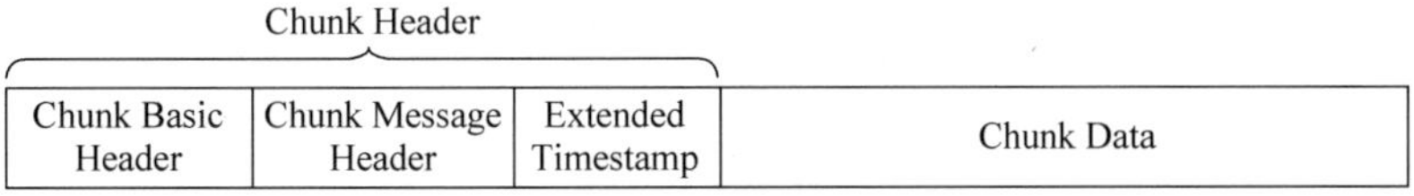

Chunk Header			Chunk Data
Chunk Basic Header	Chunk Message Header	Extended Timestamp	

图4-12 RTMP消息块的报文结构

握手完成后,连接复用一个或多个块流,每个块流承载来自同一条消息流的同一类消息。创建的每个块都有一个唯一的块流 ID(Chunk ID),这些块通过网络进行传输。在传输过程中,必须一个块发送完毕之后再发送下一个块。在接收端,将所有块根据块中的块流 ID 组装成消息。分块将上层协议的大消息分割成小的消息,保证大的低优先级消息(例如视频)不阻塞小的高优先级消息(例如声频或控制消息)。分块还能降低消息发送的开销,它在块头中包含了压缩的原本需要在消息中所包含的信息。块大小是可配置的,这个可以通过一个设置块大小的控制消息进行设定修改。越大的块 CPU 使用率越低,但是在低带宽的情况下,大的写入会阻塞其他内容的写入,而小一些的块不适合高比特率的流。块大小在每个方向上保持独立。消息块主要包括以下字段。

(1) 块基本头(1~3B):该部分用来编码块流 ID 和块类型,块类型决定了消息头的编码格式。该部分的长度取决于块流 ID,块流 ID 是一个变长字段。

(2) 块消息头(0、3、7 或 11B):该部分编码所发送消息的描述信息(无论是整条消息还是一部分消息)。该部分的长度取决于基本头中指定的块类型。

(3) 扩展时间戳(0 或 4B):该部分只有在某些特殊情况下才会使用,是否使用取决于块消息头中的时间戳或时间戳增量。

(4) 块数据(变长):块承载的有效数据,长度最大为配置的块大小。

4.4.3 块基本头

块基本头用于编码块流 ID 和块类型,块类型决定了消息头的编码格式,块基本头长度可能是 1、2 或 3 字节,这取决于块流 ID 的长度。RTMP 最多支持 65597 个流,ID 在 3~65599 范围内。ID 的 0、1、2 为保留值。第 1 字节的前两位 fmt 用来标识块消息头的类型,块流 ID 称为 csid,基本头编码的目的是用最小的长度来标识尽可能多的 ID,于是有了下面的规则:

(1) 在 3~63 的 csid,可以直接用 2~7 位来标识。

(2) 在 64~319 的 csid,用第 2 字节+64 计算得来,第 1 字节的第 2~7 位全部置 0。

(3) 在 64~65599 的 csid,用第 3 字节值×255+第 2 字节值+64 计算得来,第 1 字节的第 2~7 位全部置 1。

(4) 64~319 的 csid 既可以用 2 字节来标识也可以用 3 字节来表示。

4.4.4 块消息头

块消息头共有 4 种不同的格式,根据块基本头中的 fmt 字段值来选择。

1. 0 类型的块消息头

0 类型的块消息头占 11B,该类型必须用在一个块流的开头,或每当块流时间戳后退时(例如向后搜索操作)。字段结构如图 4-13 所示,具体字段如下。

(1) Timestamp Delta(3B):时间戳增量。类型 1 和类型 2 的块包含此字段,表示前一个块的 Timestamp 字段和当前块的 Timestamp 间的差值。

(2) Message Length(3B):消息长度,类型 0 和类型 1 的块包含此字段,表示消息的长度。需要注意的是,通常该长度与块负载长度并不相同。块负载长度除了最后一个块,都与块最大长度相同。

(3) Message Type ID(3B):消息类型 ID,类型 0 和类型 1 的块包含此字段,表示消息的类型。

(4) Message Stream ID(4B):消息流 ID,类型 0 的块包含此字段,表示消息流 ID。消息流 ID 以小字节序存储。通常,相同块流中的消息属于同一条消息流。虽然不同的消息流复用相同的块流会导致消息头无法有效压缩,但是当一条消息流已关闭时,才打开另外一条消息流,这样就可以通过发送一个新的 0 类型块实现复用。

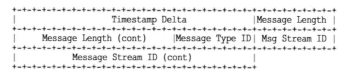

图 4-13　Type 为 0 的消息块

2. 1 类型的块消息头

1 类型的块消息头占用 7B,不包含消息流 ID,该块沿用上一条消息的消息流 ID。对于传输大小可变消息的流(如多数视频格式),在发送第一条消息之后的每条消息,第 1 个块都应该使用该类型格式。Type 为 1 的块结构如图 4-14 所示。

图 4-14　Type 为 1 的消息块

3. 2 类型的块消息头

2 类型的块消息头占用 3B,不包含消息流 ID 和消息长度,沿用上一个块的消息流 ID 和消息长度。对于传输固定大小消息的流(如声频数据格式),在发送第一条消息之后的每条消息,第 1 个块都应该使用该类型格式。Type 为 2 的块结构如图 4-15 所示。

图 4-15　Type 为 2 的消息块

4. 3 类型的块没有消息头

3 类型的块没有消息头,消息流 ID、消息长度和时间戳增量都不指定,该类型的块都使用与上一个块相同的块流 ID。当一条消息被分割成块时,除了第 1 个块,其他块都应该使用该类型。由相同大小、消息流 ID 和时间间隔的消息组成的流,在类型 2 的块之后所有块都应该使用该类型格式。如果第一条消息和第二消息之间的时间增量与第一条消息的时间戳相同,则 0 类型的块之后可以马上发送 3 类型的块,而不必使用 2 类型的块来注册时间增量。如果类型 3 的块跟在类型 0 的块后面,则 3 类型块的时间戳增量与 0 类型块的时间戳相同。

4.4.5 扩展时间戳

扩展时间戳用来辅助编码超过 0xFFFFFF 的时间戳或时间戳增量,也就是说 0、1 或 2 类型的块,无法用 24b 数字来表示时间戳或时间戳增量,即 0 类型块的时间戳字段或 1、2 类型的时间戳增量字段值为 0xFFFFFF。当最近的属于相同块流 ID 的 0 类型块、1 类型块或 2 类型块有此字段时,3 类型块也应该有此字段。

4.4.6 消息分块流程解析

在消息被分割成几条消息块的过程中,消息负载部分(Message Body)被分割成大小固定的数据块(默认为 128B,最后一个数据块可以小于该固定长度),并在其首部加上消息块首部(Chunk Header),就组成了相应的消息块。

RTMP 在传输媒体数据的过程中,发送端首先把媒体数据封装成消息,然后把消息分割成消息块,最后将分割后的消息块通过 TCP 发送出去。接收端在通过 TCP 收到数据后,首先把消息块重新组合成消息,然后通过对消息进行解封装处理就可以恢复出媒体数据了。

一个简单的声频消息流分块的过程如图 4-16 和图 4-17 所示。共 4 条消息,消息 ID 分别为 1、2、3、4,块基本头占 1B,而 0、1、2、3 类型的块消息头分别占 11B、7B、3B、0B。这 4 条消息对应的块类型分别为 0、2、3、3,所以字节数分别为 11、3、0、0,而它们的消息负载都是 32B,所以消息 1、2、3、4 所占的字节数分别为 44、36、33、33。其中,44B=1B(基本头)+11B(块消息头)+32B(负载),36B=1B(基本头)+3B(块消息头)+32B(负载),33B=1B(基本头)+0B(块消息头)+32B(负载)。

```
+-----------------------------------------------------------+
|         |Message Stream ID| Message Type ID | Time | Length |
|  Msg #1 |     12345       |        8        | 1000 |   32   |
|  Msg #2 |     12345       |        8        | 1020 |   32   |
|  Msg #3 |     12345       |        8        | 1040 |   32   |
|  Msg #4 |     12345       |        8        | 1060 |   32   |
+-----------------------------------------------------------+
```

图 4-16 待分块的原始声频消息

	Chunk Stream ID	Chunk Type	Header Data	No.of Bytes After Header	Total No.of Bytes in the Chunk
Chunk#1	3	0	Delta:1000 Length:32, Type:8, Stream ID: 12345 (11 bytes)	32	44
Chunk#2	3	2	20(3 bytes)	32	36
Chunk#3	3	3	None(0 bytes)	32	33
Chunk#4	3	3	None(0 bytes)	32	33

图 4-17　声频消息的分块格式

下面再举一个例子来解释消息分块的过程，将一个大小为 307B 的消息分割成 128B 的消息块（最后一个除外），如图 4-18 所示。

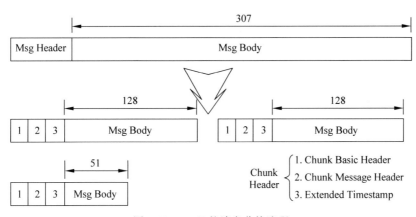

图 4-18　307B 的消息分块流程

将一个大小为 307B 的消息分割成 3 条消息块，字节数分别为 128、128、51。这 3 个块的类型分别是 0、3、3，所以块的总字节数分别是 140(1+11+128)、129(1+0+128)、52(1+0+51)。消息与块格式如图 4-19 和图 4-20 所示。

```
+---------+------------------+------------------+------+--------+
|         | Message Stream ID| Message Type ID  | Time | Length |
+---------+------------------+------------------+------+--------+
| Msg # 1 |      12346       |     9(video)     | 1000 |  307   |
+---------+------------------+------------------+------+--------+
                          待分割的消息
```

图 4-19　307B 的原始消息

Chunk Stream ID	Chunk Type	Header Data	No.of Bytes after Header	Total No.of bytes in the chunk
Chunk#1	4	0	Delta:1000 Length:307, Type:9, Stream ID: 12346 (11 bytes)	128	140
Chunk#2	4	3	None (0 bytes)	128	129
Chunk#3	4	3	None (0 bytes)	51	52

图 4-20　307B 的原始消息分成 3 块

4.4.7　协议控制消息

RTMP 块流用消息类型 Message Type ID 为 1、2、3、5 和 6 来作为协议控制消息,这些消息包含 RTMP 块流协议所需要的信息。这些协议控制消息必须用 0 作为消息流 ID (Message Stream ID),并在 Chunk ID 为 2 的块流中发送。协议控制消息收到后立即生效,它们的时间戳信息会被忽略。

(1) Message Type-1:设置块大小(Set Chunk Size),用于通知另一端新的最大块大小。

(2) Message Type-2:终止消息,通知正在等待消息后续块的另一端,可以丢弃通过指定块流接收的部分数据。

(3) Message Type-3:确认消息,客户端或服务器端在接收到数量与窗口大小相等的字节后将确认消息发送到对方;服务器端在建立连接之后发送窗口大小。

(4) Message Type-5:视窗大小确认,客户端或服务器端发送本消息来通知对方发送确认消息。

(5) Message Type-6:设置对等端带宽,客户端或服务器端发送该消息来限制对端的输出带宽。接收端收到消息后,通过将已发送但尚未被确认的数据总数限制为该消息指定的视窗大小,实现限制输出带宽的目的。如果视窗大小与上一个视窗大小不同,则该消息的接收端应该向该消息的发送端发送视窗大小确认消息。

4.4.8　用户控制消息

RTMP 将消息类型 4 作为用户控制消息 ID,用户控制消息应该使用 ID 为 0 的消息流(控制流),并且通过 RTMP 块流传输时使用 chunkID 为 2 的块流。用户控制消息收到后立即生效,它们的时间戳信息会被忽略。

客户端或服务器端通过发送该消息告知对方用户控制事件。该消息携带事件类型和事件数据两部分。开头的 2 字节用于指定事件类型,紧跟着的是事件数据。事件数据的字段长度可变,但是如果用 RTMP 块流传输,则消息总长度不能超过最大块大小,以使消息可以使用一个单独的块进行传输。

（1）流开始：值为 0，服务器端发送该事件，用来通知客户端一个流已经可以用来通信了。默认情况下，该事件是在收到客户端连接指令并成功处理后发送的第 1 个事件。事件的数据使用 4 字节来表示可用的流的 ID。

（2）流结束：值为 1，服务器端发送该事件，用来通知客户端其在流中请求的回放数据已经结束了。如果没有额外的指令，将不会再发送任何数据，而客户端会丢弃之后从该流接收的消息。事件数据使用 4 字节来表示回放完成的流的 ID。

（3）流枯竭：值为 2，服务器端发送该事件，用来通知客户端流中已经没有更多的数据了。如果服务器端在一定时间后没有探测到更多数据，它就可以通知所有订阅该流的客户端流已经枯竭。事件数据用 4 字节来表示枯竭的流的 ID。

（4）设置缓冲区大小：值为 3，客户端发送该事件，用来告知服务器端缓存流中数据的缓冲区大小（单位 ms）。该事件在服务器端开始处理流数据之前发送。在事件数据中，前 4 字节用来表示流 ID，之后的 4 字节用来表示缓冲区大小（单位 ms）。

（5）流已录制：值为 4，服务器端发送该事件，用来通知客户端指定流是一个录制流。事件数据用 4 字节表示录制流的 ID。

（6）ping 请求：值为 6，服务器端发送该事件，用来探测客户端是否处于可达状态。事件数据是一个 4 字节的时间戳，表示服务器端分发该事件时的服务器本地时间。客户端收到后用 ping 响应回复服务器端。

（7）ping 响应：值为 7，客户端用该事件回复服务器端的 ping 请求，事件数据为收到的 ping 请求中携带的 4 字节的时间戳。

4.4.9 其他消息类型

客户端和服务器端通过在网络上发送消息实现交互，消息可以是任意类型，包括但不限于声频消息、视频消息、指令消息、共享对象消息、数据消息和用户控制消息。

（1）类型 17、20：指令消息在客户端和服务器端之间传递 AMF 编码的指令，消息类型 20 代表 AMF0 编码，消息类型 17 代表 AMF3 编码。

（2）类型 15、18：客户端或服务器端通过该消息来发送元数据或其他用户数据。元数据包括数据（声频、视频）的创建时间、时长、主题等详细信息。消息类型 18 代表 AMF0 编码，消息类型 15 代表 AMF3 编码。

（3）类型 16、19：共享对象是一个在多个客户端、示例之间进行同步的 Flash 对象（键-值对集合）。消息类型 19 代表 AMF0 编码，消息类型 16 代表 AMF3 编码。每条消息都可以包含多个事件。

（4）类型 8：客户端或服务器端通过发送此消息来将声频数据发送给对方，消息类型 8 是为声频消息预留的。

（5）类型 9：客户端或服务器端通过发送此消息来将视频数据发送给对方，消息类型 9 是为视频消息预留的。

（6）类型 22：组合消息，一条消息包含多个子 RTMP 消息，消息类型 22 用于组合消息。

第 5 章　HLS 流媒体协议

HLS 与 RTMP 都是流媒体协议。RTMP 由 Adobe 开发,广泛应用于低延时直播,也是编码器和服务器对接的实际标准协议,在 PC(Flash)上有最佳观看体验和最佳稳定性。HLS 由苹果公司开发,本身是 Live(直播)的,但也支持 VoD(点播)。HLS 是苹果平台的标准流媒体协议,和 RTMP 在 PC 上一样支持得非常完善。HLS 协议的详细内容可以参考网址 https://datatracker.ietf.org/doc/html/draft-pantos-http-live-streaming-08。

5.1　HLS 协议简介

HLS,全称 HTTP Live Streaming,是一种由苹果公司提出的基于 HTTP 的流媒体网络传输协议,是 QuickTime X 和 iPhone 软件系统的一部分。它的工作原理是把整个流分成一个个小的基于 HTTP 的文件来下载,每次只下载一些。当媒体流正在播放时,客户端可以选择从许多不同的备用源中以不同的速率下载同样的资源,允许流媒体会话适应不同的数据速率。在开始一个流媒体会话时,客户端会下载一个包含元数据的 extended m3u/m3u8 playlist 文件,用于寻找可用的媒体流。HLS 只请求基本的 HTTP 报文,与实时传输协议(RTP)不同,HLS 可以穿过任何允许 HTTP 数据通过的防火墙或者代理服务器。它也很容易使用内容分发网络来传输媒体流。HLS 的网络框架结构如图 5-1 所示。

(1) 服务器将媒体文件转换为 m3u8 及 TS 分片;对于直播源,服务器需要实时动态更新。

(2) 客户端请求 m3u8 文件,根据索引获取 TS 分片;点播与直播服务器不同的地方是,直播的 m3u8 文件会不断更新,而点播的 m3u8 文件是不会变的,只需客户端在开始时请求一次。

5.1.1　HLS 的索引文件的嵌套

HLS 协议中的索引文件可以嵌套,一般只有一级索引和二级索引;媒体流封装的分片格式只支持 MPEG-2 传输流(TS)、WebVTT 文件或 Packed Audio 文件。

索引文件(m3u8)和媒体分片(TS)之间的关系如图 5-2 所示。一级 m3u8 嵌套二级 m3u8,二级 m3u8 描述 TS 分片。

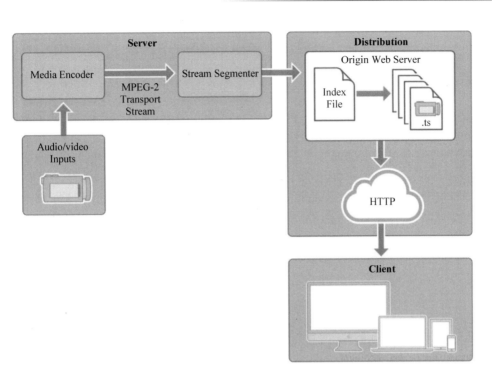

图 5-1　HLS 框架

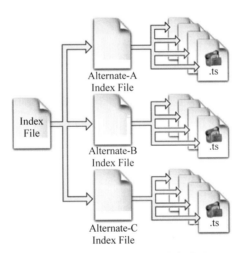

图 5-2　HLS 索引文件的嵌套关系

5.1.2　HLS 服务器端和客户端工作流程

在服务器端，流媒体文件被切割成一个一个的小分片，这些小分片有着相同的时长（常为 10s，也可以灵活设置），每个小分片是一个 TS 文件。同时会产生一个索引文件（m3u8），索引文件里存放了 TS 文件的 URL。

客户端请求方式分两种,一种是点播(VoD),一种是直播(Live)。

(1) VoD：全称 Video on Demand,即视频点播,有求才播放。客户端一次获取整个 m3u8 文件,按照里面的 URL 获取 TS 文件,采用 HTTP。

(2) Live：由于 m3u8 文件是实时更新的,所以客户端每隔一段时间会获取 m3u8 文件,再根据里面的 URL 获取 TS 文件,采用 HTTP。

客户端与服务器端通过 HTTP 进行交互,以两级 m3u8 嵌套为例,客户端先 GET 请求到一级 m3u8,一级 m3u8 里面包含了服务器端可以用于传播的一个或多个不同带宽的 URL,这个 URL 可以获取二级 m3u8;二级 m3u8 包含了多个 TS 分片的 duration 及其 URL,最后通过这个 URL 下载 TS 分片。HLS 服务器端和客户端的交互流程如图 5-3 所示。

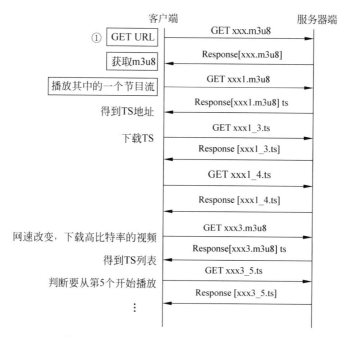

图 5-3　HLS 服务器端和客户端的交互流程

5.1.3　HLS 优势及劣势

HLS 的优势主要包括以下几点：

(1) 客户端支持简单,只需支持 HTTP 请求,HTTP 协议无状态,只需按顺序下载媒体片段。

(2) 使用 HTTP 协议网络兼容性好,HTTP 数据包也可以方便地通过防火墙或者代理服务器。

(3) 当媒体流正在播放时,客户端可以选择从许多不同的备用源中以不同的速率下载同样的资源(多码流自适应),允许流媒体会话适应不同的数据速率。

HLS 的劣势:因其自身的实现方式,HLS 存在延迟(最少有一个分片),对于直播等对实时敏感的场景,延迟比较大,用户体验不太好。

5.1.4　HLS 主要的应用场景

HLS 主要的应用场景,包括以下几个方面。

(1) 跨平台:PC 主要的直播方案是 RTMP,而如果选一种协议能跨 PC/Android/iOS,那就是 HLS。

(2) iOS 上苛刻的稳定性要求:iOS 上最稳定的是 HLS,稳定性不差于 RTMP 在 PC Flash 上的表现。

(3) 友好的 CDN 分发方式:目前 CDN 对于 RTMP 也是基本协议,但是 HLS 分发的基础是 HTTP,所以 CDN 的接入和分发会比 RTMP 更加完善。能在各种 CDN 之间切换,RTMP 也能,只是可能需要对接测试。

(4) 简单:HLS 作为流媒体协议非常简单,苹果公司的产品支持也很完善。Android 对 HLS 的支持也会越来越完善。

5.2　HLS 协议详细讲解

HLS 协议规定,视频的封装格式是 TS;视频的编码格式为 H.264;声频编码格式为 MP3、AAC 或者 AC-3。除了 TS 视频文件本身,还定义了用来控制播放的 m3u8 文件(文本文件)。

HLS 需要提供一个 m3u8 播放地址,苹果公司的 Safari 浏览器直接就能打开 m3u8 地址,例如 http://demo.srs.com/live/livestream.m3u8。Android 的浏览器不能直接打开,需要使用 HTML5 的 video 标签,然后在浏览器中打开这个页面即可,代码如下:

```
//chapter5/hls.h5.video.html
<!-- livestream.html -->
<video width = "640" height = "360"
       autoplay controls autobuffer
       src = "http://demo.srs.com/live/livestream.m3u8"
       type = "application/vnd.apple.mpegurl">
</video>
```

5.2.1　m3u8 简介

HLS 协议中的 m3u8,是一个包含 TS 列表的文本文件,目的是告诉客户端或浏览器可以播放这些 TS 文件。m3u8 的一些主要标签解释如下。

(1) EXTM3U:每个 m3u8 文件的第一行必须是这个 tag,提供标识作用。

（2）EXT-X-VERSION：用以标示协议版本。例如这里是3，表明这里用的是HLS协议的第3个版本，此标签只能有0或1个，不写代表使用版本1。

（3）EXT-X-TARGETDURATION：所有切片的最大时长，如果不设置这个参数，则有些苹果设备就会无法播放。

（4）EXT-X-MEDIA-SEQUENCE：切片的开始序号。每个切片都有唯一的序号，相邻序号+1。这个编号会继续增长，保证流的连续性。

（5）EXTINF：TS切片的实际时长。

（6）EXT-X-PLAYLIST-TYPE：类型，VoD表示点播，Live表示直播。

（7）EXT-X-ENDLIST：文件结束符号，表示不再向播放列表文件添加媒体文件。

一个典型的m3u8示例文件，代码如下：

```
//chapter5/hls.sample1.m3u8
#EXTM3U                                    //开始标识
#EXT-X-VERSION:3                           //版本为3
#EXT-X-ALLOW-CACHE:YES                     //允许缓存
#EXT-X-TARGETDURATION:13                   //切片最大时长
#EXT-X-MEDIA-SEQUENCE:430                  //切片的起始序列号
#EXT-X-PLAYLIST-TYPE:VoD                   //VoD表示点播
#EXT-X-STREAM-INF:PROGRAM-ID=1,BANDWIDTH=1280000
http://example.com/low.m3u8
#EXT-X-STREAM-INF:PROGRAM-ID=1,BANDWIDTH=2560000
http://example.com/mid.m3u8
#EXT-X-STREAM-INF:PROGRAM-ID=1,BANDWIDTH=7680000
http://example.com/hi.m3u8
#EXTINF:11.800
news-430.ts
#EXTINF:10.120
news-431.ts
#EXT-X-DISCONTINUITY
#EXTINF:11.952
news-430.ts
#EXTINF:12.640
news-431.ts
#EXTINF:11.160
news-432.ts
#EXT-X-DISCONTINUITY
#EXTINF:11.751
news-430.ts
#EXTINF:2.040
news-431.ts
#EXT-X-ENDLIST                             //结束标识
```

（1）BANDWIDTH 用于指定视频流的比特率。

（2）♯EXT-X-STREAM-INF 的下一行是二级 index 文件的路径，可以用相对路径，也可以用绝对路径。上文例子中用的是相对路径。这个文件中记录了不同比特率视频流的二级 index 文件路径，客户端可以判断自己的现行网络带宽，以此来决定播放哪一个视频流，也可以在网络带宽变化时平滑地切换到和带宽匹配的视频流。二级文件实际负责给出 TS 文件的下载网址，这里同样使用了相对路径。

5.2.2 HLS 播放模式

点播 VoD 的特点是当前时间点可以获取所有 index 文件和 TS 文件，二级 index 文件中记录了所有 TS 文件的地址。这种模式允许客户端访问全部内容。在上面的例子中是一个点播模式下的 m3u8 的结构。

Live 模式是实时生成 m3u8 和 TS 文件。它的索引文件一直处于动态变化中，播放时需要不断下载二级 index 文件，以获得最新生成的 TS 文件播放视频。如果一个二级 index 文件的末尾没有♯EXT-X-ENDLIST 标志，则说明它是一个 Live 视频流。

客户端在播放 VoD 模式的视频时其实只需下载一次一级 index 文件和二级 index 文件便可以得到所有 TS 文件的下载网址，除非客户端进行比特率切换，否则无须再下载任何 index 文件，只需按顺序下载 TS 文件并播放就可以了。

Live 模式下略有不同，因为播放的同时，新 TS 文件也在被生成中，所以客户端实际上是下载一次二级 index 文件，然后下载 TS 文件，再下载二级 index 文件（此时这个二级 index 文件已经被重写，记录了新生成的 TS 文件的下载网址），然后下载新 TS 文件，如此反复进行播放。

5.2.3 TS 文件

TS 文件是传输流文件（MPEG2-Transport Stream），视频编码主要格式为 H.264/MPEG4，声频为 AAC/MP3。TS 文件分为 3 层，包括 TS 层（Transport Stream）、PES 层（Packet Elemental Stream）和 ES 层（Elementary Stream）。ES 层是原始的音视频压缩数据，PES 层是在音视频数据 ES 上加了时间戳（PTS/DTS）等对数据帧的说明信息，TS 层是在 PES 层加入数据流的识别和传输所需的信息，这 3 层结构如图 5-4 所示。

（1）TS 包大小固定为 188B，TS 层分为 3 个部分，即 TS Header、Adaptation Field 和 Payload。TS Header 固定为 4B；Adaptation Field 可能存在也可能不存在，主要作用是给不足 188B 的数据做填充；Payload 是 PES 数据。

（2）PES 是在每个视频/声频帧上加入了时间戳等信息，PES 包的内容很多，通常只留下最常用的。

（3）ES 层指的是音视频数据，例如 H.264 视频。

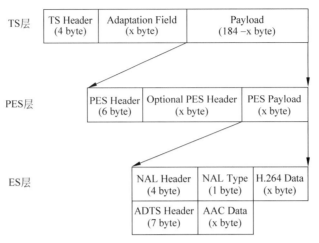

图 5-4　ES/PES/TS 三层结构

5.3　m3u8 格式讲解

HLS 协议很大一部分内容是对 m3u8 文本协议的描述。m3u8 即播放索引文件，也称为 Playlist，是由多个独立行组成的文本文件，必须通过 URI(.m3u8 或 .m3u)或者 HTTP Content-Type 来识别(application/vnd.apple.mpegurl 或 audio/mpegurl)。

m3u8 文件实际上是一个播放列表(Playlist)，可能是一个媒体播放列表(Media Playlist)，也可能是一个主列表(Master Playlist)，但无论是哪种播放列表，其内部文字使用的都是 UTF-8 编码。当 m3u8 文件作为媒体播放列表(Media Playlist)时，其内部信息记录的是一系列媒体片段资源，按顺序播放该片段资源，即可完整展示多媒体资源，由此可知，整个视频的总时长是各个 TS 切片资源的时长之和。

m3u8 的每行由用\n 或者\r\n 来标识换行。每一行可以是一个 URI、空白行或是一个以♯号开头的字符串。以♯开头的是 tag 或者注释，以♯EXT 开头的是 tag，其余的为注释，在解析时应该忽略。URI 表示一个 TS 分片地址或是 Playlist 地址。URI 可以用绝对地址或者相对地址，如果使用相对地址，则是相对于当前 Playlist 的地址。有些 tag 带有属性值，多个属性用逗号分隔。

一个常见的一级 m3u8 示例文件，代码如下：

```
//chapter5/hls.firstLevel.sample.m3u8
# EXTM3U
# EXT-X-STREAM-INF:PROGRAM-ID=1,BANDWIDTH=700,000
http://xxx.itv.cmvideo.cn/low.m3u8?channel-id=bstvod&Contentid=4007432528
# EXT-X-STREAM-INF:PROGRAM-ID=1,BANDWIDTH=1300,000
http://xxx.itv.cmvideo.cn/mid.m3u8?channel-id=bstvod&Contentid=4007432527
```

```
#EXT-X-STREAM-INF:PROGRAM-ID=1,BANDWIDTH=2300,000
http://xxx.itv.cmvideo.cn/high.m3u8?channel-id=bstvod&Contentid=4007432526
```

一个常见的二级 m3u8 示例文件，代码如下：

```
//chapter5/hls.secondLevel.sample.m3u8
#EXTM3U
#EXT-X-VERSION:1
#EXT-X-TARGETDURATION:11
#EXT-X-MEDIA-SEQUENCE:19674922
#EXT-X-PROGRAM-DATE-TIME:2019-03-28T04:33:40Z
#EXTINF:10,
19674922.ts?
#EXT-X-PROGRAM-DATE-TIME:2019-03-28T04:33:50Z
#EXTINF:10,
19674923.ts?
#EXT-X-PROGRAM-DATE-TIME:2019-03-28T04:34:00Z
#EXTINF:10,
19674924.ts?
```

Master Playlist 是指一级 m3u8；Media Playlist 是指二级 m3u8，携带 TS 分片 URL 的 m3u8；Media Segment 是指 TS 分片；Attribute Lists 是指属性列表，是一个用逗号分隔的 attribute/value 对列表，格式为 AttributeName=AttributeValue。

tag 以 #EXT 开头，主要分为以下几类。

1. Basic Tags

Basic Tags，可以用在 Media Playlist 和 Master Playlist 里面。EXTM3U 必须出现在文件的第一行，标识这是一个 Extended M3U Playlist 文件。EXT-X-VERSION 表示 Playlist 兼容的版本。

2. Media Segment Tags

Media Segment Tags，每个 Media Segment 通过一系列的 Media Segment Tags 跟一个 URI 来指定。有的 Media Segment Tags 只应用于下一个 Segment，有的则是应用于所有下面的 Segments。一个 Media Segment Tag 只能出现在 Media Playlist 里面。

(1) EXTINF：用于指定 Media Segment 的 duration。

(2) EXT-X-BYTERANGE：用于指定 URI 的 sub-range。

(3) EXT-X-DISCONTINUITY：表示后续分片属性发生变化，如文件格式/编码/序号。

(4) EXT-X-KEY：表示 Media Segment 已加密，该值用于解密。

(5) EXT-X-MAP：表示 Media Segment 的头部信息，例如 PAT/PMT 或者 WebVTT 头。

(6) EXT-X-PROGRAM-DATE-TIME：和 Media Segment 的第 1 个 sample 一起来确定时间戳。

3. Media Playlist Tags

Media Playlist Tags，用于描述 Media Playlist 的全局参数。同样地，Media Playlist Tags 只能出现在 Media Playlist 里面。

（1）EXT-X-TARGETDURATION：用于指定最大的 Media Segment Duration。

（2）EXT-X-MEDIA-SEQUENCE：用于指定第 1 个 Media Segment 的序号。

（3）EXT-X-DISCONTINUITY-SEQUENCE：用于不同的 Variant Stream 之间同步。

（4）EXT-X-ENDLIST：表示 Media Playlist 结束。

（5）EXT-X-PLAYLIST-TYPE：可选，指定整个 Playlist 的类型。

（6）EXT-X-I-FRAMES-ONLY：表示每个 Media Segment 均为 I-frame。

4. Master Playlist Tags

Master Playlist Tags，用于定义 Variant Streams、Renditions 和其他显示的全局参数。Master Playlist Tags 只能出现在 Master Playlist 中。

（1）EXT-X-MEDIA：用于关联同一个内容的多个 Media Playlist 的多种翻译。

（2）EXT-X-STREAM-INF：用于指定下级 Media Playlist 的相关属性。

（3）EXT-X-I-FRAME-STREAM-INF：与 EXT-X-STREAM-INF 类似，但指向的下级 Media Playlist 包含 Media Segment 均为 I-frame。

（4）EXT-X-SESSION-DATA：可以随意存放一些 session 数据。

5. Media or Master Playlist Tags

Media or Master Playlist Tags，这里的 Tags 可以出现在 Media Playlist 或者 Master Playlist 中。但是如果同时出现在同一个 Master Playlist 和 Media Playlist 中，则必须为相同值。

（1）EXT-X-INDEPENDENT-SEGMENTS：表示每个 Media Segment 可以独立解码。

（2）EXT-X-START：标识一个优选的点来播放这个 Playlist。

5.4 TS 与 PS 格式简介

据传输媒体的质量不同，MPEG-2 中定义了两种复合信息流，即传送流（Transport Stream，TS）和节目流（Program Stream，PS）。TS 流与 PS 流的区别在于 TS 流的包结构是固定长度的，而 PS 流的包结构是可变长度的。PS 包与 TS 包在结构上的这种差异，导致了它们对传输误码具有不同的抵抗能力，因而应用的环境也有所不同。TS 码流由于采用了固定长度的包结构，当传输误码破坏了某一 TS 包的同步信息时，接收机可在固定的位置检测它后面包中的同步信息，从而恢复同步，避免了信息丢失，而 PS 包由于长度是变化的，一旦某一 PS 包的同步信息丢失，接收机无法确定下一包的同步位置，这就会造成失步，导致严重的信息丢失，因此，在信道环境较为恶劣或传输误码较高时，一般采用 TS 码流，而在信道环境较好和传输误码较低时，一般采用 PS 码流。由于 TS 码流具有较强的抵抗传输误码的能力，因此目前在传输媒体中进行传输的 MPEG-2 码流基本上采用了 TS 码流的包格式。MPEG2-PS 主要应用于存储具有固定时长的节目，如 DVD 电影，而 MPEG-TS 则主要应用于实时传送的节目,例如实时广播的电视节目。

5.4.1　ES、PES、PS、TS

MPEG 是活动图像专家组(Moving Picture Expert Group)的缩写,于 1988 年成立。目前 MPEG 已颁布了 3 个活动图像及声音编码的正式国际标准,分别称为 MPEG-1、MPEG-2 和 MPEG-4,而 MPEG-7 和 MPEG-21 仍在研究中。

MPEG-2 是运动图像专家组(MPEG)组织制定的视频和声频有损压缩标准之一,它的正式名称为"基于数字存储媒体运动图像和语音的压缩标准"。与 MPEG-1 标准相比,MPEG-2 标准具有更高的图像质量、更多的图像格式和传输码率的图像压缩标准。MPEG-2 标准不是 MPEG-1 的简单升级,而是在传输和系统方面做了更加详细的规定和进一步的完善。它是针对标准数字电视和高清晰电视在各种应用下的压缩方案,传输速率为 3Mb/s~10Mb/s。MPEG-2 标准目前分为 9 个部分,统称为 ISO/IEC 13818 国际标准。各部分的内容描述如下。

(1) 第 1 部分,ISO/IEC 13818-1,System:系统,描述多个视频、声频和数据基本码流合成传输码流和节目码流的方式。

(2) 第 2 部分,ISO/IEC 13818-2,Video:视频,描述视频编码方法。

(3) 第 3 部分,ISO/IEC 13818-3,Audio:声频,描述与 MPEG-1 声频标准反向兼容的声频编码方法。

(4) 第 4 部分,ISO/IEC 13818-4,Compliance:符合测试,描述测试一个编码码流是否符合 MPEG-2 码流的方法。

(5) 第 5 部分,ISO/IEC 13818-5,Software:软件,描述了 MPEG-2 标准的第 1、2、3 部分的软件实现方法。

(6) 第 6 部分,ISO/IEC 13818-6,DSM-CC:数字存储媒体-命令与控制,描述交互式多媒体网络中服务器与用户间的会话信令集。

以上 6 个部分均已获得通过,成为正式的国际标准,并在数字电视等领域中得到了广泛的实际应用。此外,MPEG-2 标准还有 3 个部分,其中第 7 部分规定不与 MPEG-1 声频反向兼容的多通道声频编码;第 8 部分现已停止;第 9 部分规定了传送码流的实时接口。

下面介绍几个重要概念,包括 ES、PES、PTS 与 DTS、PS、TS 等。

(1) ES,即原始流(Elementary Streams),是直接从编码器出来的数据流,可以是编码过的视频数据流(H.264/MJPEG 等)、声频数据流(AAC/AC3/MP3)或其他编码数据流的统称。ES 流经过 PES 打包器之后,被转换成 PES 包。ES 是只包含一种内容的数据流,如只含视频或只含声频等,打包之后的 PES 也是只含一种性质的 ES,如只含视频 ES 的 PES,或只含声频 ES 的 PES 等。每个 ES 都由若干个存取单元(Access Unit,AU)组成,每个视频 AU 或声频 AU 都由头部和编码数据两部分组成,1 个 AU 相当于编码的 1 幅视频图像或 1 个声频帧,也可以说,每个 AU 实际上是编码数据流的显示单元,即相当于解码的 1 幅视频图像或 1 个声频帧的取样。

(2) PES,即分组的 ES(Packetized Elementary Stream),是用来传递 ES 的一种数据结构。PES 流是 ES 流经过 PES 打包器处理后形成的数据流,在这个过程中完成了将 ES 流分组、打包、加入包头信息等操作(对 ES 流的第一次打包)。PES 流的基本单位是 PES 包。PES 包由包头和 Payload 组成。

(3) PTS 与 DTS,PTS 即显示时间标记(Presentation Timestamp)表示显示单元出现在系统目标解码器(H.264、MJPEG 等)的时间。DTS 即解码时间标记(Decoding Time Stamp)表示将存取单元的全部字节从解码缓存器移走的时间。PTS/DTS 是打在 PES 包的包头里面的,这两个参数是解决音视频同步显示、防止解码器输入缓存上溢或下溢的关键。每个 I(关键帧)、P(预测帧)、B(双向预测帧)帧的包头都有一个 PTS 和 DTS,但 PTS 与 DTS 对于 B 帧不一样;对于 I 帧和 P 帧,显示前一定要存储于视频解码器的重新排序缓存器中,经过延迟(重新排序)后再显示,所以一定要分别标明 PTS 和 DTS。

(4) PS,即节目流(Program Stream),由 PS 包组成,而一个 PS 包又由若干个 PES 包组成(到这里,ES 经过了两层的封装)。PS 包的包头中包含了同步信息与时钟恢复信息。1个 PS 包最多可包含具有同一时钟基准的 16 个视频 PES 包和 32 个声频 PES 包。

(5) TS,即传输流(Transport Stream),由定长的 TS 包组成(188B),而 TS 包是对 PES 包的一个重新封装(到这里,ES 也经过了两层的封装)。PES 包的包头信息依然存在于 TS 包中。单一性是指 TS 流的基本组成单位,是长度为 188B 的 TS 包。混合性是指 TS 流由多种数据组合而成,1 个 TS 包中的数据可以是视频数据、声频数据、填充数据、PSI/SI 表格数据等(由唯一的 PID 对应)。

5.4.2 PS/TS 编码基本流程

从 ES 到 PES 再到 PS/TS 的基本编码流程如图 5-5 所示。

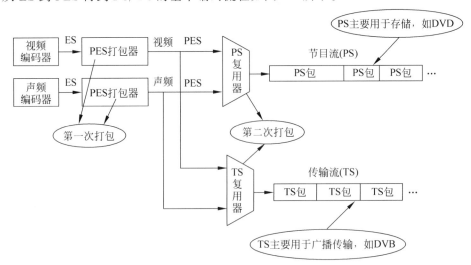

图 5-5 ES/PES/TS 编码流程

（1）A/D 转换后，通过 MPEG-2 压缩编码得到的 ES 基本流。这个数据流很大，并且只是 I、P、B 的这些视频帧或声频取样信息。

（2）通过 PES 打包器，打包并在每个帧中插入 PTS/DTS 标志，变成 PES。原来是流的格式，现在成了数据包的分割形式。

（3）PES 根据需要打包成 PS 或 TS 包进行存储（DVD）或传输（DVB）。因每路音/视频只包含一路的编码数据流，所以每路 PES 也只包含相应的数据流。

5.4.3　PS/TS 码流小结

MPEG-2 作为一个数字视声频的一种压缩标准一直被广泛地运用于多媒体、数字存储及数字传输（如数字电视）等领域。其规范主要包括声频编码、视频编码、系统、数字存储规范、复用和测试等几个部分。其中音、视频和系统（音视频同步）为主要部分，解决音视频的压缩问题并提供一种不同码流间的复用规范。根据传输媒体质量的不同，MPEG-2 中定义了两种复合信息流，即传送流（TS）和节目流（PS）。在 MPEG-2 系统中，信息复合/分离的过程称为系统复接/分接，由视频、声频的 ES 流和辅助数据复接生成的用于实时传输的标准信息流（例如实时广播的电视节目）称为 MPEG-2 传送流（MPEG2-TS），而 MPEG-2 节目流（MPEG2-PS）主要应用于存储具有固定时长的节目，如 DVD 电影。

TS 流与 PS 流的区别在于 TS 流的包结构是固定长度的，而 PS 流的包结构是可变长度的。PS 包与 TS 包在结构上的这种差异，导致了它们对传输误码具有不同的抵抗能力，因而应用的环境也有所不同。TS 码流由于采用了固定长度的包结构，当传输误码破坏了某一 TS 包的同步信息时，接收机可在固定的位置检测它后面包中的同步信息，从而恢复同步，避免了信息丢失，而 PS 包由于长度是可变化的，一旦某一 PS 包的同步信息丢失，接收机无法确定下一包的同步位置，这就会造成失步，导致严重的信息丢失，因此，在信道环境较为恶劣或传输误码较高时，一般采用 TS 码流，而在信道环境较好和传输误码较低时，一般采用 PS 码流。由于 TS 码流具有较强的抵抗传输误码的能力，因此目前在传输媒体中进行传输的 MPEG-2 码流基本上采用了 TS 码流的包。节目流主要用于误码相对较低的演播室和数字存储（如 DVD）中；传输流主要用于传输中，它有固定长度的明显特点。这种数据结构运用于数字视频广播（Digital Video Broadcasting，DVB）的传输层中。

ES 流是音、视频信号经过编码器之后或数据信号的基本码流。ES 是只包含一种内容的数据流，如只含视频或只含声频等，打包之后的 PES 也是只含一种性质的 ES，如只含视频的 ES 的 PES 或只含声频 ES 的 PES。PES（Packetized Elementary Stream）是打包的基本码流，ES 经过打包后的码流，其长度可变。视频一般一帧一个包，声频长度一般不超过 64KB。

ES、PES、PS、TS 的关系，如图 5-6 所示。

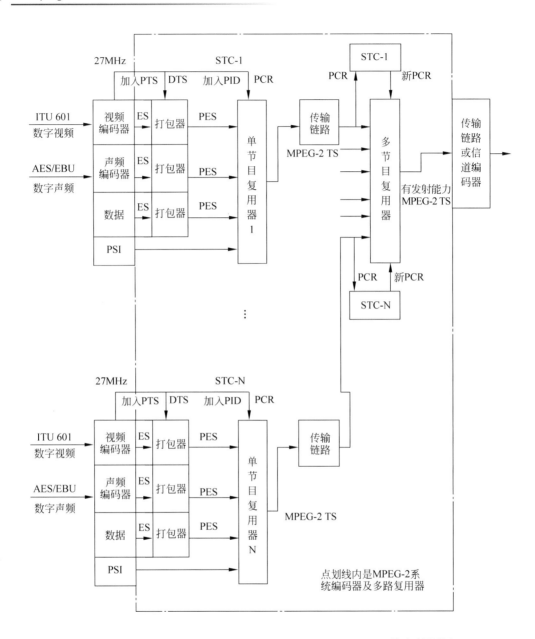

- PES-Packetized Elementary Stream(打包基本流)
- STC-System Time Clock(系统时钟)
- PCR-Program Clock Reference(节目时钟基准)
- PSI-Program Specific Information(节目专用信息)
- PID-Packet Identifier(包识别)
- PTS-Presentation Time Stamp(显示时间标记)
- EBU-European Broadcasting Union(欧洲广播联盟)
- DTS-Decoding Time Stamp(解码时间标记)
- AES-Audio Engineering Society(声频工程学会)
- ITU-International Telecommunications Union(国际电信联盟)

图 5-6　ES、PES、TS、PS 关系框架图

5.5　TS 码流详细讲解

学习数字电视机顶盒的开发,从 MPEG-2 到 DVB 会出现很多数据结构,如 PAT、PMT、CAT 等。数字电视机顶盒接收的是一段段的码流,称为传输流(Transport Stream, TS),每个 TS 流都携带一些信息,如 Video、Audio、PAT、PMT 等信息,因此,首先需要了解 TS 流是什么,以及 TS 流是怎样形成、有着怎样的结构,下面开始详细解释这些内容。

ES 流是基本码流,不分段的声频、视频或其他信息的连续码流。PES 流把基本流 ES 分割成段,并加上相应头文件打包形成的打包基本码流。PS 流将具有共同时间基准的一个或多个 PES 组合(复合)而成单一数据流(用于播放或编辑系统,如 m2p)。TS 流将具有共同时间基准或独立时间基准的一个或多个 PES 组合(复合)而成单一数据流(用于数据传输)。由于 TS 码流具有较强的抵抗传输误码的能力,因此目前在传输媒体中进行传输的 MPEG-2 码流基本上采用了 TS 码流的包。

TS 流的产生过程,如图 5-7 所示。

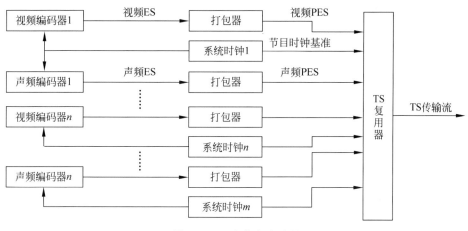

图 5-7　TS 流的产生过程

可以看出,视频 ES 和声频 ES 通过打包器和共同或独立的系统时间基准形成一个个 PES,通过 TS 复用器复用形成传输流。注意这里的 TS 流是位流格式,也就是说 TS 流是可以按位读取的。

5.5.1　TS 包格式

TS 流是基于 Packet 的位流格式,每个包是 188B(或 204B,在 188B 后加上了 16B 的 CRC 校验数据,其他格式相同)。整个 TS 流组成形结构如图 5-8 所示。

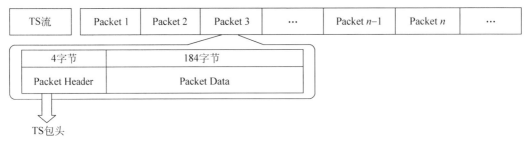

图 5-8　TS 流与 TS 包

TS Packet Header(包头)字段结构,代码如下:

```
//chapter5/ts.packet.header.txt
struct ts_header{
    char syn_Byte:8;                         //包头同步字节,0x47
    char transport_error_indicator:1;        //传送数据包差错指示器
    char payload_unit_start_indicator:1;     //有效净荷单元开始指示器
    char transport_priority:1;               //传送优先级
    int PID:13;                              //包 ID
    char transport_scrambling_control:2;     //传送加扰控制
    char adaptation_field_control:2;         //调整字段控制
    char continuity_counter:4;               //连续计数器 0~15
};
```

(1) syn_Byte:值为 0x47,是 MPEG-2TS 的传送包标识符。

(2) transport_error_indicator:值为 1 时,表示相关的传送包中至少有一个不可纠正的错误位,只有错误位纠正后,该位才能置 0。

(3) payload_unit_start_indicator:表示 TS 包的有效净荷带有 PES 或 PSI 数据的情况;当 TS 包的有效净荷带有 PES 包数据时,payload_unit_start_indicator 为 1,表示 TS 包的有效净荷以 PES 包的第 1 字节开始;payload_unit_start_indicator 为 0,表示 TS 包的开始不是 PES 包。

(4) 当 TS 包带有 PSI 数据时,payload_unit_start_indicator 为 1,表示 TS 包带有 PSI 部分的第 1 字节,即第 1 字节带有指针 pointer_field,payload_unit_start_indicator 为 0,表示 TS 包不带有一个 PSI 部分的第 1 字节,即在有效净荷中没有指针 pointer_field;对于空包的包,play_unit_start_indicator 应该置为 0。

(5) transport_priority:置 1 表示相关的包比其他具有相同 PID 但 transport_priority 为 0 的包有更高的优先级。

(6) PID 是 TS 流中唯一识别标志,Packet Data 是什么内容由 PID 决定。如果一个 TS 流中的 1 个 Packet 的 Packet Header 中的 PID 是 0x0000,则这个 Packet 的 Packet Data 是 DVB 的 PAT 表,而非其他类型数据(如 Video、Audio)或其他业务信息。

一些 TS 表的 PID 值是固定的,不允许用于更改,如表 5-1 所示。

表 5-1　TS 表的名称及对应的 PID 值

表	PID 值	表	PID 值
PAT	0x0000	EIT/ST	0x0012
CAT	0x0001	RST/ST	0x0013
TSDT	0x0002	TDT/TOT/ST	0x0014

TS 流最经典的应用是平时生活中的数字高清电视。电视码流是 TS 封装格式的码流，电视码流发送过来后，就会由机顶盒进行解封装和解码，然后传给电视机进行播放。这里就有一个问题，例如看电视，有很多的频道和节目，那么对应码流是怎么区分的呢？TS 流引入了 PAT 和 PMT 两张表格的概念来解决这个问题。

TS 流是以 188B 为一包，可以称为 TS Packet。这个 TS Packet 有可能是音视频数据，也有可能是表格（PAT/PMT/...）。举例说明，TS 流的包顺序，代码如下：

```
PAT,PMT,DATA,DATA,,,,,,PAT,PMT,DATA,DATA,,,,,,
```

每隔一段时间，发送一张 PAT 表，紧接着发送一张 PMT 表，接着发送 DATA（音视频）数据。PAT 表格里面包含所有 PMT 表格的信息，一个 PMT 表格对应一个频道，例如中央电视台综合频道，而一个 PMT 里面包含所有节目的信息，例如 CCTV-1 到 CCTV-14。在实际情况中有很多频道，所以 PMT 表格可不止一张，有可能是如下形式，代码如下：

```
PAT,PMT,PMT,PMT,,,DATA,DATA,,,,PAT,PMT,PMT,,,DATA,DATA
```

除了这个设定外，每个频道或节目都有自己的标识符（PID），这样当得到一个 DATA，解析出里面的 PID，就知道是什么节目了，并且也知道所属频道是什么了。在看电视时，会收到所有节目的 DATA，当选择某个节目时，机顶盒会把这个节目的 DATA 单独过滤出来，其他的舍弃。

TS Packet 的长度是 188B，分为 TS Header 和 TS Body。其中 TS Header 里面会有个 PID 字段，标识着当前 TS Body 的类型。TS Body 有可能是表格，也有可能是 DATA，表格很好理解，接下来讲解 DATA 的结构。DATA 包其实是 PES 包，而 PES 包是对 ES 的封装，PES 包分为 PES 头加 ES。这里的 ES 是原始流，是指经过压缩后的 H.264、AAC 等格式的音视频数据。

这里介绍一下帧数据、PES 包、TS Packet 包的对应关系。一帧数据封装成一个 PES 包（含 PES 头和 ES），这个 PES 包如果小于 188B，则一个 TS Packet 就可以放下。最终 TS Packet 包的格式是 TS Header+Padding+PES Packet(PES Header+ES)。Padding 为填充字节的意思，如果 TS Header 加上 PES 包后仍不满 188B，则此时需要填充，使其凑满 188B 后再发送。

视频帧是很大的，往往大于 188B，同样需要把一个视频帧放入一个 PES 包，然后分别放在几个 TS Packet 包即可。PES 头加上这些部分 ES，是一个 PES 包，伪代码如下：

第 1 个 TS Packet:TS Header + PES 头 + 部分 ES
第 2 个 TS Packet:TS Header + 部分 ES
……
最后一个 TS Packet:TS Header + 填充字节 + 部分 ES

5.5.2 TS 码流分析工具

Tsr(TS 码流分析工具)是一款非常好用的解析软件,是专门为 TS 码流所设计的。读者可通过它对多种 TS 流文件进行查询,进而了解其中所包含的详细信息,以便用户后续处理。该软件的启动界面如图 5-9 所示。

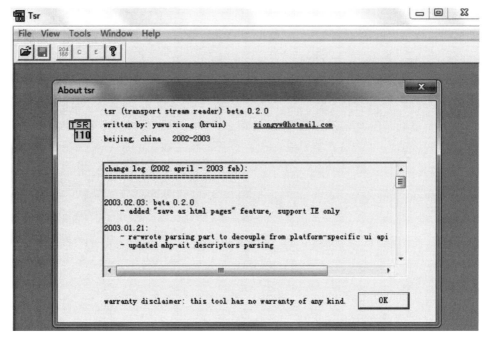

图 5-9　TS 码流分析工具

TS 流是分包发送的,每个包长为 188B。在 TS 流里可以填入很多类型的数据,如视频、声频、自定义信息等。它的包的结构:包头为 4B,负载为 184B。将一个 TS 视频文件拖曳到该软件中,即可自动分析 TS 格式,如图 5-10 所示。

5.5.3 TS 码流结构分析

MPEG-2 中规定 TS 传输包的长度为 188B,包头为 4B,负载为 184B,但通信媒介会为包添加错误校验字节,从而有了不同于 188B 的包长。

(1) 在 DVB 规定中,使用 204B 作为包长。通过调制器时,在每个传输包后增加了 16B 的里德所罗门前向纠错码,因而形成了 204B 的数据包,调制后总存在 204B 的数据包。调

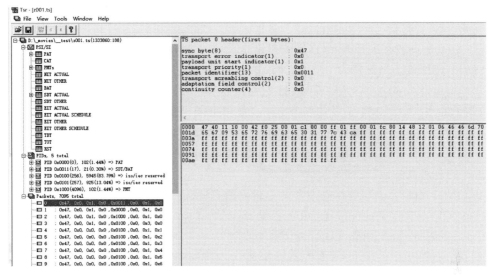

图 5-10　TS 文件的码流结构

制之前在复用器插入 RS 码或虚构的 RS 码。

（2）在 ATSC 规定中，使用 208B 作为包长，即添加 20B 的 RS(Reed-Solomon) 前向纠错码。与 DVB 不同，ATSC 规定 RS 码只能出现在调制的 TS 流中。所有的 TS 包都分为包头和净荷（负载、Payload）部分。TS 包中可以填入很多东西（填入的东西都被填到净荷部分），包括视频、声频、数据（包括 PSI、SI 及其他任何形式的数据）。TS 包的语法结构如图 5-11 所示。

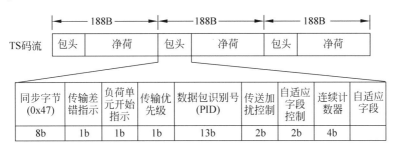

图 5-11　传输包(TS)码流语法结构

1. TS 包头

TS 包的包头提供关于传输方面的信息，包括同步、有无差错、有无加扰、PCR（节目参考时钟）等标志。TS 包的包头长度不固定，前 32b（4 字节）是固定的，后面可能跟有自适应字段（适配域），因此 32b（4 字节）是最小包头。TS 包也可以是空包，空包用来填充 TS 流，可能在重新进行多路复用时被插入或删除。

TS 包头字段结构如下：

(1) sync_Byte（同步字节）：固定为 0100 0111（0x47），该字节由解码器识别，使包头和有效负载可相互分离。

(2) transport_error_indicator（传输差错指示）：1 表示在相关的传输包中至少有一个不可纠正的错误位。当被置为 1 后，在错误被纠正之前不能重置为 0。

(3) payload_unit_start_indicator（开始指示）：为 1 时，在前 4 字节之后会有一个调整字节，其数值为后面调整字段的长度 length，因此有效载荷开始的位置应再偏移 1＋[length]字节。为 0 时，则在 4 字节之后，直接是有效载荷。

(4) transport_priority（传输优先级）：1 表明优先级比其他具有相同 PID，但此位没有被置为 1 的分组高。

(5) PID：指示存储与分组有效负载中数据的类型。PID 值 0x0000～0x000F 保留。其中 0x0000 为 PAT 保留；0x0001 为 CAT 保留；0x1fff 为分组保留，即空包。

(6) transport_scrambling_control（加扰控制）：表示 TS 流分组有效负载的加密模式。空包为 00，如果传输包的包头中包括调整字段，则不应被加密。

(7) adaptation_field_control（自适应字段控制）：表示包头是否有调整字段或有效负载。00 表示为 ISO/IEC 未来使用保留；01 表示仅含有效载荷，无调整字段；10 表示无有效载荷，仅含调整字段；11 表示调整字段后为有效载荷，调整字段中的前一字节表示调整字段的长度 length，有效载荷开始的位置应再偏移[length]字节。空包应为 10。

(8) continuity_counter（连续计数器）：随着每个具有相同 PID 的 TS 流分组而增加，当它达到最大值后又回复到 0。范围为 0～15。

(9) adaptation_field（自适应字段）：根据自适应控制字段填充负载。

2. 节目专用信息 PSI

在系统复用时，视频、声频的 ES 流需进行打包形成视频、声频的 PES 流，辅助数据（如图文电视信息）不需要打成 PES 包。PES 包非定长，声频的 PES 包小于或等于 64K，视频一般为一帧一个 PES 包。一帧图像的 PES 包通常要由许多个 TS 包来传输。

MPEG-2 中规定，一个 PES 包必须由整数个 TS 包来传输。如果承载一个 PES 包的最后一个 TS 包没能装满，则用填充字节来填满；目前一个新的 PES 包形成时，需用新的 TS 包来开始传输。

节目专用信息（Program Specific Information，PSI），用来管理各种类型的 TS 数据包，需要有些特殊的 TS 包来确立各个 TS 数据包之间的关系。这些特殊的 TS 包里所包含的信息是节目专用信息。在不同的标准中它有不同的名字：MPEG-2 中称为 PSI；DVB 标准根据实际需要，对 PSI 扩展，称为 SI 信息；ATSC 标准中称为 PSIP 信息。

MPEG-2 中，规定的对 PSI 信息的描述方法有以下几种：

(1) 表（Table），对节目信息的结构性描述，包括节目关联表（Program Association Table，PAT）、节目映射表（Program Map Tables，PMT）、条件接收表（Conditional Access Table，CAT）、加密解密、网络信息表（Network Information Table，NIT）、传送流描述表（Transport Stream Description Table，TSDT）等。其中，PAT、CAT、NIT 的 PID 值是固定

的,分别为 0x0000、0x0001、0x0010,而 PMT 的 PID 值是在 PAT 中定义的。

(2) 节(Section),将表格的内容映射到 TS 流中,包括专用段 Private_section 等。

(3) 描述符(Descriptor),提供有关节目构成(视频流、声频流、语言、层次、系统时钟和码率等多方面)的信息;ITU-T Rec. H. 222.0|ISO /IEC 13818-1 中定义的 PSI 表可被分成一段或多段置于传输流分组中。一段是一个语法结构,用来将 ITU-T Rec. H. 222.0|ISO /IEC 13818-1 中定义的 PSI 表映射到传输流分组中。

5.5.4 PAT 及 PMT 表格式

下面介绍两个重要的表结构,包括 PAT 和 PMT。

1. PAT

TS 流中包含一个或者多个 PAT。PAT 由 PID 为 0x0000 的 TS 包传送,其作用是为复用的每一路传送流提供所包含的节目和节目编号,以及对应节目的 PMT 的位置,即 PMT 的 TS 包的 PID 值,同时还提供 NIT 的位置,即 NIT 的 TS 包的 PID 的值。TS 码流解析从 PAT 开始。PAT 定义了当前 TS 流中所有的节目,其 PID 为 0x0000,它是 PSI 的根节点,要查找节目必须从 PAT 开始查找。PAT 主要包含频道号码和每个频道对应的 PMT 的 PID 号码,这些信息在处理 PAT 时会保存起来,以后会使用这些数据。下面给出 PAT 的字段结构,代码如下:

```
//chapter5/ts_pat_program.txt
typedef struct TS_PAT_Program
{
    unsigned program_number :16;          //节目号
    unsigned program_map_PID:13;          //节目映射表的 PID,每个节目对应一个
}TS_PAT_Program;
```

PAT 数据包分为两部分,包括 PAT 数据包头部(前 8B)和循环部分,代码如下:

```
//chapter5/ts_program_association_section.txt
/*头部部分 8 字节*/
program_association_section()
{
    unsigned table_id                :8;      //固定为 0x00,标志是该表为 PAT
    unsigned section_syntax_indicator :1;     //段语法标志位,固定为 1
    unsigned '0'                     :1;      //0
    unsigned reserved_1              :2;      //保留位
    unsigned section_length          :12;     //段长度字节

    //该传输流的 ID,区别于一个网络中其他多路复用的流
    unsigned transport_stream_id: 16;
    unsigned reserved_2              :2;      //保留位
    unsigned version_number          :5;      //范围为 0~31,表示 PAT 的版本号
    unsigned current_next_indicator: 1;       //发送的当前 PAT 是否有效
```

```
            //PAT 可能分为多段传输,第一段为 00,以后每个分段加 1,最多可能有 256 个分段
            //给出 section 号,在 sub_table 中,第 1 个 section 的 section_number 为"0x00"
            //每增加一个 section,section_number 加 1
            unsigned section_number        : 8;                //分段的号码

            //最后一个分段的号码,sub_table 中最后一个 section 的 section_number
            unsigned last_section_number   : 8;

            /* 循环部分 4 个 Byte */
            for(i = 0;i < N;i++)
            {
            program_number                 :16;                //节目号
            Reserved                       :3;                 //保留位
            //网络信息表(NIT)的 PID,节目号为 0 时对应的 PID 为 network_PID
            //其余情况是 program_map_PID(PMT 的 PID)
            network_id 或 program_map_PID :13;
            }
            CRC_32                         :32;                //校验码
}
```

各个字段的含义如下。

(1) table_id：固定为 0x00,标志该表是 PAT。

(2) section_syntax_indicator：段语法标志位,固定为 1。

(3) section_length：表示此字节后面有用的字节数,包括 CRC32。

(4) 节目套数：(section_length−9)/4。

(5) transport_stream_id：表示该 TS 流的 ID,区别于同一个网络中其他多路复用流。

(6) version_number：表示 PAT 的版本号。

(7) current_next_indicator：表示发送的 PAT 是当前有效还是下一个有效。

(8) section_number：表示分段的号码。PAT 可能分多段传输,第一段为 0,以后每个分段加 1,最多可能有 256 个分段。

(9) last_section_number：表示 PAT 最后一个分段的号码。

(10) program_number：节目号。

(11) network_PID：网络信息表(NIT)的 PID,节目号为 0 时对应的 ID 为 network_PID。

(12) program_map_PID：节目映射表(PMT)的 PID,节目号为大于或等于 1 时,对应的 ID 为 program_map_PID。一个 PAT 中可以有多个 program_map_PID。

(13) CRC_32：32 位字段,CRC32 校验码 Cyclic Redundancy Check。

使用 Tsr 码流分析工具,可以很方便地解析出对应的 PAT 结构,如图 5-12 所示。

PAT 的解析函数,代码如下：

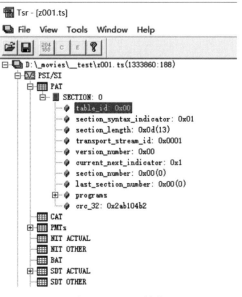

图 5-12 PAT 结构

```
//chapter5/ts.pat.analysis.c
//TS_PAT 结构体参考 program_association_section()
//C 语言的位操作符
int adjust_PAT_table( TS_PAT * packet, unsigned char * buffer)
{
    packet->table_id                    = buffer[0];
    packet->section_syntax_indicator    = buffer[1] >> 7;
    packet->zero                        = buffer[1] >> 6 & 0x1;
    packet->reserved_1                  = buffer[1] >> 4 & 0x3;
    packet->section_length              = (buffer[1] & 0x0F) << 8 | buffer[2];

    packet->transport_stream_id         = buffer[3] << 8 | buffer[4];

    packet->reserved_2                  = buffer[5] >> 6;
    packet->version_number              = buffer[5] >> 1 & 0x1F;
    packet->current_next_indicator      = (buffer[5] << 7) >> 7;
    packet->section_number              = buffer[6];
    packet->last_section_number         = buffer[7];

    int len = 0;
    len = 3 + packet->section_length;
    packet->CRC_32 = (buffer[len-4] & 0x000000FF) << 24
    | (buffer[len-3] & 0x000000FF) << 16
    | (buffer[len-2] & 0x000000FF) << 8
    | (buffer[len-1] & 0x000000FF);
```

```
    int n = 0;
    ///循环次数
    for ( n = 0; n < packet->section_length - 12; n += 4 )
    {
        unsigned program_num = buffer[8 + n] << 8 | buffer[9 + n];
        packet->reserved_3    = buffer[10 + n] >> 5;

        packet->network_PID = 0x00;
        if ( program_num == 0x00 )
        {
            packet->network_PID = (buffer[10 + n] & 0x1F) << 8 | buffer[11 + n];

            TS_network_Pid = packet->network_PID;          //记录该 TS 流的网络 PID

            TRACE(" packet->network_PID % 0x /n/n", packet->network_PID );
        }
        else
        {
            TS_PAT_Program PAT_program;                     //队列
            PAT_program.program_map_PID =
                 (buffer[10 + n] & 0x1F) << 8 | buffer[11 + n];
            PAT_program.program_number = program_num;
            packet->program.push_back( PAT_program );
            //向全局 PAT 节目数组中添加 PAT 节目信息
            TS_program.push_back( PAT_program );
        }
    }
    return 0;
}
```

在上述代码中，从 for 循环开始，描述了当前流中的频道数目和每个频道对应的 PMT 的 PID 值。解复用程序需要接收所有的频道号码和对应的 PMT 的 PID，并把这些信息在缓冲区中保存起来。在后部的处理中需要使用 PMT 的 PID。

2. PMT

PMT 在传送流中用于指示组成某一套节目的视频、声频和数据在传送流中的位置，即对应的 TS 包的 PID 值，以及每路节目的节目时钟参考(PCR)字段的位置。PMT 流结构，代码如下：

```
//chapter5/ts.TS_PMT_Stream.txt
typedef struct TS_PMT_Stream
{
unsigned stream_type: 8;              //指示特定 PID 的节目元素包的类型
unsigned elementary_PID: 13;          //该域指示 TS 包的 PID 值，包含相关的节目元素
unsigned ES_info_length: 12;          //前两位是 00,指示跟随其后的相关节目元素的字节数
unsigned descriptor;
}TS_PMT_Stream;
```

PMT 包含以下信息：
(1) 当前频道中包含的所有 Video 数据的 PID。
(2) 当前频道中包含的所有 Audio 数据的 PID。
(3) 和当前频道关联在一起的其他数据的 PID(如数字广播、数据通信等使用的 PID)。

只要处理了 PMT，就可以获取频道中所有的 PID 信息，如当前频道包含多少个 Video、共多少个 Audio 和其他数据，还能知道每种数据对应的 PID 值。如果要选择其中一个 Video 和 Audio 收看，则只需把要收看的节目的 Video PID 和 Audio PID 保存起来，在处理 Packet 的时候进行过滤便可实现。

PMT 表结构，代码如下：

```
//chapter5/ts.TS_program_map_section.txt
TS_program_map_section() {
    table_id                    :8;     //固定为 0x02 标识 PMT 表
    section_syntax_indicator    :1;     //固定为 0x01
    '0'                         :1;     //
    reserved                    :2;     //保留位
    section_length              :12     //该字段的头两位必为'00'，剩余 10 位指定该分段的字节
//数，紧随 section_length 字段开始，并包括 CRC。此字段中的值应不超过 1021(0x3FD)
    program_number              :16     //指出 TS 流中 Program Map Section 的版本号
    reserved                    :2      //保留位
    version_number              :5      //指出 TS 流中 Program Map Section 的版本号
    current_next_indicator      :1      //当该位被置 1 时，当前传送的 Program Map Section 可用；
//当该位被置 0 时，指示当前传送的 Program Map Section 不可用，下一个 TS 流的 Program Map
//Section 有效
    section_number              :8      //固定为 0x00
    last_section_number         :8      //固定为 0x00
    reserved                    :3      //保留
    PCR_PID                     :13     //指明 TS 包的 PID 值，该 TS 包含 PCR 域
//该 PCR 值对应于由节目号指定的对应节目
//如果对于私有数据流的节目定义与 PCR 无关，这个域的值将为 0x1FFF
    reserved                    :4      //保留位
    program_info_length         :12     //节目信息长度。该字段的头两位必为'00'，剩余 10 位指
//定紧随 program_info_length 字段的描述符的字节数
//(之后的是 N 个描述符结构，一般可以忽略，这个字段就代表描述符总的长度，单位是 Bytes)紧接
//着是频道内部包含的节目类型和对应的 PID
    for (i = 0; i < N; i++) {
        descriptor()
    }
    for (i = 0; i < N1; i++) {
        stream_type             :8      //流类型，标志是 Video、Audio、还是其他数据
        reserved                :3      //保留位
        elementary_PID          :13     //该节目的声频或视频 PID
        reserved                :4      //保留位
```

```
            ES_info_length        :12      //该字段的头两位必为'00',剩余10位指示紧随ES_info_
//length字段的相关节目元描述符的字节数
        for (i = 0; i < N2; i++) {
        descriptor()
    }
    }
        CRC_32                    :32
}
```

各个字段结构解释如下。

（1）table_id：固定为 0x02，标志该表是 PMT。

（2）section_syntax_indicator：对于 PMT 表，设置为 1。

（3）section_length：表示此字节后面有用的字节数，包括 CRC32。

（4）program_number：它指出该节目对应于可应用的 Program Map PID。

（5）version_number：指出 PMT 的版本号。

（6）current_next_indicator：当该位被置 1 时，当前传送的 Program Map Section 可用；当该位被置 0 时，指示当前传送的 Program Map Section 不可用，下一个 TS 流的 Program Map Section 有效。

（7）section_number：总是置为 0x00（因为 PMT 里表示一个 Service 的信息，一个 Section 的长度足够）。

（8）last_section_number：该域的值总是 0x00。

（9）PCR_PID：节目中包含有效 PCR 字段的传送流中的 PID。

（10）program_info_length：12b，前两位为 00。该域指出跟随其后对节目信息的描述符的字节数。

（11）stream_type：8b，指示特定 PID 的节目元素包的类型。该处 PID 由 elementary_PID 指定。

使用 Tsr 码流分析工具，可以很方便地解析出对应的 PMT 结构，如图 5-13 所示。

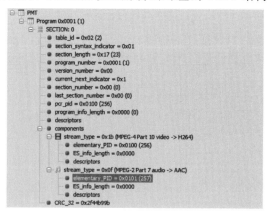

图 5-13　PMT 结构

PMT 的解析函数，代码如下：

```c
//chapter5/ts_adjust_PMT_table.c
int adjust_PMT_table ( TS_PMT * packet, unsigned char * buffer )
{
    //读取各个字段
    packet->table_id                    = buffer[0];
    packet->section_syntax_indicator    = buffer[1] >> 7;
    packet->zero                        = buffer[1] >> 6 & 0x01;
    packet->reserved_1                  = buffer[1] >> 4 & 0x03;
    packet->section_length              = (buffer[1] & 0x0F) << 8 | buffer[2];
    packet->program_number              = buffer[3] << 8 | buffer[4];
    packet->reserved_2                  = buffer[5] >> 6;
    packet->version_number              = buffer[5] >> 1 & 0x1F;
    packet->current_next_indicator      = (buffer[5] << 7) >> 7;
    packet->section_number              = buffer[6];
    packet->last_section_number         = buffer[7];
    packet->reserved_3                  = buffer[8] >> 5;
    packet->PCR_PID                     = ((buffer[8] << 8) | buffer[9]) & 0x1FFF;

    PCRID = packet->PCR_PID;

    packet->reserved_4                  = buffer[10] >> 4;
    packet->program_info_length         = (buffer[10] & 0x0F) << 8 | buffer[11];
    //Get CRC_32
    int len = 0;
    len = packet->section_length + 3;
    packet->CRC_32                      = (buffer[len-4] & 0x000000FF) << 24
    | (buffer[len-3] & 0x000000FF) << 16
    | (buffer[len-2] & 0x000000FF) << 8
    | (buffer[len-1] & 0x000000FF);

    int pos = 12;
    //program info descriptor            //节目信息描述符
    if ( packet->program_info_length != 0 )
        pos += packet->program_info_length;
    //Get stream type and PID
    for ( ; pos <= (packet->section_length + 2) - 4; )
    {
    TS_PMT_Stream pmt_stream;            //流信息
    pmt_stream.stream_type = buffer[pos];
    packet->reserved_5 = buffer[pos+1] >> 5;
pmt_stream.elementary_PID = ((buffer[pos+1] << 8) | buffer[pos+2]) & 0x1FFF;
    packet->reserved_6 = buffer[pos+3] >> 4;
    pmt_stream.ES_info_length = (buffer[pos+3] & 0x0F) << 8 | buffer[pos+4];

  pmt_stream.descriptor = 0x00;          //描述符
```

```cpp
    if (pmt_stream.ES_info_length != 0)
    {
     pmt_stream.descriptor = buffer[pos + 5];

     for( int len = 2; len <= pmt_stream.ES_info_length; len ++ )
     {
      pmt_stream.descriptor = pmt_stream.descriptor << 8 | buffer[pos + 4 + len];
     }
     pos += pmt_stream.ES_info_length;
    }
    pos += 5;
    packet -> PMT_Stream.push_back( pmt_stream );              //存储下来
    TS_Stream_type.push_back( pmt_stream );
   }
  return 0;
}
```

5.6 PS 码流详细讲解

PS 文件分为 3 层，包括 PS 层（Program Stream）、PES 层（Packet Elemental Stream）和 ES 层（Elementary Stream）。ES 层是音视频数据层，PES 层在音视频数据上加了时间戳等对数据帧的说明信息，PS 层在 PES 层上加入了数据流识别和传输的必要信息。

5.6.1 PS 码流结构

一个完整的 MPEG-2 文件是一个 PS 流文件，PS 码流结构如图 5-14 所示。

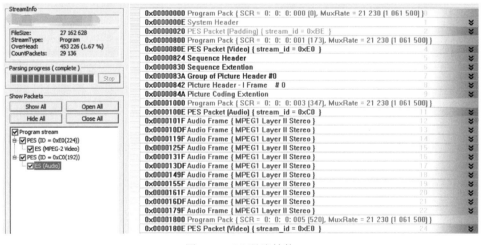

图 5-14 PS 码流结构

可以看出,整个文件分为 3 层。首先被分为一个个的 Program Pack,然后 Program Pack 里面包含了 Program Pack Header 和 PES 包,PES 包里又包含了 PES Header 和声频编码数据或视频编码数据。PS 流由很多个 PS 包组成,PS 包的结构,代码如下:

```
PS Header + SYS Header(I 帧) + PSM Header(I 帧) + PES Header + PES Packet
```

PS 流总是以 0x000001BA 开始,以 0x000001B9 结束,对于一个 PS 文件,有且只有一个结束码 0x000001B9,但对于网传的 PS 流,则没有结束码。

PS、PES 和 ES 的关系,如图 5-15 所示。

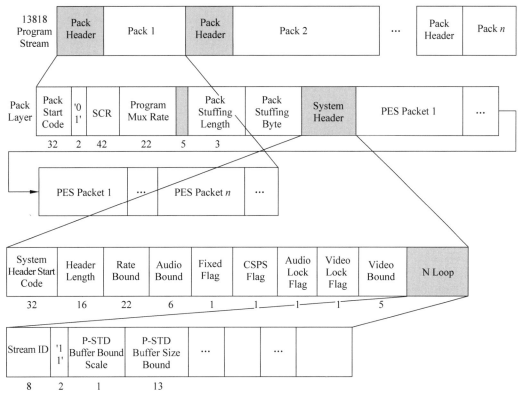

图 5-15　PS、PES、ES 的关系

PS 层主要由 Pack Header 和数据组成,Pack Header 中各个字段,如图 5-16 所示。其中,bslbf(bit string,left bit first)为比特串,左位在先;uimsbf(unsigned integer,most significant bit first)为无符号整数,高位在先。

Pack Header 结构体采用了位域来定义,代码如下:

```
//chapter/ps.pack_header.txt
struct pack_header //Pack Header 结构体
{
```

字段名称	位数	比特串
pack_header() {		
pack_start_code	32	bslbf
'01'	2	bslbf
system_clock_reference_base [32..30]	3	bslbf
marker_bit	1	bslbf
system_clock_reference_base [29..15]	15	bslbf
marker_bit	1	bslbf
system_clock_reference_base [14..0]	15	bslbf
marker_bit	1	bslbf
system_clock_reference_extension	9	uimsbf
marker_bit	1	bslbf
program_mux_rate	22	uimsbf
marker_bit	1	bslbf
marker_bit	1	bslbf
reserved	5	bslbf
pack_stuffing_length	3	uimsbf
for (i=0; i<pack_stuffing_length;i++) {		
stuffing_byte	8	bslbf
}		
if(nextbits()==system_header_start_code){		
system_header ()		
}		
}		

图 5-16 PS 包头结构

```
unsigned char pack_start_code[4];                    //起始码
unsigned char system_clock_reference_base21 : 2;     //参考时钟
unsigned char marker_bit : 1;
unsigned char system_clock_reference_base1 : 3;
unsigned char fix_bit : 2;
unsigned char system_clock_reference_base22;
unsigned char system_clock_reference_base31 : 2;
unsigned char marker_bit1 : 1;
unsigned char system_clock_reference_base23 : 5;
unsigned char system_clock_reference_base32;
unsigned char system_clock_reference_extension1 : 2;
unsigned char marker_bit2 : 1;
unsigned char system_clock_reference_base33 : 5;
unsigned char marker_bit3 : 1;
unsigned char system_clock_reference_extension2 : 7;
unsigned char program_mux_rate1;
unsigned char program_mux_rate2;
unsigned char marker_bit5 : 1;
unsigned char marker_bit4 : 1;
unsigned char program_mux_rate3 : 6;
unsigned char pack_stuffing_length : 3;
```

```cpp
    unsigned char reserved : 5;

pack_header()
{
    pack_start_code[0] = 0x00;          //起始码固定为 0x000001BA
    pack_start_code[1] = 0x00;
    pack_start_code[2] = 0x01;
    pack_start_code[3] = 0xBA;
    fix_bit = 0x01;
    marker_bit = 0x01;
    marker_bit1 = 0x01;
    marker_bit2 = 0x01;
    marker_bit3 = 0x01;
    marker_bit4 = 0x01;
    marker_bit5 = 0x01;
    reserved = 0x1F;
    pack_stuffing_length = 0x00;
    system_clock_reference_extension1 = 0;
    system_clock_reference_extension2 = 0;
}
//获取参考时钟
void getSystem_clock_reference_base(UINT64 &_ui64SCR)
{
    _ui64SCR = (system_clock_reference_base1 << 30) | (system_clock_reference_base21 << 28)
        | (system_clock_reference_base22 << 20) | (system_clock_reference_base23 << 15)
        | (system_clock_reference_base31 << 13) | (system_clock_reference_base32 << 5)
        | (system_clock_reference_base33);
}

void setSystem_clock_reference_base(UINT64 _ui64SCR)
{
    system_clock_reference_base1 = (_ui64SCR >> 30) & 0x07;
    system_clock_reference_base21 = (_ui64SCR >> 28) & 0x03;
    system_clock_reference_base22 = (_ui64SCR >> 20) & 0xFF;
    system_clock_reference_base23 = (_ui64SCR >> 15) & 0x1F;
    system_clock_reference_base31 = (_ui64SCR >> 13) & 0x03;
    system_clock_reference_base32 = (_ui64SCR >> 5) & 0xFF;
    system_clock_reference_base33 = _ui64SCR & 0x1F;
}

void getProgram_mux_rate(unsigned int &_uiMux_rate)
{
    _uiMux_rate = (program_mux_rate1 << 14) | (program_mux_rate2 << 6) | program_mux_rate3;
}

void setProgram_mux_rate(unsigned int _uiMux_rate)
```

```
        {
            program_mux_rate1 = (_uiMux_rate >> 14) & 0xFF;
            program_mux_rate2 = (_uiMux_rate >> 6) & 0xFF;
            program_mux_rate3 = _uiMux_rate & 0x3F;
        }
    };
```

对于 DVD 而言，一般开始的 Pack 里面还有一个 System Header，如图 5-17 所示。

字段含义	位数	比特串
system_header(){		
system_header_start_code	32	bslbf
header_length	16	uimsbf
marker_bit	1	bslbf
rate_bound	22	uimsbf
marker_bit	1	bslbf
audio_bound	6	uimsbf
fixed_flag	1	bslbf
CSPS_flag	1	bslbf
system_audio_lock_flag	1	bslbf
system_video_lock_flag	1	bslbf
marker_bit	1	bslbf
video_bound	5	uimsbf
packet_rate_restriction_flag	1	bslbf
reserved_bits	7	bslbf
while (nextbits()=='1') {		
stream_id	8	uimsbf
'11'	2	bslbf
P-STD_buffer_bound_scale	1	bslbf
P-STD_buffer_size_bound	13	uimsbf
}		
}		

图 5-17　PS 的系统头结构

PES 层由编码的声频或视频数据(ES)加上 PES 头组成，PES 头主要通过 PTS 和 DTS 来提供音视频同步的信息。PES 头之后紧跟着的是编码的声频或视频数据，对于 DVD 而言，一个 Program Pack 的大小为 0x800，所以一帧 MPEG-2 视频被分在多个 PES 包里，不够一个包的就写在下一帧的第 1 个 Pack 里，或在 PES Header 后面填充 0xFF(PES_header_data_length 要加上填充的字节数)。

5.6.2　PS 码流的解析流程

解析 PS 码流的流程，需要经历几个步骤，包括读取源文件、查找起始码、解析 PS 头、解析 PS 系统头、解析 PSM、解析 PES 包等，如图 5-18 所示。

（1）开辟缓存空间，从源码文件中读取指定大小的内容，如图 5-19 所示。

（2）可能会存在冗余数据，需要逐字节往后查找，直到下一个起始码，如图 5-20 所示。

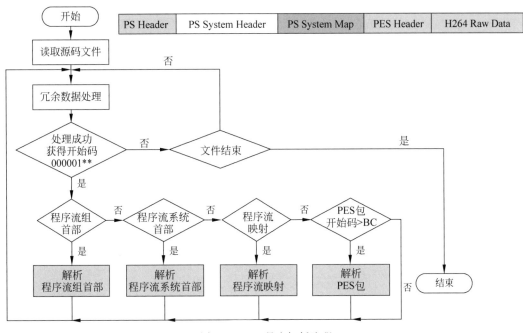

图 5-18　PS 码流解析流程

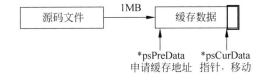

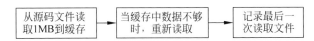

图 5-19　PS 码流解析之读取源文件

- 冗余数据存在原因：
  (1) 各模块之间本来就存有冗余数据；
  (2) 其模块的长度不正确

- 解决办法：
  (1) 逐字节往后寻找，直到下一个开始码；
  (2) 模块数据=开始码+模块长度数据

图 5-20　PS 码流解析之处理冗余数据

（3）解析 PS Header，如图 5-21 所示。

（4）解析 PS System Header(可有可无)，如图 5-22 所示。

（5）解析 PS System Map(只有 I 帧才需要)，如图 5-23 所示。

（6）解析 PES 包，如图 5-24 所示。

（7）保存裸数据，如图 5-25 所示。

4字节	6字节	3字节	1字节	填充字节数目
开始码	base(33)+ext(9)	程序流速率	填充字节数目	填充字节
0x000001BA				

帧号

- 开始码：000001BA
- 长度最短：10字节
- 总长度为：10+填充字节数目
- *psCurData指针移动(10+填充字节数目)

图 5-21 PS 码流解析之 PS 头

4字节	2字节	3字节	1字节	1字节	1字节	1+2字节
开始码	系统首部长度	Max(程序流速率)	处理声频流最大数目(6)+比特率(1)+CSPS(1)	声频采样率(1)+视频图像速率(1)+处理视频流最大数目(5)	保留字节	Stream_id(1)+P-STD-buffer输入缓冲区(13)
0x000001BB						

- 开始码：000001BB
- 总长度为：2+系统首部长度
- *psCurData指针移动(2+系统首部长度)

图 5-22 PS 码流解析之 PS 系统头

4字节	2字节	1字节	1字节	2字节	描述子N	2字节	1+1+2+N2	4字节
开始码	PSM长度	PSM当前可用(1)+PSM版本号(5)	保留字节	描述子总长度N	描述子	PS所有原始流信息的总字节数	原始流类型+PES_id+描述子长度+描述子	CRC_32
0x000001BC								

- 开始码：000001BC
- 总长度为：2+PSM长度
- *psCurData指针移动(2+PSM长度)
- 注意：①PSM长度<1024；②描述子长度<PSM长度；③原始流信息总字节数<PSM长度

图 5-23 PS 码流解析之 PSM

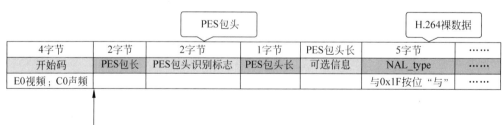

4字节	2字节	2字节	1字节	PES包头长	5字节	……
开始码	PES包长	PES包头识别标志	PES包头长	可选信息	NAL_type	……
E0视频；C0声频					与0x1F按位"与"	……

- 开始码：000001** (**>BC)
- 总长度为：2+PES包长
- *psCurData指针移动(2+PES包长)
- 注意：PES包长不能为0

图 5-24 PS 码流解析之 PES

第5章　HLS流媒体协议

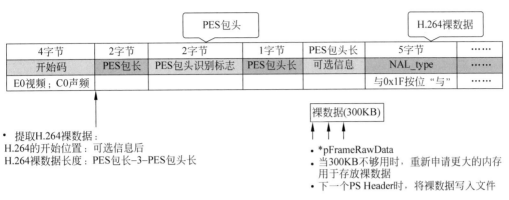

- 提取H.264裸数据：
  H.264的开始位置：可选信息后
  H.264裸数据长度：PES包长–3–PES包头长

- *pFrameRawData
- 当300KB不够用时，重新申请更大的内存用于存放裸数据
- 下一个PS Header时，将裸数据写入文件

图 5-25　PS码流解析之裸数据

（8）保存时间戳，如图 5-26 所示。

4字节	2字节	2字节	1字节	PES包头长	5字节	……
开始码	PES包长	PES包头识别标志	PES包头长	可选信息	NAL_type	……
E0视频；C0声频					与0x1F按位"与"	……

1字节					1字节					
2b	2b	1b	1b	1b	2b	1b	1b	1b	1b	1b
'01'	PEC加密控制	PES优先	数据定位	版权	原版/备份	PTS/DTS标志	ESCR字段	ES_rate	DSM特技方式	附加信息拷贝	CRC	PES扩展字段

- '10'：只有PTS字段
  '11'：有PTS和DTS字段
  '00'：都没有
  '01'：被禁止
- 一般情况下，每帧第一个PES包

- PTS：显示时间
- DTS：解码时间
- 没有B帧时，PTS=DTS

传入顺序：	I	B	P
PTS：	1	2	3
DTS：	1	3	2

| **** **** | **** **** | **** **** | **** **** | **** **** |

图 5-26　PS码流解析之时间戳

（9）保存帧类型，如图 5-27 所示。

- 方法一：PSM只有关键帧才存在
- 方法二：不确定在第几个PES包中

00 00 00 01 65

4字节	2字节	2字节	1字节	PES包头长	5字节	……
开始码	PES包长	PES包头识别标志	PES包头长	可选信息	NAL_type	……
E0视频；C0声频					与0x1F按位"与"	……

1(41)	7(67)	8(68)	5(65)
非IDR图像(P)	序列参数集(SPS)	图像参数集(PPS)	IDR图像(I)

图 5-27　PS码流解析之帧类型

PSM 提供了对 PS 流中的原始流和它们之间的相互关系的描述信息；PSM 作为一个 PES 分组出现，当 stream_id==0xBC 时，说明此 PES 包是一个 PSM；PSM 紧跟在系统头部后面；PSM 作为 PS 包的 Payload 存在。

解析 PS 包，要先找到 PS 包的起始码 0x000001BA 位串，然后解析出系统头部字段，之后进入 PS 包的负载，判断是否有 PSM，根据 PSM 确定 Payload 的 PES 包中所负载的 ES 流类型，然后根据 ES 流类型和 ID 从 PES 包中解析出具体的 ES 流；解包过程则相反，若要从 PS 流中找出帧类型，必须将 PS 包解析成 ES 并组成完整的帧，然后在帧数据的开始根据 NAL 头进行帧的类型判断。

PSM 只有在关键帧打包时，才会存在；IDR 包含了 SPS、PPS 和 I 帧；每个 IDR NALU 前一般会包含 SPS、PPS 等 NALU，因此将 SPS、PPS、IDR 的 NALU 封装为一个 PS 包，包括 PS 头、PS System Header、PSM、PES，所以一个 IDR NALU PS 包由外到内的顺序是：PS Header | PS System Header | PSM | PES。

对于其他非关键帧的 PS 包，直接加上 PS 头和 PES 头就可以了。顺序为 PS Header | PES Header | H.264 Raw Data。以上是对只有视频 Video 的情况，如果要把声频 Audio 也打包进 PS 封装，只需将数据加上 PES Header 放到视频 PES 后。

5.7 TS 格式与 m3u8 切片

HLS 是由苹果公司提出的基于 HTTP 的流媒体播出协议。由于它只使用 HTTP，因此具有开放、简洁、能穿越防火墙、与 CDN 系统对接方便等特点。在终端类型上，所有 iOS 终端(包括 Phone、iPod Touch、iPad、Mac)都支持 HLS 流媒体播放，最新发布的 Android 系统也开始加入对 HLS 的支持。

读者可能接触过 DVD，DVD 节目中的 MPEG2 格式，确切地说是 MPEG2-PS，MPEG2-PS 主要应用于存储具有固定时长的节目，如 DVD 电影，而 MPEG-TS 则主要应用于实时传送的节目，例如实时广播的电视节目。这两种格式有一些区别，将 DVD 上的 VoB 文件的前面截掉(或者干脆使数据损坏)，就会导致整个文件无法解码，而电视节目是可以在任何时候都能打开电视机进行解码(收看)的，所以 MPEG2-TS 格式的特点是要求从视频流的任一片段开始都是可以独立解码的。

大多数视频网站采用渐进式下载，将视频下载到播放设备上。视频一般采用流式传输，不只是下载 1 个文件，而是下载很多小包(本书指的是.ts 传输流切片文件)。服务器使用 HTTP 响应头 Accept-Range 标识自身支持范围请求(Partial Request)。字段的具体值用于定义范围请求的单位。当浏览器发现 Accept-Range 头时，可以尝试继续中断了的下载，而不是重新开始。Accept-Range 的值可以为 Bytes 或 None。Bytes 范围请求的单位是

Bytes(字节)。None 表示不支持任何范围请求单位,由于其等同于没有返回此头部,因此很少使用。不过一些浏览器,例如 IE 9,会依据该头部去禁用或者移除下载管理器的暂停按钮。

HLS 的工作原理是把整个流分成一个个小的基于 HTTP 的文件来下载,每次只下载一些。当媒体流正在播放时,客户端可以选择从许多不同的备用源中以不同的速率下载同样的资源,允许流媒体会话适应不同的数据速率。在开始一个流媒体会话时,客户端会下载一个包含元数据的 extended m3u(m3u8)列表文件,用于寻找可用的媒体流。HLS 只请求基本的 HTTP 报文,与实时传输协议(RTP)不同,HLS 可以穿过任何允许 HTTP 数据通过的防火墙或者代理服务器。它也很容易使用内容分发网络 CDN 来传输媒体流。HLS 流由众多 TS 小文件和 m3u8 索引文件组成,m3u8 切片工具实现 TS 文件的切片和索引文件生成。

m3u8 流切分工具需要支持的功能主要包括将声频或视频内容流化到 iPhone、iPod Touch、iPad 或者 Apple TV 上;不需要任何特殊的媒体服务器支持便可以将现场直播信号通过 HLS 输出到互联网上,实现具有加密和授权需求的 VoD 业务。

请求 m3u8 播放列表的方法,通过 m3u8 的 URI 进行请求,则该文件必须以. m3u8 或. m3u 结尾;通过 HTTP 进行请求,则请求头 Content-Type 必须设置为 application/vnd. apple. mpegurl 或者 audio/mpegurl。

可以使用 ffmpeg 命令行实现视频文件的切片,命令如下:

```
ffmpeg -i XXX.mp4 -c:v libx264 -c:a copy -f hls XXX.m3u8
```

其中,XXX. mp4 为本地视频文件,XXX. m3u8 为最终生成的播放索引列表,与此同时还有多个 TS 文件。

如果想开发直播流切片工具和文件切片工具,则应分别满足 HLS 直播流和点播流的切片需求,具体描述如下:

(1) 直播流切片工具(Stream Segmenter),从网络上读取直播数据,通过在线实时切分,将符合 HLS 规格的直播流输出到互联网上。它一般通过 UDP 接收由编码器或其他系统输出的 TS 流,将 TS 流实时地切分成具有固定播出长度的小文件。这些从连续直播流中分离出来的小文件在播出结构上具有严密的连续性,可以被无缝地重新封装以满足 HLS 播出要求。该工具必须同时生成 m3u8 索引文件,直播流 m3u8 索引文件随着新片段文件的不断生成进行不断更新,以符合 HLS 直播规范的要求。切分出的小文件以 TS 文件格式存放,索引文件以具有. m3u8 后缀的 m3u8 文件格式存放。

(2) 文件切片工具,实现将视频或声频文件切分成符合 HLS 规范要求的片段文件,这些文件能够通过 HLS 协议对外提供点播服务。文件切片工具与流切片工具的工作内容相似,区别是一个用于切分直播流,另一个用于切分多媒体文件。文件切分工具需要支持

MP4、TS、MOV、FLV 等多种文件格式。如果要切分的文件满足 HLS 对文件格式的要求（H.264 ＋ AAC 或者 H.264＋MP3），则不需要进行重新编码，可直接进行文件切片。否则需要对声频或视频内容进行重新编码，以满足 HLS 播出要求。文件切分工具具有"重新编码"和"不重新编码"的工作模式，使用时可以根据需要进行选择。

注意：有兴趣的读者可以编写代码实现以上功能，或者从网络上搜索一些开源软件。

第 6 章 HTTP-FLV 流媒体协议

5min

HTTP-FLV 是将音视频数据封装成 FLV,然后通过 HTTP 传输给客户端。HTTP-FLV 和 RTMP 这两个协议实际上传输的数据是一样的,数据都是 FLV 文件的 tag。HTTP-FLV 是一个无限大的 HTTP 流的文件,所以 HTTP-FLV 只能直播,而 RTMP 还可以推流和更多的操作,但是 HTTP 有个好处,是以 80 端口通信的,穿透性强,而且 RTMP 是非开放协议。这两个协议是如今直播平台主选的直播方式,主要原因是延时极低。

6.1 HTTP-FLV 协议简介

HLS 其实是一个"文本协议",而并非流媒体协议。流(Stream)是指数据在网络上按时间先后次序传输和播放的连续音视频数据流。之所以可以按照顺序传输和连续播放是因为在类似 RTMP、FLV 协议中,每个音视频数据都被封装成了包含时间戳信息头的数据包,而当播放器得到这些数据包后在解包时能够根据时间戳信息把这些音视频数据和之前到达的音视频数据连续起来播放。MP4、MKV 等类似这种封装,必须得到完整的音视频文件才能播放,因为里面的单个音视频数据块不带有时间戳信息,播放器不能将这些没有时间戳信息的数据块连续起来,所以就不能实时地解码播放。

HTTP-FLV、RTMP 和 HLS 都是流媒体协议,从延迟性方面分析,HTTP-FLV 低延迟,内容延迟可以做到 2s;RTMP 低延迟,内容延迟可以做到 2s;HLS 延迟较高,一般在 10s 甚至更高。RTMP 和 HTTP-FLV 的播放端安装率高,只要浏览器支持 Flash Player 就能非常简易地播放;HLS 的最大的优点是 HTML5 可以直接打开链接播放;可以把一个直播链接通过微信等方式转发分享,不需要安装任何独立的 App,有浏览器即可。

下面对 RTMP 和 HTTP-FLV 做一些比较。

(1) 穿墙:很多防火墙会阻挡 RTMP,但是不会阻挡 HTTP,因此 HTTP-FLV 出现奇怪问题的概率很小。

(2) 调度:RTMP 有个 302,但只有 Flash 播放器才支持,HTTP-FLV 流支持 302,方便 CDN 纠正 DNS 的错误。

(3) 容错:SRS 的 HTTP-FLV 回源时可以回多个,和 RTMP 一样,可以支持多级设备。

（4）简单：FLV 是最简单的流媒体封装，HTTP 是最广泛的协议，这两个组合在一起维护性更高，比 RTMP 简单。

HTTP 中有个约定，即 Content-Length 字段，可以指定 HTTP 的 body 部分的长度。服务器回复 HTTP 请求的时候如果有这个字段，客户端就接收这个长度的数据，然后认为数据传输完成了；如果服务器回复 HTTP 请求中没有这个字段，客户端就一直接收数据，直到服务器端跟客户端的 socket 连接断开。HTTP-FLV 直播利用这个原理，服务器端回复客户端请求时不加 Content-Length 字段，在回复了 HTTP 内容之后，紧接着发送 FLV 数据，这样客户端就一直接收数据了。

6.2 HTTP 简介

超文本传输协议（Hyper Text Transfer Protocol，HTTP）是用于从万维网（World Wide Web，WWW）服务器将超文本传输到本地浏览器的传送协议。基于 TCP 的应用层协议，它不关心数据传输的细节。HTTP 是一个基于请求与响应模式的、无状态的、应用层的协议，只有遵循统一的 HTTP 请求格式，服务器才能正确解析不同客户端发送的请求，同样地，服务器遵循统一的响应格式，客户端才得以正确解析不同网站发过来的响应。客户端与服务器端的交互流程如图 6-1 所示。

图 6-1　HTTP 客户端与服务器端交互流程

HTTP 是基于 TCP/IP 之上的应用层协议，主要用于规定互相使用联网中客户端和服务器之间的通信格式，不关心具体传输细节，默认 80 端口。对于 Web 开发，不管是前端还是后端开发，了解 HTTP 是必备的一些基本知识。HTTP 主要有以下几个版本：

（1）HTTP 0.9，于 1991 年发布，只有一个 GET 命令，返回 HTML 格式内容。

（2）HTTP 1.0，于 1996 年 5 月发布，增加 POST、HEAD 命令，传输内容可以是任意格式，不再仅限于 HTML，并且报文规定了一些元数据字段，例如字符集、状态码、编码、缓存等。

（3）HTTP 1.1，于 1997 年 1 月发布，该版本基本完善了 HTTP，并且一直使用至今，仍然是目前最流行的版本，增加 PUT/PATCH/DELETE 等命令，并新增了一些功能机制，主要包括持久连接（keep-alive 可保持长连接，减少重复请求）和管道机制（pipelining），一个 TCP 连接中客户端可同时发送多个请求，用 Content-Length 字段指定报文内容长度，Host 字段用于指定服务器域名，可以将请求发往同一台服务器的不同站点。

6.2.1 HTTPS 简介

基于安全套接字层的超文本传输协议(Hyper Text Transfer Protocol over Secure Socket Layer,HTTPS)是以安全为目标的 HTTP 通道,简单地讲是 HTTP 的安全版本,即 HTTP 下加入了 SSL 层,简称 HTTPS。其中 HTTPS 的安全基础为 SSL,因此通过它传输的内容都经过 SSL 加密,它的主要作用可以分为两种:一种是建立一个信息安全通道来保证数据传输的安全;另一种是确保网站的真实性,凡是使用了 HTTPS 的网站,都可以通过单击浏览器网址栏的锁头标志来查看网站认证之后的真实信息。

6.2.2 HTTP 请求内容

HTTP 请求由请求行、请求头、空行、请求体组成,如图 6-2 所示。

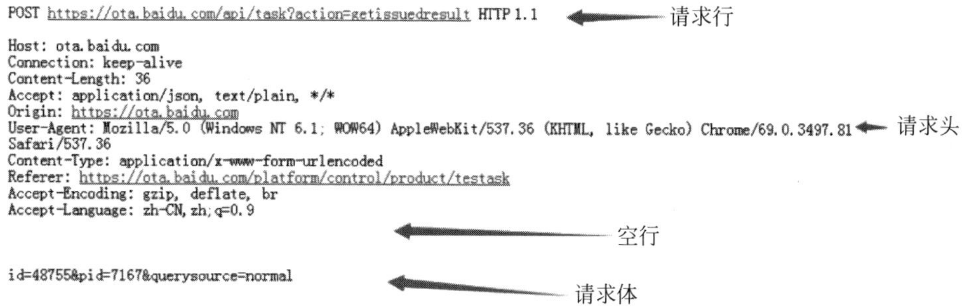
```
POST https://ota.baidu.com/api/task?action=getissuedresult HTTP 1.1

Host: ota.baidu.com
Connection: keep-alive
Content-Length: 36
Accept: application/json, text/plain, */*
Origin: https://ota.baidu.com
User-Agent: Mozilla/5.0 (Windows NT 6.1; WOW64) AppleWebKit/537.36 (KHTML, like Gecko) Chrome/69.0.3497.81
Safari/537.36
Content-Type: application/x-www-form-urlencoded
Referer: https://ota.baidu.com/platform/control/product/testask
Accept-Encoding: gzip, deflate, br
Accept-Language: zh-CN,zh;q=0.9


id=48755&pid=7167&querysource=normal
```


图 6-2 HTTP 客户端请求内容

1. 请求行

请求行的格式为请求方式+URL+协议版本。

(1) 常见的请求方法有 GET、POST、PUT、DELETE、HEAD。

(2) 客户端要获取的资源路径,即 URL。

(3) 客户端使用的 HTTP 版本号(目前使用的是 HTTP 1.1)。

2. 请求头

请求头是客户端向服务器端发送请求的补充说明。

(1) Host:请求地址。

(2) User-Agent:客户端使用的操作系统和浏览器的名称和版本。

(3) Content-Length:发送给 HTTP 服务器数据的长度。

(4) Content-Type:参数的数据类型。

(5) Accept-Language:浏览器自己接收的语言。

(6) Accept:浏览器接受的媒体类型。

3. 请求体

请求体一般携带请求参数。

(1) application/json：{"name":"value","name1":"value2"}。

(2) application/x-www-form-urlencoded：name1=value1&name2=value2。

(3) multipart/from-data：表格形式。

(4) text/xml：文本 xml 格式。

(5) content-type：octets/stream，字节流。

6.2.3　HTTP 响应内容

HTTP 响应格式与请求的格式很相似，也是由响应行、响应头、空行、响应体组成，如图 6-3 所示。

图 6-3　HTTP 服务器端响应内容

(1) 响应行，格式为 HTTP 版本号+响应状态码+状态说明。响应状态码有 1XX、2XX、3XX、4XX、5XX。1XX 表示提示信息，表示请求已被成功接收，继续处理。2XX 表示成功，表示请求已被成功接收。3XX 表示重定向，要完成请求必须进行更进一步的处理。4XX 表示客户端错误，请求有语法错误或请求无法实现。5XX 表示服务器端错误，服务器未能实现合法的请求响应头。

(2) 响应头，与请求头对应，是服务器对该响应的一些附加说明。

(3) 响应体，是真正的响应数据，这些数据其实是网页的 HTML 源代码。

6.2.4　URL 简介

统一资源定位符(Uniform Resource Locator，URL)是 WWW 的统一资源定位标志，是指网络地址，格式如下：

```
//chapter6/url.format.txt
#URL 格式
https://host:port/path?xxx=aaa&ooo=bbb


## http/https:协议类型
## host:服务器的 IP 地址或者域名
## port:HTTP 服务器的默认端口是 80
```

```
## path:访问资源的路径
## URL 里面的?是个分割线,用来区分问号前面的是 path,问号后面的是参数
## url-params:问号后面的是请求参数,格式:xxx=aaa
## 多个参数用&符号连接
```

HTTP 1.0 定义了 3 种请求方法,包括 GET、POST 和 HEAD。HTTP 1.1 新增了 5 种请求方法,包括 OPTIONS、PUT、DELETE、TRACE 和 CONNECT。

(1) GET:请求指定的页面信息,并返回实体主体。

(2) POST:向指定资源提交数据进行处理请求,数据被包含在请求体中。

(3) HEAD:返回的响应中没有具体的内容,用于获取报头。

(4) OPTIONS:返回服务器针对特定资源所支持的 HTTP 请求方法,也可以利用向 Web 服务器发送 * 的请求来测试服务器的功能性。

(5) PUT:向指定资源位置上传其最新内容。

(6) DELETE:请求服务器删除 Request-URL 所标识的资源。

(7) TRACE:回显服务器收到的请求,主要用于测试或诊断。

(8) CONNECT:HTTP 1.1 协议中预留给能够将连接改为管道方式的代理服务器。

6.3 FLV 格式简介

FLV(Flash Video)是现在非常流行的流媒体格式,由于其视频文件体积轻巧、封装播放简单等特点,使其很适合在网络上进行应用,目前主流的视频网站无一例外地使用了 FLV 格式。另外由于当前浏览器与 Flash Player 紧密的结合,使网页播放 FLV 视频轻而易举,也是 FLV 流行的原因之一。FLV 是流媒体封装格式,可以将数据看为二进制字节流。总体上看,FLV 包括文件头(File Header,共 9B)和文件体(File Body)两部分,其中文件体由一系列的 Tag 及 Tag Size 对组成,如图 6-4 所示。注意这个大小关系,代码如下:

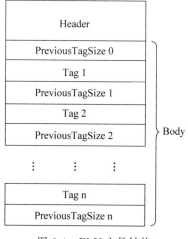

图 6-4 FLV 文件结构

```
PreviosTagSize = TagDataSize + 11;
```

6.3.1 FLV 格式解析

下面是一个 FLV 文件的十六进制显示,如图 6-5 所示。

```
地址(十...  十六进制 (1字节)                                      文本(ASCII)
00000000   46 4C 56 01 05 00 00 00 09 00 00 00 00 12 00 01   F L V · · · · · · · · · · · · ·
00000010   25 00 00 00 00 00 00 00 02 00 0A 6F 6E 4D 65 74   % · · · · · · · · · · o n M e t
00000020   61 44 61 74 61 08 00 00 00 0D 00 08 64 75 72 61   a D a t a · · · · · · · d u r a
00000030   74 69 6F 6E 00 40 73 A7 85 1E B8 51 EC 00 05 77   t i o n · @ s · · · Q · · · w
00000040   69 64 74 68 00 40 76 00 00 00 00 00 00 06 68 00   i d t h · @ v · · · · · · · h ·
00000050   65 69 67 68 74 00 40 6E 00 00 00 00 00 00 00 0D   e i g h t · @ n · · · · · · · ·
00000060   76 69 64 65 6F 64 61 74 61 72 61 74 65 00 40 71   v i d e o d a t a r a t e · @ q
00000070   45 E0 00 00 00 00 00 09 66 72 61 6D 65 72 61 74   E · · · · · · · f r a m e r a t
00000080   65 00 40 3D F8 51 EB 85 1E B8 00 0C 76 69 64 65   e · @ = · Q · · · · · · v i d e
```

图 6-5 FLV 十六进制文件示例

1. Header
FLV 的 Header 由几部分组成,代码如下:

```
Signature(3B) + Version(1B) + Flags(1B) + DataOffset(4B)
```

(1) Signature:3B,固定为 FLV 字符。一般发现前 3 个字符为 FLV 时就认为是 FLV 文件。

(2) Version:1B,标示 FLV 的版本号,这里看到是 1。

(3) Flags:1B,内容标示。第 0 位和第 2 位,分别表示 Video 与 Audio 存在的情况(1 表示存在,0 表示不存在)。这里是 0x05,即 00000101,代表既有视频,也有声频。

(4) DataOffset:4B,表示 FLV 的 Header 长度,固定为 9。

2. Body
FLV 的 Body 部分是由一系列的 Back-pointers(后向指针)和 Tag 构成。

(1) Back-pointers:4B,表示前一个 Tag 的 Size。

(2) Tag:分 3 种类型,包括 Video、Audio、Scripts。

3. Tag
FLV 的 Tag 由 Tag 头(固定为 11B)和 Tag Body 组成,代码如下:

```
tag type[1B] + tag data size[3B] + Timestamp[3B] + TimestampExtended[1B] + stream id[3B] +
tag data
```

Tag 头的各个字段结构,代码如下:

```
//chapter6/flv.Flv_TagHeader.txt
struct Flv_TagHeader{ ///11字节(0x012)
    char TagType; //8:auido, 9:video, 18(0x12):scripts
```

```
    char TagDataSize[3];
    char Timestamp[3];
    char TimeStampEx[1];
    char StreamId[3];
    char * buf;
};
```

(1) TagType：1B，8 为 Audio，9 为 Video，18 为 Scripts。

(2) TagDataSize：3B，表示 Tag Data 的长度，从 StreamId 后算起。

(3) Timestamp：3B，表示时间戳。

(4) TimeStampEx：1B，时间戳扩展字段。

(5) StreamId：3B，总是 0。

(6) tag data：数据部分。

6.3.2　FLV 的重要 Tag 说明

FLV 文件格式标准是写在 F4V/FLV File Format Spec v10.1 的附录 E 里面的 FLV File Format。

1. 类型说明

FLV 的数据类型，如表 6-1 所示。

表 6-1　FLV 常用类型说明

类　　型	说　　明
SI8	Signed 8-bit integer
SI16	Signed 16-bit integer
SI24	Signed 24-bit integer
SI32	Signed 32-bit integer
SI64	Signed 32-bit integer
UI8	Unsigned 8-bit integer
UI16	Unsigned 16-bit integer
UI24	Unsigned 24-bit integer
UI32	Unsigned 32-bit integer
UI64	Unsigned 64-bit integer
xxx[]	Slice of type xxx
xxx[n]	Array of type xxx
STRING	Sequence of Unicode 8-bit characters (UTF-8), terminated with 0x00

2. FLV 文件头和文件体

从整体上看，FLV 由 FLV File Header 和 FLV File Body 组成。FLV 的文件头结构（固定为 9B），如表 6-2 所示。

表 6-2　FLV 的文件头结构

字　　段	类　　型	说　　明
Signature	UI8[3]	签名,总是 FLV (0x464C56)
Version	UI8	版本,总是 0x01,表示 FLV version 1
TypeFlagsReserved	UB[5]	全 0
TypeFlagsAudio	UB[1]	1=有声频
TypeFlagsReserved	UB[1]	全 0
TypeFlagsVideo	UB[1]	1=有视频
DataOffset	UI32	整个文件头长度,对于 FLV v1,总是 9

FLV 的文件体结构,如表 6-3 所示。

表 6-3　FLV 的文件体结构

字　　段	类　　型	说　　明
PreviousTagSize 0	UI32	总是 0
Tag 1	FLVTAG	第 1 个 Tag
PreviousTagSize 1	UI32	前一个 Tag 的大小,包括 Header,大小为 11B+前一个 Tag 的大小
Tag 2	FLVTAG	第 2 个 Tag
...		
PreviousTagSize N−1	UI32	前一个 Tag 大小
Tag N	FLVTAG	最后一个 Tag
PreviousTagSize N	UI32	最后一个 Tag 大小,包括他的 Header

通常,FLV 的前 13B(FLV Header+PreviousTagSize 0)完全相同,所以,程序中会单独定义一个常量来指定。也存在特殊情况,例如有的视频文件没有视频流或没有声频流。

3. FLV Tag

每个 FLV Tag 包含声频、视频、脚本、可选的加密元数据及负载等信息,如表 6-4 所示。

表 6-4　FLV Tag 结构

字　　段	类　　型	说　　明
Reserved	UB[2]	保留给 FMS,应为 0
Filter	UB[1]	0=unencrypted tags,1=encrypted tags
TagType	UB[5]	类型,0x08=audio,0x09=video,0x12=script data
DataSize	UI24	Message 长度,从 StreamID 到 Tag 结束(len(tag)−11)
Timestamp	UI24	相对于第 1 个 Tag 的时间戳(unit: ms),第 1 个 Tag 总是 0
TimestampExtended	UI8	Timestamp 的高 8b。扩展 Timestamp 为 SI32 类型
StreamId	UI24	总是 0,至此为 11B
AudioTagHeader		IF TagType==0x08
VideoTagHeader		IF TagType==0x09
EncryptionHeader		IF Filter==1
FilterParams		IF Filter==1
Data		AUDIODATA 或者 VIDEODATA 或者 SCRIPTDATA

Timestamp 和 TimestampExtended 组成了这个 TAG 包数据的 PTS 信息,计算 PTS 的代码如下:

```
PTS = Timestamp | TimestampExtended << 24 //<< 表示按位左移
```

4. Audio Tag

由于 AAC 编码的特殊性,这里重点介绍 AAC 编码的 Audio Tag 格式,如表 6-5 所示。

表 6-5 Audio Tag 结构

字 段	类 型	说 明
SoundFormat	UB[4]	声频编码格式:2=MP3、10=AAC、11=Speex
SoundRate	UB[2]	采样率:0=5.5kHz、1=11kHz、2=22kHz、3=44kHz
SoundSize	UB[1]	采样大小:0=8b、1=16b
SoundType	UB[1]	声频声道数:0=Mono、1=Stereo
AACPacketType	UI8	只有当 SoundFormat 为 10 时,才有该字段:0=AAC Sequence Header、1=AAC Raw
Data	AudioSpecificConfig	IF AACPacketType==0,包含着一些更加详细声频的信息
Data	Raw AAC frame data in UI8[n]	IF AACPacketType==1,audio payload,n=[AAC Raw data length]-([has CRC]?9:7)

AudioTagHeader 的第 1 字节,也是紧跟着 StreamId 的 1 字节,包含了声频类型和采样率等的基本信息。AudioTagHeader 之后跟着的是 AUDIODATA 部分,但是,这里有个特例,如果声频格式(Sound Format)是 AAC,AudioTagHeader 中会多出 1 字节的数据 AACPacketType,这个字段来表示 AACAUDIODATA 的类型,0 表示 AAC Sequence Header、1 表示=AAC Raw。AudioSpecificConfig 结构描述非常复杂,这里先假定声频编码为 AAC-LC,声频采样率为 44100,如表 6-6 所示。

表 6-6 FLV AudioSpecificConfig 结构

字 段	类 型	说 明
AudioSpecificConfig		
audioObjectType	UB[5]	编码结构类型,AAC-LC 为 2
samplingFrequencyIndex	UB[4]	声频采样率索引值,44100 对应值 4
channelConfiguration	UB[4]	声频输出声道,2
GASpecificConfig		
frameLengthFlag	UB[1]	标志位,用于表明 IMDCT 窗口长度,0
dependsOnCoreCoder	UB[1]	标志位,表明是否依赖于 corecoder,0
extensionFlag	UB[1]	选择了 AAC-LC,这里必须为 0

在 FLV 文件中,一般情况下 AAC Sequence Header 包只出现 1 次,而且是第 1 个 Audio Tag。因为在做 FLV Demux 时,如果是 AAC 声频,则需要在每帧 AAC ES 流前边添

加 7 字节的 ADST 头,ADST 是解码器通用的格式,也就是说 AAC 的纯 ES 流要打包成 ADST 格式的 AAC 文件解码器才能正常播放。是在打包 ADST 时,需要 samplingFrequencyIndex 信息,samplingFrequencyIndex 最准确的信息是在 AudioSpecificConfig 中,这样就完全可以把 FLV 文件中的声频信息及数据提取出来,送给声频解码器正常播放。

5. Video Tag

由于 H.264 编码的特殊性,这里重点介绍 H.264 编码的 Video Tag 格式,如表 6-7 所示。

表 6-7 FLV Video Tag 结构

字 段	类 型	说 明
FrameType	UB[4]	1=key frame,2=inter frame
CodecId	UB[4]	7=AVC
AVCPacketType	UI8	IF CodecID==7, 0=AVC sequence header, 1=One or more AVC NALUs (Full frames are required), 2=AVC end of sequence
CompositionTime	SI24	IF AVCPacketType==1 Composition time offset ELSE 0
AVCDecoderConfigurationRecord		
configurationVersion	UI8	版本号,1
AVCProfileIndication	UI8	SPS[1]
profileCompatibility	UI8	SPS[2]
AVCLevelIndication	UI8	SPS[3]
reserved	UB[6]	111111
lengthSizeMinusOne	UB[2]	NALUnitLength-1,一般为 3
reserved	UB[3]	111
numberOfSequenceParameterSets	UB[5]	SPS 个数,一般为 1
sequenceParameterSetNALUnits	UI8[sps_size+2]	sps_size(16b)+sps(UI8[sps_size])
numberOfPictureParameterSets	UI8	PPS 个数,一般为 1
pictureParameterSetNALUnits	UI8[pps_size+]	pps_size(16b)+pps(UI8[pps_size])

VideoTagHeader 的第 1 字节,也是紧跟着 StreamId 的 1 字节,包含视频帧类型及视频 CodecID 等最基本信息。VideoTagHeader 之后跟着的是 VIDEODATA 部分,但是这里有个特例,如果视频格式是 AVC,则 VideoTagHeader 会多出 4 字节的信息。

AVCDecoderConfigurationRecord 包含与 H.264 解码相关的比较重要的 SPS 和 PPS 信息,在给 AVC 解码器发送数据流之前一定要把 SPS 和 PPS 信息送出,否则,解码器不能正常解码,而且在解码器停止之后再次启动之前,如快进快退状态切换等,都需要重新发送一遍 SPS 和 PPS 信息。AVCDecoderConfigurationRecord 在 FLV 文件中一般情况下也只出现 1 次,即第 1 个 Video Tag,长度计算公式,代码如下:

```
sizeof(UI8) * (11 + sps_size + pps_size)
```

6. SCRIPTDATA Tag

ScriptTagBody 内容用 AMF 编码，一个 SCRIPTDATAVALUE 记录包含一个有类型的 ActionScript 值，如表 6-8 所示。

表 6-8 FLV SCRIPTDATA Tag 结构

字段	类型	说明
SCRIPTDATA		
ScriptTagBody		
Name	SCRIPTDATAVALUE	Method or object name. SCRIPTDATAVALUE. Type=2（String）
Vale	SCRIPTDATAVALUE	AMF arguments or object properties
SCRIPTDATAVALUE		
Type	UI8	ScriptDataValue 的类型
ScriptDataValue	各种类型	Script data 值

7. onMetadata

FLV Metadata object 保存在 SCRIPTDATA 中，叫作 onMetadata。不同的软件生成的 FLV 的属性略有不同，如表 6-9 所示。

表 6-9 FLV onMetadata 结构

字段	类型	说明
audiocodecid	Number	Audio codec ID used in the file：声频编解码 ID
audiodatarate	Number	Audio bit rate in Kb per second：声频码率
audiodelay	Number	Delay introduced by the audio codec in seconds：声频延迟
audiosamplerate	Number	Frequency at which the audio stream is replayed：声频采样率
audiosamplesize	Number	Resolution of a single audio sample：声频采样大小
canSeekToEnd	Boolean	Indicating the last video frame is a key frame：最后一帧是否为关键帧
creationdate	String	Creation date and time：创建时间
duration	Number	Total duration of the file in seconds：总时长
filesize	Number	Total size of the file in Bytes：文件大小（字节）
framerate	Number	Number of frames per second：帧率
height	Number	Height of the video in pixels：视频高度
stereo	Boolean	Indicating stereo audio：立体声
videocodecid	Number	Video codec ID used in the file：视频编解码器 ID
videodatarate	Number	Video bit rate in Kb per second：视频比特率
width	Number	Width of the video in pixels：视频宽度

8. 关键帧索引信息

官方的文档中并没有对关键帧索引信息（Keyframes Index）做描述，但是 FLV 的这种结构每个 Tag 不像 TS 那样有同步头，如果没有 Keyframes Index，则需要按顺序读取每个

Tag。那么,随机索引及快进快退的效果就会非常差。其实有的 FLV 文件将 Keyframes Index 信息隐藏在 Script Tag 中,Keyframes 几乎是一个非官方的标准。两个常用的操作 Metadata 的工具是 flvtool2 和 FLVMDI,它们都把 Keyframes 作为一个默认的元信息项目。在 FLVMDI 的主页上对此有描述,引用原文如下:

```
//chapter6/flv.flvmdi.txt
keyframes: (Object) This object is added only if you specify the /k switch. 'keyframes' is known
to FLVMDI and if /k switch is not specified, 'keyframes' object will be deleted.

'keyframes' object has 2 arrays: 'filepositions' and 'times'. Both arrays have the same number of
elements, which is equal to the number of key frames in the FLV. Values in times array are in
'seconds'. Each correspond to the timestamp of the n'th key frame. Values in filepositions array
are in 'Bytes'. Each correspond to the fileposition of the nth key frame video tag (which starts
with Byte tag type 9).
```

上面英文的主要意思是,keyframes 中包含着内容 filepositions 和 times,分别指的是关键帧的文件位置和关键帧的 PTS。通过 keyframes 可以建立起自己的索引信息,然后在随机搜索和快进快退的操作中,快速有效地跳转到想要找的关键帧位置进行处理。

第 7 章 流媒体开源库简介

流媒体应用程序一般按需下载,通常包括大量相关文件和大量数据,但是通常并不需要所有组件各就各位来启动应用。当需要一个流媒体应用时,只会下载小部分的相关文件。其他的内容只在需要的情况下下载。开源的流媒体应用系统非常多,包括但不限于以下几种。

5min

(1) FFmpeg:全球领先的多媒体框架,网址是 http://ffmpeg.org。
(2) VLC:开源的跨平台多媒体播放器及框架,网址是 http://www.videolan.org。
(3) Live555:开源流媒体服务项目,网址是 http://www.live555.com。
(4) EasyDarwin:企业级的流媒体平台框架,网址是 https://github.com/EasyDarwin。
(5) ijkplayer:B 站的播放器,网址是 https://github.com/Bilibili/ijkplayer。
(6) Red5:Flash 流媒体服务器,网址是 https://github.com/Red5/red5-server/releases。
(7) NGINX-RTMP:支持 RTMP,网址是 https://github.com/arut/nginx-rtmp-module。
(8) SRS:开源流媒体服务器系统,网址是 https://github.com/winlinvip/srs。
(9) OBS:开源流媒体系统,网址是 https://sourceforge.net/projects/obsproject。
(10) 绝影:移动端深度学习框架,网址是 https://github.com/in66-dev/In-Prestissimo。
(11) ZLMediakit:流媒体服务器,网址是 https://github.com/ZLMediaKit/ZLMediaKit。
(12) WebRTC:网页流媒体应用,网址是 https://github.com/webrtc。

限于篇幅,本章重点介绍几款比较常用的流媒体应用系统。

7.1 FFmpeg 简介

FFmpeg 是一个跨平台的音视频处理库,是一套可以用来记录、转换数字音视频,并能将其转化为流的开源计算机程序,支持 Windows、Linux、Mac 等。FFmpeg 采用 LGPL 或 GPL 许可证,提供了录制、转换及流化音视频的完整解决方案,包含非常先进的音视频编解码库 libavcodec。为了保证高可移植性和编解码质量,libavcodec 里很多编解码算法都是从头开发的。

7.1.1 FFmpeg 的模块与命令行工具

FFmpeg 包括 8 个常用的模块库,如下所述。

(1) libavformat：用于各种音视频封装格式的生成和解析，包括获取解码所需信息以生成解码上下文结构。

(2) libavcodec：用于各种类型音视频编解码。

(3) libavutil：包含一些公共的工具函数。

(4) libswscale：用于视频场景比例缩放、色彩映射转换等。

(5) libpostproc：用于后期效果处理等。

(6) libswresample：提供声频重采样功能，包括采样频率、声道格式等。

(7) libavfilter：用于滤波器处理，如音视频倍速、水平翻转、叠加文字等功能。

(8) libavdevice：包含输入/输出设备的库，实现音视频数据的抓取或渲染。

FFmpeg 提供了 3 个命令行工具，如下所述。

(1) ffmpeg：编解码小工具，可用于格式转换、解码或电视卡即时编码等。

(2) ffsever：一个 HTTP 多媒体即时广播串流服务器。

(3) ffplay：一个简单的播放器，使用 ffmpeg 库解析和解码，通过 SDL 显示。

FFmpeg 的开发分为两种，一种方式是直接使用提供的这 3 个命令行工具进行多媒体处理，另一种是使用上述的 8 个模块库进行二次开发。

7.1.2　FFmpeg 命令行

FFmpeg 提供的命令行功能非常强大，包括但不限于以下几种：

(1) 列出支持的格式。

(2) 剪切一段媒体文件。

(3) 提取一个视频文件中的声频文件。

(4) 从 MP4 文件中抽取视频流并可导出裸的 H.264 数据。

(5) 视频静音，即只保留视频，使用命令参数 -an。

(6) 使用 AAC 声频数据和 H.264 视频生成 MP4 文件。

(7) 声频格式转换。

(8) 从 WAV 声频文件中导出 PCM 裸数据。

(9) 将一个 MP4 的文件转换为一个 GIF 动图。

(10) 使用一组图片生成 GIF 动图。

(11) 淡入效果器使用。

(12) 淡出效果器使用。

(13) 将两路声音合并，例如加背景音乐。

(14) 为视频添加水印效果。

(15) 视频提亮效果器。

(16) 视频旋转效果器的使用。

(17) 视频裁剪效果器的使用。

(18) 将一段视频推送到流媒体服务器上。

(19) 将流媒体服务器上的流下载并保存到本地。

(20) 将两个声频文件以两路流的形式封装到一个文件中。

注意：本书仅提供命令行功能列表，更详细的参数使用请读者关注后续的图书。

7.1.3 FFmpeg 开发包

当前 FFmpeg 主要包括静态库版本、动态库版本、开发者版本。

(1) Static(静态库版本)：里面只有 3 个应用程序，包括 ffmpeg.exe、ffplay.exe、ffprobe.exe，每个 EXE 文件的体积都很大，相关的 DLL 动态库已经被编译到 EXE 文件里面去了。作为工具而言此版本最合适，不依赖动态库，单个可运行程序。

(2) Shared(动态库版本)：里面除了 3 个应用程序 ffmpeg.exe、ffplay.exe、ffprobe.exe 之外，还有一些动态 DLL，例如 avcodec-54.dll 之类的。Shared 里面的 EXE 文件体积很小，它们在运行时，到相应的 DLL 中调用功能。程序运行过程必须依赖于提供的 DLL 文件，开发程序时必须下载该版本，因为只有该版本中有 DLL 动态库，需要注意 Dev 开发者版本中不包含这些 DLL 动态库。

(3) Dev(开发者版本)：此版本用于开发，里面包含了库文件 xxx.lib 及头文件 xxx.h，这个版本不包含 EXE 文件和 DLL 文件。dev 版本中 include 文件夹内包含所有头文件，LIB 文件夹中包含所有编译开发所需要的库，但没有运行库，需要从 Shared 版本中获取。

最新的下载网址为 https://github.com/BtbN/FFmpeg-Builds/releases，如图 7-1 所示。也可扫描前言处"本书源代码"二维码来下载开发包和源代码。下载之后，解压出来即可，开发环境可以选择 Windows 10 64bit ＋QT5.9.8/VS 2019。

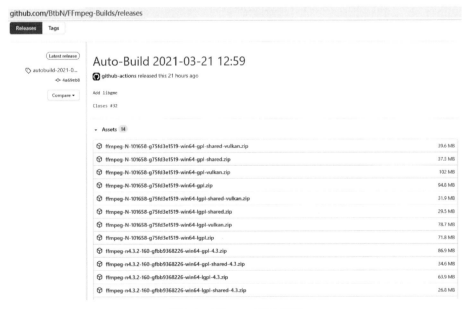

图 7-1　FFmpeg 下载界面

7.2 Live555

Live555 是一个为流媒体提供解决方案的跨平台的 C++ 开源项目,它实现了对标准流媒体传输协议(如 RTP/RTCP、RTSP、SIP 等)的支持。它实现了对多种音视频编码格式的音视频数据的流化、接收和处理等支持,包括 MPEG、H.263+、DV、JPEG 视频和多种声频编码。同时由于良好的设计,Live555 非常容易扩展对其他格式的支持。目前,Live555 已经被用于多款播放器的流媒体播放功能的实现,如 VLC、MPlayer。官网网址为 http://www.live555.com,源码下载网址为 http://download.videolan.org/pub/contrib/live555。

Live555 源代码包括 4 个基本的库、各种测试代码及 Live555 Media Server。4 个基本的库包括 UsageEnvironment & TaskScheduler、groupsock、liveMedia 和 BasicUsageEnvironment。

Live555 媒体服务器是完整的 RTSP 服务器应用程序,可以流式传输几种媒体文件(必须存储在当前工作目录中,即从中启动应用程序的目录中或子目录中),如下所述。

(1) MPEG 传输流文件(文件名后缀为.ts)。
(2) Matroska 或 WebM 文件(文件名后缀为.mkv 或.webm)。
(3) 一个奥格文件(文件名后缀为.ogg、.ogv 或.opus)。
(4) MPEG-1 或 2 节目流文件(文件名后缀为.mpg)。
(5) MPEG-4 视频基本流文件(文件名后缀为.m4e)。
(6) H.264 视频基本流文件(文件名后缀为.264)。
(7) H.265 视频基本流文件(文件名后缀为.265)。
(8) 一个 VoB 视频+声频文件(文件名后缀为.vob)。
(9) DV 视频文件(文件名后缀为.dv)。
(10) MPEG-1 或 2 声频文件(文件名后缀为.mp3)。
(11) WAV(PCM)声频文件(文件名后缀为.wav)。
(12) AMR 声频文件(文件名后缀为.amr)。
(13) AC-3 声频文件(文件名后缀为.ac3)。
(14) AAC(ADTS 格式)声频文件(文件名后缀为.aac)。

下载源码后解压可得到 live 目录,lib 目录是编译后产生的目录,主要使用其中的 4 个目录,分别对应 Live555 的 4 个库,分别是 UsageEnvironment、groupsock、liveMedia、BasicUsageEnvironment,目录结构如图 7-2 所示。

(1) UsageEnvironment 目录,生成的静态库为 libUsageEnvironment.lib,这个库主要包含一些基本数据结构及工具类的定义。

(2) groupsock 目录,生成的静态库为 libgroupsock.lib,这个库主要包含网络相关类的定义和实现。

(3) liveMedia 目录,生成的静态库为 libliveMedia.lib,这个库包含了 Live555 核心功能的实现。

第7章　流媒体开源库简介　175

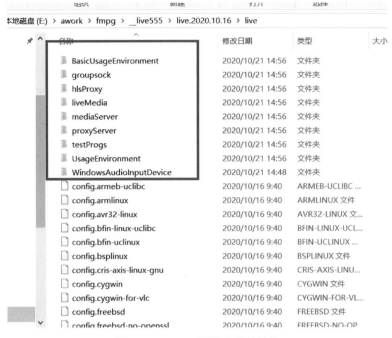

图 7-2　Live555 源码的目录结构

（4）BasicUsageEnvironment 目录，生成的静态库为 libBasicUsageEnvironment.lib，这个库主要包含对 UsageEnvironment 库中一些类的实现。

（5）mediaServer 目录中包含 Live555 流媒体服务器的标准示例程序，运行 live555MediaServer.exe 后出现如图 7-3 所示界面。

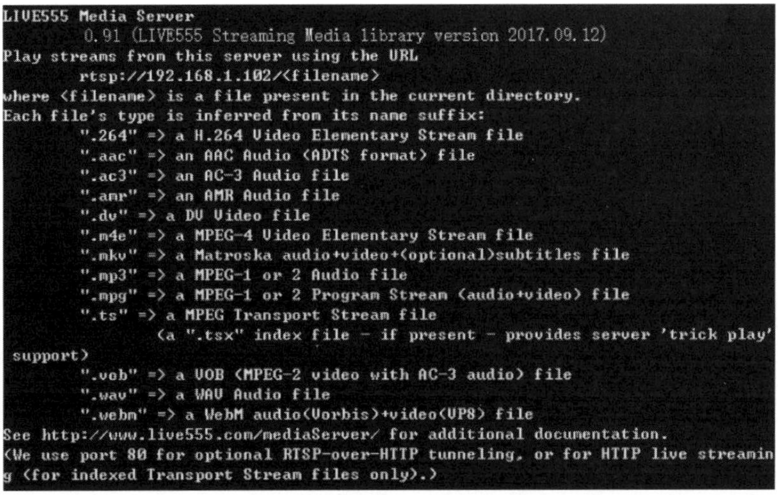

图 7-3　Live555 启动界面

在 mediaServer 目录中放入媒体文件，如 test.mp3，在 VLC 播放器中选择"媒体"→"打开网络串流"，然后输入 rtsp://127.0.0.1:554/test.mp3 就可以播放 test.mp3 文件了。

注意：Live555 默认端口是 554。

（6）proxyServer 目录中是 Live555 实现的代理服务器的例子程序，这个程序可以从其他的流媒体服务器（如支持 RTSP 的摄像机）获取实时的视频流，然后转发给多个 RTSP 客户端，这个程序很有用，可以转发摄像机的实时视频流。

（7）testProgs 目录中包含了很多测试例子程序，常用的是 testOnDemandRTSPServer.cpp，可以从这个例子程序开始学习 Live555。

7.3 VLC 播放器简介

VLC 是一款功能很强大的开源播放器，VLC 的全名是 Video Lan Client，是一个开源的、跨平台的视频播放器。VLC 支持多种常见音视频格式，支持多种流媒体传输协议，也可当作本地流媒体服务器使用。官网下载网址为 https://www.videolan.org/。

7.3.1 VLC 播放器

VLC 多媒体播放器是 VideoLAN 计划的多媒体播放器。它支持众多声频与视频解码器及文件格式，并支持 DVD 影音光盘、VCD 影音光盘及各类流式协议。它也能作为 unicast 或 multicast 的流式服务器在 IPv4 或 IPv6 的高速网络连接下使用。它融合了 FFmpeg 的解码器与 libdvdcss 程序库使其有播放多媒体文件及加密 DVD 影碟的功能。作为音视频的初学者，很有必要熟练掌握 VLC 工具。

7.3.2 VLC 的功能列表

VLC 是一款自由、开源的跨平台多媒体播放器及框架，可播放大多数多媒体文件、DVD、CD、VCD 及各类流媒体协议。VLC 支持大量的音视频传输、封装和编码格式，下面列出简要的功能列表。

（1）操作系统包括 Windows、Windows CE、Linux、macOS X、BEOS、BSD 等。
（2）访问形式包括文件、DVD/VCD/CD、HTTP、FTP、TCP、UDP、HLS、RTSP 等。
（3）编码格式包括 MPEG、DIVX、WMV、MOV、3GP、FLV、H.264、FLAC 等。
（4）视频字幕包括 DVD、DVB、Text、Vobsub 等。
（5）视频输出包括 DirectX、X11、XVideo、SDL、FrameBuffer、ASCII 等。
（6）控制界面包括 WxWidgets、QT、Web、Telnet、Command line 等。
（7）浏览器插件包括 ActiveX、Mozilla 等。

7.3.3 VLC 播放网络串流

VLC 播放一个视频大致分为 4 个步骤：第一 access，即从不同的源获取流；第二 demux，即把通常合在一起的声频和视频分离（有的视频也包含字幕）；第三 decode，即解码，包括声频和视频的解码；第四 output，即输出，也分为声频和视频的输出（aout 和 vout）。

使用 VLC 可以很方便地打开网络串流，首先单击主菜单的"媒体"，选择"打开网络串流"（如图 7-4 所示），然后在弹出的对话框界面中输入网络 URL（如图 7-5 所示），单击"播放"按钮，即可看到播放的网络流效果（如图 7-6 所示）。测试地址为 CCTV-1 高清频道 http://ivi.bupt.edu.cn/hls/cctv1hd.m3u8。

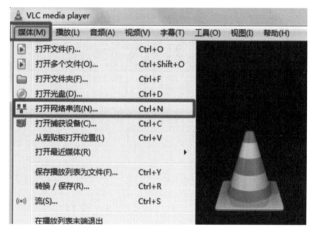

图 7-4　VLC 打开网络串流

图 7-5　VLC 输入网络串流地址

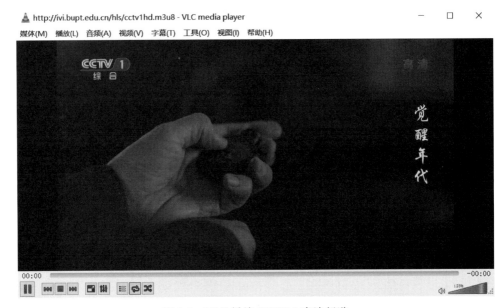

图 7-6　VLC 播放 CCTV-1 高清频道

7.4　EasyDarwin

EasyDarwin 是基于 Darwin Streaming Server 扩展、维护的开源流媒体服务器解决方案，高效易用，有直播、点播、服务器端录像、回放、RTP Over HTTP 等多种功能、高性能、稳定的开源流媒体服务器。它是由国内开源流媒体团队维护和迭代的一整套开源流媒体视频平台框架，由 Golang 开发语言，从 2012 年 12 月创建并发展至今，包含单点服务的开源流媒体服务器和扩展后的流媒体云平台架构的开源框架，开辟了诸多优质开源项目，能更好地帮助广大流媒体开发者和创业型企业快速构建流媒体服务平台，更快、更简单地实现最新的移动互联网（安卓、iOS、H5、微信）流媒体直播与点播的需求，尤其是安防行业与互联网行业的衔接。

7.4.1　EasyDarwin 开源项目

EasyDarwin 开源项目主要包括 EasyDarwin（开源流媒体服务器）、EasyCMS（中心管理服务器）、EasyCamera（云摄像机服务）、EasyClient（云平台客户端）、EasyAACEncoder（开源声频编码项目）、EasyAudioDecoder（开源声频解码项目）、EasyProtocol（开源云平台协议）等多个项目，完整地构架了一套开源流媒体云平台方案。EasyDarwin RTSP 流媒体服务器完全开源，EasyDarwin RTSP 流媒体服务器在 Darwin Streaming Server 的基础上进行了优化和迭代，完全开源！后续也将继续扩展录像、回放等多种服务和工具集，各个功能单元既可以独立使用，又可以整体使用，形成一个完整、简单、易用、高效的流媒体解决方案。

(1) EasyCMS：开源的设备接入与管理服务，支持多设备、多客户端接入，能非常快速地实现稳定的设备接入服务,可以根据自己的需求进行服务功能拆分(例如用户接入服务与设备接入服务拆分等),具体见 https://github.com/EasyDarwin/EasyDarwin/tree/apple/EasyCMS。

（2）EasyDarwin：核心流媒体服务,RTSP 开源流媒体服务,高效、稳定、可靠、功能齐全,支持 RTSP 流媒体协议,支持安防行业需要的摄像机流媒体转发功能、支持互联网行业需要的多平台(PC、Android、iOS)和 RTSP 直播(H.264/MJPEG/MPEG4、AAC/PCMA/PCMU/G726)功能,底层(Select/Epoll 网络模型、无锁队列调度)和上层(RESTful 接口、Web 管理、多平台编译)、关键帧索引(秒开画面)、远程运维等方面优化,这些都是完全开源的,具体的接口调用方法和流程见 https://github.com/EasyDarwin/EasyDarwin。

（3）EasyCamera：设备端(摄像机、移动设备、桌面程序)对接 EasyDarwin 平台的方案,跨平台,支持 Windows、Linux 系统和 ARM 硬件平台,其中 EasyDarwin 摄像机是我们定制的一款摄像机硬件与 EasyDarwin 平台进行对接的方案,摄像机采用海思 3518E 方案,支持 RTSP、Onvif、Web 管理、配套 SDK 工具,作为开发和演示硬件工具,我们提供了全套完备的程序和文档,既可以用于流媒体学习,又可以用于方案移植参考,更可以直接用于项目中,用户可以将摄像机定制的部分替换成自己摄像机的硬件 SDK,具体接入方法见 https://github.com/EasyDarwin/EasyCamera。

（4）EasyClient：是 EasyDarwin 开源流媒体云平台的客户端实现,项目网址为 https://github.com/EasyDarwin/EasyClient,包含 Windows、Android、iOS、H5 等,其主要功能包括云平台设备列表获取、设备实时码流请求与播放、设备云台控制、设备语音对讲等。

（5）EasyAACEncoder：是一套简单、高效、稳定的开源声频编码库,支持将各种声频数据(G.711A/PCMA、G.711U/PCMU、G726、PCM)转码成 AAC 格式,其中 AAC 编码部分采用的是业界公认的 faac 库,支持 Windows、Linux 系统和 ARM 硬件等多种平台,能够广泛应用于各种移动终端设备、嵌入式设备和流媒体转码服务器！项目网址为 https://github.com/EasyDarwin/EasyAACEncoder。

（6）EasyAudioDecoder：是一套应用于移动端的简单、高效、稳定的开源声频解码库,能够将 G.711A/PCMA、G.711U/PCMU、G726、AAC 等声频格式转码到 Linear PCM,再提供给流媒体播放器进行声频播放,EasyAudioDecoder 支持跨平台,支持 Android & iOS,目前已稳定应用于 EasyPlayer、EasyClient 等多个开源及商业项目,项目网址为 https://github.com/EasyDarwin/EasyAudioDecoder。

（7）EasyProtocol：是 EasyDarwin 开源流媒体服务器和开源平台使用的一套开源 JSON 协议,具有合理的结构设计、完善的层次逻辑及简单精练的调用接口,非常易于使用和扩展,不仅长期应用于 EasyDarwin 的服务器及其他平台中,并且能够快速扩展用户的自定义需求,非常好用,项目网址为 https://github.com/EasyDarwin/EasyProtocol。

7.4.2　EasyDarwin 商业项目

EasyDarwin 开源团队也开发了很多流媒体方面的商业项目,主要包括以下几项。

（1）EasyPlayer：是一款精练、高效、稳定的流媒体播放器，分为 RTSP 版和 Pro 版本，EasyPlayer RTSP 版本支持 Windows（支持多窗口，包含 ActiveX 和 npAPI Web 插件）、Android、iOS 多个平台，EasyPlayer Pro 支持 Android、iOS，支持各种各样的流媒体音视频直播/点播播放，项目网址为 https://github.com/EasyDarwin/EasyPlayer。

（2）EasyPusher：是一款简单、高效、稳定的标准 RTSP/RTP 直播推送库，支持将 H.264/G.711/G.726/AAC 等音视频数据推送到 RTSP 流媒体服务器进行低延时直播或者视频通信，支持 Windows、Linux、Android、iOS 等平台，EasyPusher 配套 EasyDarwin 流媒体服务器、EasyPlayer RTSP 播放器，适用于特殊行业的低延时应急指挥需求，项目网址为 https://github.com/EasyDarwin/EasyPusher。

（3）EasyNVR：摄像机（通用 RTSP、Onvif 摄像机）接入服务，EasyNVR 能够通过简单的摄像机通道配置、存储配置、云平台对接配置、CDN 配置等，将监控行业里面的高清网络摄像机 IP Camera、NVR、移动拍摄设备接入 EasyNVR，EasyNVR 能够将这些视频源的音视频数据采集到设备端，进行全平台终端直播、录像存储、录像检索和录像回放，并且 EasyNVR 能够将视频源的直播数据对接到第三方视频平台、CDN 网络，实现互联网直播分发，具体接入方法见 https://github.com/EasyDarwin/EasyNVR。

（4）EasyIPCamera：是一套精练、高效、稳定的 RTSP 服务器组件，调用简单灵活，可轻松嵌入 IPCamera 中，并发性能属于行业领先水平，广泛应用于 IPCamera RTSP 服务、Android/Windows 投屏/同屏直播服务，例如课堂教学同屏、会议同屏、广告投放同屏等，项目网址为 https://github.com/EasyDarwin/EasyIPCamera。

（5）EasyRTMP：是一套调用简单、功能完善、运行高效稳定的 RTMP 功能组件，经过多年实战和线上运行打造，支持 RTMP 推送、断线重连、环形缓冲、智能丢帧、网络事件回调，支持 Windows、Linux Android、iOS 系统和 ARM（hisiv100/hisiv200/hisiv300/hisiv400 等）硬件平台，支持市面上绝大部分的 RTMP 流媒体服务器，包括 Red5、Ngnix_RTMP、CrtmpServer 等主流 RTMP 服务器，能够完美应用于各种行业的直播需求，如手机直播、桌面直播、摄像机直播、课堂直播等方面，项目网址为 https://github.com/EasyDarwin/EasyRTMP。

（6）EasyRTSPClient：是一套简单、稳定、高效、易用的 RTSPClient 工具库，支持 Windows、Linux、Android、iOS 系统和 ARM 硬件等绝大多数平台，支持 RTP over TCP/UDP，支持断线重连，能够接入市面上 99% 以上的 IPC，调用简单且成熟稳定，能广泛应用于播放器、NVR、流媒体系统级联等产品中，项目网址为 https://github.com/EasyDarwin/EasyRTSPClient。

（7）EasyHLS：是一套简单、可靠、高效、稳定的 HLS 直播切片 SDK，能够将实时的 H.264 视频和 AAC 声频流切片成可供 Web、Android、iOS、微信等全平台客户端观看的 HLS（m3u8+ts）直播流，搭配 EasyRTSPClient、EasyAACEncoder 等项目，可将大部分安防摄像机对外进行 HLS 直播发布，同时也可灵活地集成在各种流媒体服务中，项目网址为 https://github.com/EasyDarwin/EasyHLS。

（8）EasyRMS：是一套基于 HLS 协议的录像与回放服务器，EasyRMS 能够将 RTSP

源获取到本地存储或者存储到阿里云对象存储 OSS 云存储等第三方存储平台，同时 EasyRMS 提供录像的检索与查询接口，可检索出录像的 HLS 地址进行录像回放，项目网址为 https://github.com/EasyDarwin/EasyRMS。

7.4.3 EasyDarwin 云平台

EasyDarwin 云平台是一套由 EasyDarwin、EasyCMS、EasyCamera、EasyClient、Nginx、Redis 构成的完整云平台架构，支持分布式、跨平台、多点部署，流媒体服务器支持负载均衡，按需直播，非常适用于互联网化的安防、智能家居、幼教平台、透明厨房、透明家装等行业，EasyDarwin 的云平台架构如图 7-7 所示。

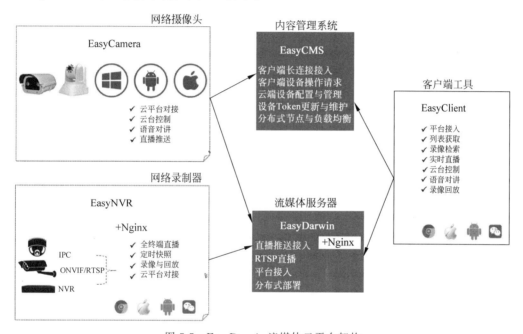

图 7-7　EasyDarwin 流媒体云平台架构

7.5　SRS

SRS(Simple RTMP Server)是国内开发的开源系统，近几年越来越多，并且有很多非常优秀的，文档非常齐全，特别是 Wiki 里面的各种说明，基本可以满足需要。很多功能齐备的商业化产品所需要的功能也具备了，这里大概列举一些功能：

（1）集群模式(包括边缘模式、Forward 模式等)，并且已友好地支持了 CDN 和服务器的灵活架设。

（2）推流、Ingest 流、直接接入视频文件等方式，非常灵活。如果再结合一些优秀的推流软件，例如 OBS，则几乎目前市场上主流的流媒体直播需求就能满足了。

（3）同时支持RTMP、HLS模式,甚至最新版还支持FLV模式(同时具备了RTMP的实时性,以及HLS中属于HTTP的适应各种网络环境的特性,并且支持的播放器更多一些)。

（4）架设简单,文档齐全、demo齐全。

（5）具备基本的权限验证,可以限制推流和播放的权限。另外,只做核心功能,例如验证功能,只要有接口,留给Web去实现就可以了,适合二次开发。

SRS几乎涉及了音视频和流媒体的很多知识点:

（1）FFmpeg:强大的音视频客户端,推拉流和编解码,以及各种处理的能力。

（2）Chrome(或浏览器):H5是最便捷的客户端,非常方便演示和学习,SRS功能基本上支持H5的演示。

（3）音视频协议:RTMP、HTTP-FLV、HLS和WebRTC,这些操作步骤中,已经涉及了这些协议,也是实际应用中典型的用法。

（4）SRS服务器:部署音视频云,或者提供音视频的云服务,SRS本质上是视频云的一种服务器。

SRS典型的音视频业务场景,包括但不限于以下几种。

（1）全平台直播:只需Encoders(FFmpeg/OBS)将RTMP推送到SRS;一台SRS Origin(不需要Cluster),转封装成HTTP-FLV流、转封装成HLS;Players根据平台的播放器可以选择HTTP-FLV或HLS流播放。

（2）WebRTC通话业务:一对一通话、多人通话、会议室等。WebRTC是SRS4引入的关键和核心的能力,从1s~3s延迟,到100ms~300ms延迟。

（3）监控和广电上云:除了使用FFmpeg主动将流拉取到SRS,还可以应用于广电行业SRT协议推流,或监控行业GB28181协议推流,SRS转换成互联网的协议观看。

（4）直播低延迟和互动:RTMP转WebRTC播放可降低播放延迟,还能做直播连话筒,或者使用WebRTC推流,未来还会支持WebTransport直播等。

（5）大规模业务:如果业务快速上涨,可以通过Edge Cluster支持海量Players,或者Origin Cluster支持海量Encoders,当然可以直接平滑迁移到视频云,未来还会支持RTC的级联和集群。

7.6 ZLMediaKit

ZLMediaKit是一个基于C++11的高性能运营级流媒体服务框架,官方Logo如图7-8所示。

图7-8 ZLMediaKit的官方Logo

ZLMediaKit的项目特点,主要包括以下几点。

（1）基于C++11开发,避免使用裸指针,代码稳定可靠,性能优越。

（2）支持多种协议（RTSP/RTMP/HLS/HTTP-FLV/Websocket-FLV/GB28181/MP4等）,支持协议

互转。

（3）使用多路复用/多线程/异步网络 IO 模式开发，并发性能优越，支持海量客户端连接。

（4）代码经过长期大量的稳定性、性能测试，已经在线上商用验证已久，支持 Linux、macOS、iOS、Android、Windows 全平台。

（5）支持画面秒开、极低延时（500ms，最低可达 100ms），提供完善的标准 C API，可以作为 SDK 使用，或供其他语言调用。

（6）提供完整的 MediaServer 服务器，可以免开发直接部署为商用服务器。提供完善的 RESTful API 及 Web Hook，支持丰富的业务逻辑。打通了视频监控协议栈与直播协议栈，对 RTSP/RTMP 支持得很完善。

（7）全面支持 H.265/H.264/AAC/G711/OPUS 等。

（8）支持 RTSP、RTMP、HLS、GB28181 等多种流媒体格式。

7.7 WebRTC

网页即时通信（Web Real-Time Communication，WebRTC）是一个支持网页浏览器进行实时语音对话或视频对话的 API。它于 2011 年 6 月 1 日开源并在 Google、Mozilla、Opera 支持下被纳入万维网联盟的 W3C 推荐标准。它实现了基于网页的视频会议，标准是 WHATWG 协议，目的是通过浏览器提供简单的 JavaScript 就可以达到实时通信（Real-Time Communication）的能力。它的最终目的主要是让 Web 开发者能够基于浏览器（Chrome/FireFox/…）轻易快捷开发出丰富的实时多媒体应用，而无须下载并安装任何插件，Web 开发者也无须关注多媒体的数字信号处理过程，只需编写简单的 JavaScript 程序便可实现，W3C 等组织正在制定 JavaScript 标准 API，目前是 WebRTC 1.0 版本，处于 Draft 状态；另外 WebRTC 还希望能够建成一个多互联网浏览器间健壮的实时通信平台，形成开发者与浏览器厂商良好的生态环境。同时，谷歌公司也希望和致力于让 WebRTC 的技术成为 HTML5 标准之一，可见谷歌公司布局之深远。WebRTC 提供了视频会议的核心技术，包括音视频的采集、编解码、网络传输、显示等功能，并且还支持跨平台，包括 Windows、Linux、Mac、Android 等。

7.7.1 WebRTC 架构

WebRTC 的整体架构分成 3 层，如图 7-9 所示。

（1）Web API：Web 开发者 API 层。

（2）C++ API：面向浏览器厂商的 API 层。

（3）Browser Maker：浏览器厂商可以自定义实现。

WebRTC 的架构组件，主要包括以下几个：

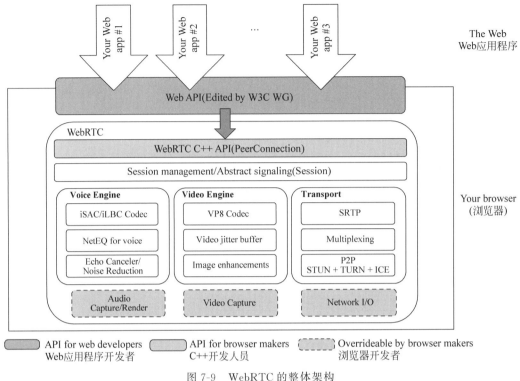

图 7-9 WebRTC 的整体架构

（1）Your Web App，即 Web 开发者开发的程序，Web 开发者可以基于集成 WebRTC 的浏览器提供的 Web API 开发基于视频、声频的实时通信应用。

（2）Web API，面向第三方开发者的 WebRTC 标准 API(JavaScript)，使开发者能够容易地开发出类似于网络视频聊天的 Web 应用。这些 API 可分成 Network Stream API、RTCPeerConnection、Peer-to-peer Data API 等。例如，MediaStream 用来表示一个媒体数据流；MediaStreamTrack 在浏览器中表示一个媒体源；RTCPeerConnection 代表一个 RTCPeerConnection 对象，允许用户在两个浏览器之间直接通信；RTCIceCandidate 表示一个 ICE 协议的候选者；RTCIceServer 表示一个 ICE Server；DataChannel 表示数据通道，该接口表示一个在两个节点之间的双向的数据通道。

（3）WebRTC Native C++ API，即本地 C++ API 层，使浏览器厂商可以很容易地实现 WebRTC 标准的 Web API，抽象地对数字信号进行处理。

（4）Transport/Session，即传输/会话层组件，采用了 libjingle 库的部分组件，无须使用 xmpp/jingle 协议。

（5）Voice Engine，即声频引擎，包含一系列声频多媒体处理的框架，包括从视频采集卡到网络传输端等整个解决方案。VoiceEngine 是 WebRTC 极具价值的技术之一，是谷歌公司收购 GIPS 公司后开源的，主要技术包括：iSAC(Internet Speech Audio Codec)，针对 VoIP 和声频流的宽带和超宽带声频编解码器，是 WebRTC 声频引擎默认的编解码器；

iLBC(Internet Low Bitrate Codec)是 VoIP 声频流的窄带语音编解码器；NetEQ for Voice 是针对声频软件实现的语音信号处理元件，NetEQ 算法是自适应抖动控制算法及语音包丢失隐藏算法，使其能够快速且高解析度地适应不断变化的网络环境，确保音质优美且缓冲延迟最小，它是 GIPS 公司独步天下的技术，能够有效地处理在网络抖动和语音包丢失时对语音质量产生的影响，NetEQ 也是 WebRTC 中一个极具价值的技术，对于提高 VoIP 质量有明显效果，加以 AEC/NR/AGC 等模块集成使用，效果更好；AEC（Acoustic Echo Canceler）即回声消除器，是一个基于软件的信号处理元件，能实时地去除话筒采集到的回声；NR(Noise Reduction)即噪声抑制，也是一个基于软件的信号处理元件，用于消除与相关 VoIP 的某些类型的背景噪声（如嘶嘶声、风扇噪声等）。

（6）Video Engine，即 WebRTC 视频处理引擎，是一系列视频处理的整体框架，从摄像头采集视频到视频信息网络传输再到视频显示等整个完整过程的解决方案，主要包括 VP8/VP9 视频图像编解码器，是 WebRTC 视频引擎默认的编解码器，适合实时通信应用场景，因为它主要是针对低延时而设计的编解码器。VPx 编解码器是谷歌公司收购 ON2 公司后开源的，VPx 现在是 WebM 项目的一部分，而 WebM 项目是谷歌公司致力于推动的 HTML5 标准之一；Video Jitter Buffer，即频抖动缓冲器，可以降低由于视频抖动和视频信息包丢失带来的不良影响；Image Enhancements，即图像质量增强模块，对网络摄像头采集到的图像进行处理，包括明暗度检测、颜色增强、降噪处理等功能，用来提升视频质量。

7.7.2 视频分析

WebRTC 的视频部分，主要包含采集、编解码(I420/VP8)、加密、媒体文件、图像处理、显示、网络传输与流控(RTP/RTCP)等功能。

1. 视频采集（video_capture）

在 Windows 平台上，WebRTC 采用的是 dshow 技术，实现枚举视频的设备信息和视频数据的采集，可以支持大多数视频采集设备；对那些需要单独驱动程序的视频采集卡（例如海康高清卡）就无能为力了。视频采集支持多种媒体类型，例如 I420、YUY2、RGB、UYVY 等，并可以进行帧大小和帧率控制。

2. 视频编解码（video_coding）

WebRTC 采用 I420/VP8 编解码技术。VP8 是谷歌公司收购 ON2 公司后的开源实现，并且也用在 WebM 项目中。VP8 能以更少的数据提供更高质量的视频，特别适合视频会议这样的需求。

3. 视频加密（video_engine_encryption）

视频加密是 WebRTC 的 video_engine 一部分，相当于视频应用层面的功能，给点对点的视频双方提供了数据上的安全保证，可以防止在 Web 上视频数据的泄露。视频加密在发送端和接收端进行加解密视频数据，密钥由视频双方协商，代价是会影响视频数据处理的性能，也可以不使用视频加密功能，这样在性能上会好些。视频加密的数据源可能是原始的数据流，也可能是编码后的数据流。估计是编码后的数据流，这样加密代价会小一些，需要进一步研究。

4．视频媒体文件（media_file）

功能是可以用本地文件作为视频源，有点类似虚拟摄像头的功能。另外，WebRTC 还可以录制音视频并将文件保存到本地，是比较实用的功能。

5．视频图像处理（video_processing）

视频图像处理针对每一帧的图像进行处理，包括明暗度检测、颜色增强、降噪处理等功能，用来提升视频质量。

6．视频显示（video_render）

在 Windows 平台，WebRTC 采用 direct3d9 和 directdraw 的方式来显示视频，以此来提高渲染性能。

7．网络传输与流控

对于网络视频来讲，数据的传输与控制是核心价值，WebRTC 采用的是成熟的 RTP/RTCP 技术。

7.7.3 声频分析

WebRTC 的声频部分，包含设备、编解码（iLIBC/iSAC/G722/PCM16/RED/AVT/NetEQ）、加密、声音文件、声音处理、声音输出、音量控制、音视频同步、网络传输与流控（RTP/RTCP）等功能。

1．声频设备——audio_device

在 Windows 平台上，WebRTC 采用的是 Windows Core Audio 和 Windows Wave 技术来管理声频设备，还提供了一个混音管理器。

利用声频设备，可以实现声音输出和音量控制等功能。

2．声频编解码——audio_coding

WebRTC 采用 iLIBC/iSAC/G722/PCM16/RED/AVT 编解码技术，还提供 NetEQ 功能，即抖动缓冲器及丢包补偿模块，能够提高音质，并把延迟减至最小。另外一个核心功能是基于语音会议的混音处理。

3．声音加密——voice_engine_encryption

和视频一样，WebRTC 也提供声音加密功能。

4．声音文件

该功能可以用本地文件作为声频源，支持的格式有 PCM 和 WAV。同样，WebRTC 也可以录制声频并将文件保存到本地。

5．声音处理——audio_processing

声音处理针对声频数据进行处理，包括回声消除（AEC）、AECM、自动增益（AGC）、降噪（NS）、静音检测（VAD）处理等功能，用来提升声音质量。

6．网络传输与流控

和视频一样，WebRTC 采用的是成熟的 RTP/RTCP 技术。

7.7.4　浏览器支持

WebRTC 支持以下浏览器的不同版本。

(1) PC 端，包括 Google Chrome 23、Mozilla Firefox 22、Opera 18、Safari 11 等。

(2) Android 端，包括 Google Chrome 28、Mozilla Firefox 24、Opera Mobile 12、Google Chrome OS、Firefox OS 等。

(3) iOS 11 及以上。

7.7.5　组成部分

WebRTC 主要包括以下组成部分。

(1) 视频引擎：Video Engine。

(2) 音效引擎：Voice Engine。

(3) 会议管理：Session Management。

(4) iSAC：音效压缩。

(5) VP8：谷歌公司自家的 WebM 项目的视频编解码器。

(6) APIs：Native C++ API、Web API 等。

7.7.6　重要 API

WebRTC 原生 APIs 文件基于 WebRTC 规格书撰写而成，可分成 Network Stream API、RTCPeerConnection、Peer-to-peer Data API 这 3 类。

(1) Network Stream API，主要包括 MediaStream 和 MediaStreamTrack 等。

(2) RTCPeerConnection，该对象允许用户在两个浏览器之间直接通信；RTCIceCandidate 表示一个 ICE 协议的候选者；RTCIceServer 表示一个 ICE Server。

(3) Peer-to-peer Data API，该接口表示一个在两个节点之间的双向的数据通道。

第 8 章 Live555 搭建直播平台

Live555 是一个开源项目,是一个为流媒体提供解决方案的跨平台的 C++ 开源项目,实现了对标准流媒体传输协议(如 RTP/RTCP、RTSP、SIP 等)的支持。Live555 实现了对多种音视频编码格式的音视频数据的流化、接收和处理等的支持,包括 MPEG、H.263+、DV、JPEG 视频和多种声频编码。总之,该开源项目的代码可以应用到实时视频流传输、接收、处理等操作。

8.1 Live555 简介

Live555 是一个开源项目,是一个为流媒体提供解决方案的跨平台的 C++ 开源项目,它的官网为 http://www.live555.com/,源代码地址为 http://www.live555.com/liveMedia/public/。

Live555 已经被用于实现多款播放器的流媒体播放功能,如 VLC(VideoLan)、MPlayer。它是一个实现了 RTSP 的开源流媒体框架,包含 RTSP 服务器端的实现及 RTSP 客户端的实现。它可以将多种格式的视频文件或者声频文件转换成视频流或者声频流在网络中通过 RTSP 分发传播,这便是流媒体服务器最核心的功能。

经过 Live555 流化后的视频流或者声频流可以通过实现了标准 RTSP 的播放器(如 VLC)来播放。读者自行下载源码后解压,便可得到相应的目录结构,lib 目录是编译后产生的目录,如图 8-1 所示。

图 8-1 Live555 源码目录结构

8.1.1　Live555 实现本地视频推流

mediaServer 目录中包含 Live555 流媒体服务器的标准示例程序，双击 live555MediaServer.exe 后就会运行该程序。在 mediaServer 目录中放入媒体文件，如 test.mp3，在 VLC 播放器中选择"媒体"→"打开网络串流"，然后输入 rtsp://127.0.0.1:8554/test.mp3 就可以播放 test.mp3 文件了。

注意：端口号 8554 是笔者配置的，读者要改为自己源码中的端口号。另外，媒体文件需要与 live555MediaServer.exe 放到同一个目录下。

8.1.2　openRTSP 客户端流程

openRTSP 是一个命令行程序，它可以用来打开、流化、接收并且录制指定的 RTSP 视频链接媒体流，如 rtsp://开头的 URL。它的工作原理及步骤如下：

（1）创建 TaskScheduler 和 BasicUsageEnvironment 类。
（2）命令行解析，获取流媒体地址和其他选项。
（3）创建 RTSPClient 对象。
（4）如果需要，则 RTSPClient 对象会发送 OPTIONS 命令并解析服务器端响应，用于获取可以使用的命令集。
（5）RTSPClient 对象可发送 DESCRIBE 命令，并从服务器端的反馈中获取流媒体相关描述 SDP 字串。
（6）创建 MediaSession 对象，解析 SDP 字串，创建相应的子会话对象。在这个过程中还完成了 RTP 和 RTCP 通信所使用的 GroupSock 对象的创建，包括协议和端口的选择。
（7）根据流媒体的不同类型，实例化具体的 RTP 会话的 Source 和 Sink 对象。
（8）RTSPClient 对象可发送 SETUP 和 PLAY 命令，服务器端开始传输流媒体数据。
（9）TaskScheduler 开始事件处理循环，通过 select 监听数据包是否到达并调用注册函数进行处理。

8.2　Live555 源码编译

编译 Live555 的源码主要包括 Windows 和 Linux 平台，下面分别进行介绍。

8.2.1　Live555 在 Ubuntu 下的源码编译

Linux 环境下编译 Live555 的源码比较简答，具体步骤如下：

（1）下载源码，网址为 http://www.live555.com/liveMedia/public/，可以选择一个较新版本下载。读者也可以从其他途径下载自己想要的版本。

（2）编译源码，将下载的源码放到 Linux 环境下，使用 tar 命令解压源码包便可得到 live 文件夹，然后进入 live 目录下，代码如下：

```
cd live/
```

使用下面的命令来生成makefile,代码如下:

```
./genMakefiles Linux
```

然后使用make命令编译,代码如下:

```
make
```

(3) RTSP推流体验,编译后在live/mediaServer下会生成live555MediaServer,将一个.264测试视频文件复制到/live/mediaServer下,然后开启Live555服务器,代码如下:

```
./live555MediaServer
```

(4) Windows下打开VLC播放,选择"媒体"→"打开网络串流",输入播放IP地址,笔者的IP地址为rtsp://192.168.2.212:8554/slamtv60.264,如图8-2所示。

图8-2 VLC打开网络RTSP流

注意:192.168.2.212为Ubuntu系统的IP地址,slamtv60.264为测试文件。

然后单击"播放"按钮,播放成功,如图8-3所示。

8.2.2 Live555在Windows 10下的源码编译

Windows环境下编译Live555的源码相对比较烦琐,这里介绍使用VS 2019进行编译的步骤。

1. 下载源码

下载源码,网址为http://www.live555.com/liveMedia/public/,可以选择一个较新版本下载,如图8-4所示。读者也可以从其他途径下载自己想要的版本。

264文件夹下是264格式的测试文件,单击live555-latest.tar.gz进行下载,下载的文件是一个压缩包,解压即可。

注意:笔者将对应的Live555压缩文件放到了百度网盘,链接地址为https://pan.

图 8-3　VLC 播放 Live555 推送的视频流

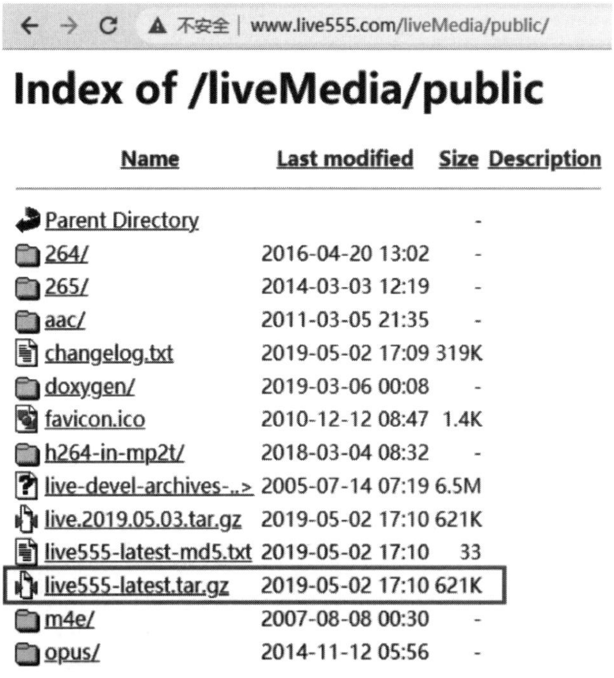

图 8-4　Live555 的源码下载

baidu.com/s/1R8IXcBmXlcZMM4szo_YWtQ，提取码为 r0zr。

2．编译 4 个常用的库

在 VS 2019 中创建 BasicUsageEnvironment、UsageEnvironment、groupsock、liveMedia

共 4 个项目。

（1）打开 VS 2019，选择"创建新项目"，如图 8-5 所示。

图 8-5　VS 2019 创建新项目

（2）在"语言"处选择 C++，选择"Windows 桌面向导"，单击"下一步"按钮，如图 8-6 所示。

图 8-6　VS 2019 创建 C++桌面程序

(3) 输入项目名称 BasicUsageEnvironment，解决方案名称可以任意填，这里填写 MyLive555，单击"创建"按钮，如图 8-7 所示。

图 8-7　VS 2019 填写项目名称

(4) 在弹出的 Windows 桌面项目窗口的"应用程序类型"中选择"静态库(.lib)"，在"其他选项"中勾选"空项目"，单击"确定"按钮，如图 8-8 所示。

图 8-8　VS 2019 配置静态库

（5）创建过程如图 8-9 所示。

图 8-9　VS 2019 创建项目的等待过程

（6）创建结果在"解决方案资源管理器"中，如图 8-10 所示。

图 8-10　VS 2019 创建的新项目 BasicUsageEnvironment

（7）用同样的方法添加 UsageEnvironment、groupsock、liveMedia 这 3 个项目，结果如图 8-11 所示。

至此，在 MyLive555 解决方案下共有 4 个项目，分别是 BasicUsageEnvironment、UsageEnvironment、groupsock、liveMedia。

3. 在 VS 2019 中创建 mediaServer 项目

在 VS 2019 中依次单击"文件"→"添加"→"新建项目"，选择"Windows 桌面向导"，项目名称填写 mediaServer，单击"创建"按钮，在弹出的 Windows 桌面项目的应用程序类型中选择"控制台应用程序（.exe）"，其他选项勾选"空项目"，单击"确定"按钮，结果如图 8-12 所示。

第 8 章　Live555 搭建直播平台　195

图 8-11　VS 2019 创建的其他 3 个新项目

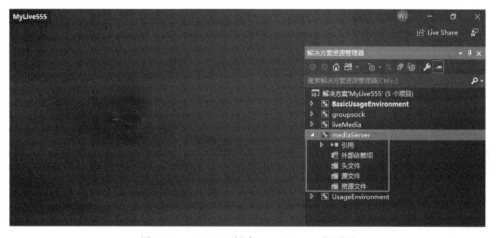

图 8-12　VS 2019 创建 mediaServer 新项目

现在在解决方案 MyLive555 下共有 5 个项目，与下载的源码中的库文件名相对应，如图 8-13 所示。

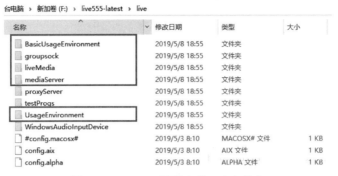

图 8-13　Live555 源码中的 5 个文件夹

4．将源文件加入工程

（1）将下载的 BasicUsageEnvironment 中的源文件加入 VS 2019 中对应的 BasicUsageEnvironment 工程中。首先在下载的 Live555 源码中的 BasicUsageEnvironment 下查看文件，如图 8-14 所示。

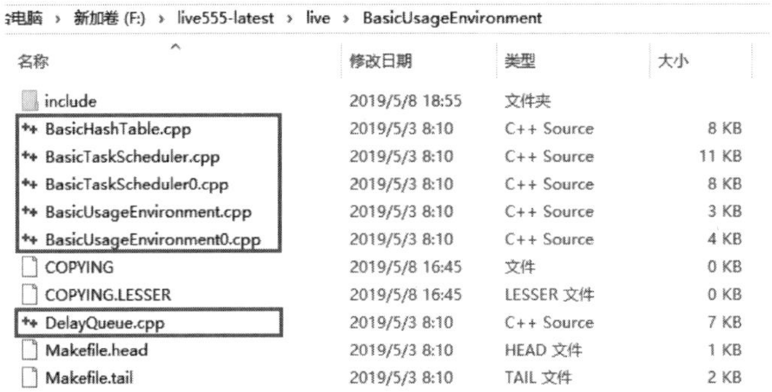

图 8-14　BasicUsageEnvironment 中的 .cpp 源文件

（2）查看 include 文件夹中的文件，如图 8-15 所示。

图 8-15　BasicUsageEnvironment 中的 .hh 头文件

（3）在 VS 2019 中的 BasicUsageEnvironment 项目处右击，选择"在文件资源管理器中打开文件夹"，如图 8-16 所示。

（4）单击"在文件资源管理器中打开文件夹"菜单，显示结果如图 8-17 所示。

图 8-16　打开 BasicUsageEnvironment 项目对应的文件夹

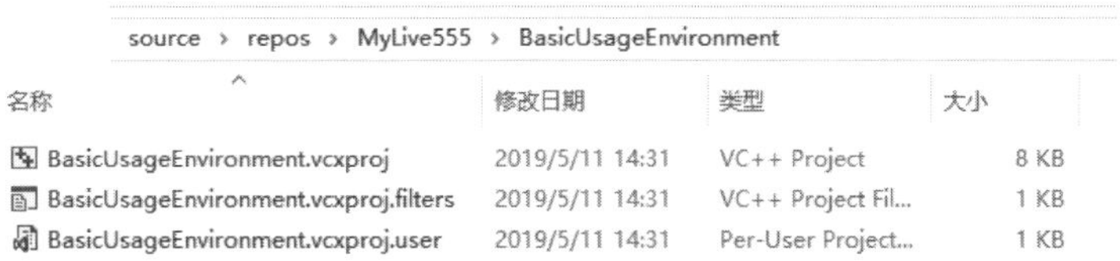

图 8-17　BasicUsageEnvironment 文件夹下的文件

（5）将 BasicUsageEnvironment 目录下的 include 目录、.cpp 文件、.c 文件、.hh 和 .h 文件复制到工程目录下，如图 8-18 所示。

复制成功后的 BasicUsageEnvironment 工程目录文件夹如图 8-19 所示。

（6）用同样的方法将 UsageEnvironment、groupsock、liveMedia、mediaServer 目录下的 include 目录、.cpp 文件、.c 文件、.hh 和 .h 文件复制到对应的工程目录下，如图 8-20 所示。

（7）由于 liveMedia 下的文件较多，复制过程中应先在下载的 liveMedia 文件夹中使用快捷键 Ctrl＋A 全部选中文件，再按 Ctrl 键单击以下 4 个文件，如图 8-21 所示。这样就可以把剩余的文件全部选中，再进行复制操作。

图 8-18 复制 BasicUsageEnvironment 文件夹下的文件

图 8-19 复制成功后的 BasicUsageEnvironment 工程目录

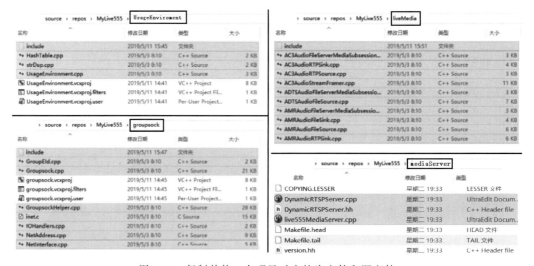

图 8-20 复制其他 4 个项目对应的头文件和源文件

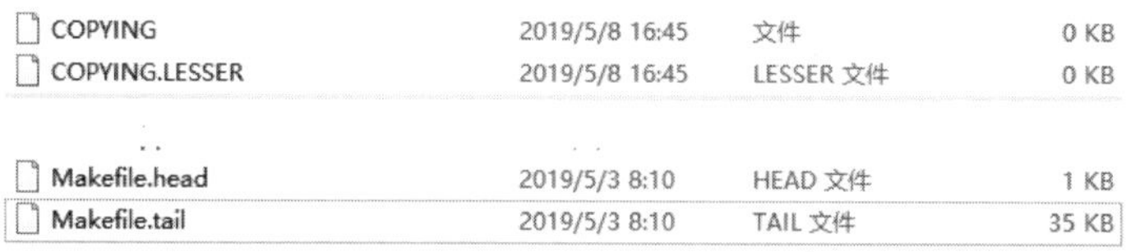

图 8-21 复制 liveMedia 项目下的头文件和源文件

5. 将每个工程中复制好的文件添加进对应的工程中

首先将每个工程的 include 下的头文件添加到"头文件筛选器",再将所有.cpp、.c 文件添加到"源文件筛选器"下。

(1) 先对 BasicUsageEnvironment 工程进行操作,在 VS 2019 中 BasicUsageEnvironment 工程下面的"头文件"处右击,选择"添加"→"现有项",如图 8-22 所示。

图 8-22 BasicUsageEnvironment 项目添加现有项

(2) 选择之前复制过来的 BasicUsageEnvironment 文件夹下的 include 文件夹下的所有文件,单击"添加",如图 8-23 所示。

(3) 这样对应的头文件就被添加进来了,如图 8-24 所示。

(4) 对在 VS 2019 中 BasicUsageEnvironment 工程下面的"源文件"处右击,选择"添加"→"现有项"。

(5) 选择之前复制过来的 BasicUsageEnvironment 文件夹下除了 include 文件夹下.vcxproj、.filters 和.user 文件之外的所有.cpp、.c 文件,单击"添加",如图 8-25 所示。

(6) VS 2019 中 BasicUsageEnvironment 项目添加完毕后的结果如图 8-26 所示。

(7) 按照同样的方法将其他 4 个工程复制好的文件添加进对应的工程中,如图 8-27 所示。

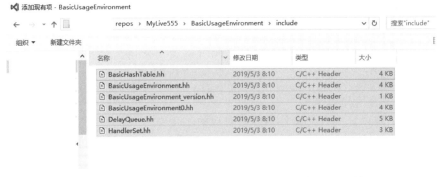

图 8-23　BasicUsageEnvironment 项目需要添加的头文件

图 8-24　BasicUsageEnvironment 项目添加成功后的头文件

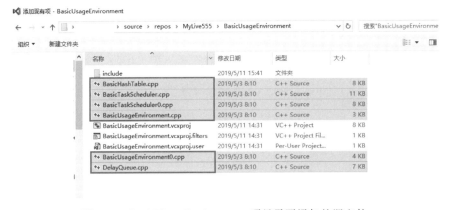

图 8-25　BasicUsageEnvironment 项目需要添加的源文件

图 8-26　BasicUsageEnvironment 项目
添加成功后的源文件

图 8-27　为其他 4 个项目添加头文件和源文件

6．为每个项目添加依赖头文件

（1）以 BasicUsageEnvironment 项目为例，在 VS 2019 中的 BasicUsageEnvironment 项目处右击，选择"属性"。

（2）在 BasicUsageEnvironment 属性页的"配置属性"→"常规"→"输出目录"中填写内容，代码如下：

```
$(SolutionDir)$(Configuration)\lib\
```

未修改前默认的输出目录如下：

```
$(SolutionDir)$(Configuration)\
```

显示结果如图 8-28 所示。

注意：这里的 lib 文件夹会自动生成，这样填写完全是为了在最后 mediaServer 的属性页的"链接器"→"常规"→"附加库目录"中操作方便。

（3）通过单击"输出目录"右侧对应的倒三角按钮选择"编辑"，可以看到对应的输出目录，如图 8-29 所示。

（4）在 BasicUsageEnvironment 属性页的"C/C++"→"常规"→"附加库目录"中输入下面 4 项，代码如下：

```
..\BasicUsageEnvironment\include;..\groupsock\include;..\liveMedia\include;..\UsageEnvironment\include
```

注意：将这 4 个全部包含在内只是为了方便，相互之间的关系可以不用考虑。

显示结果如图 8-30 所示。

图 8-28　为项目修改输出目录

图 8-29　修改后的输出目录

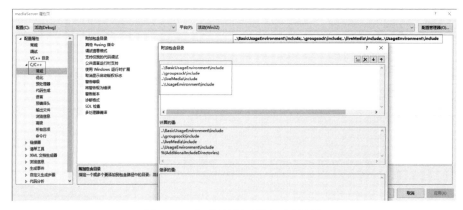

图 8-30　为项目添加"附加库目录"

(5)单击"附加包含目录"那行最右侧的倒三角形按钮,选择"编辑",如图 8-31 所示。

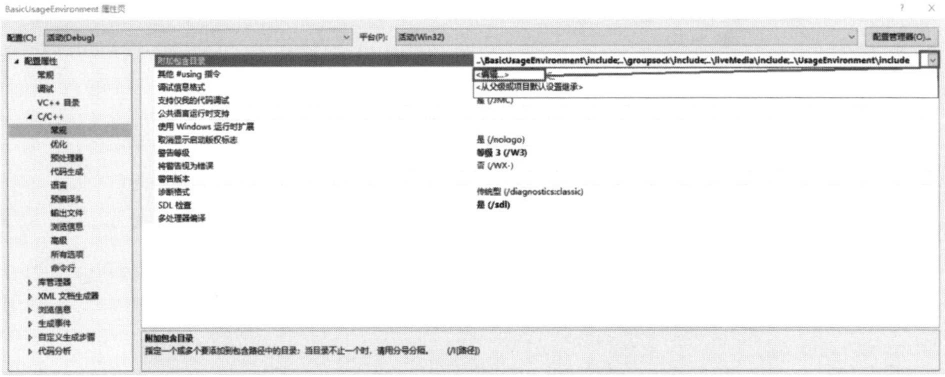

图 8-31 为项目添加"附加包含目录"

(6)在弹出的"附加包含目录"面板中勾选"从父级或项目默认设置继承"复选框,如图 8-32 所示。然后连续单击"确定"按钮返回即可。

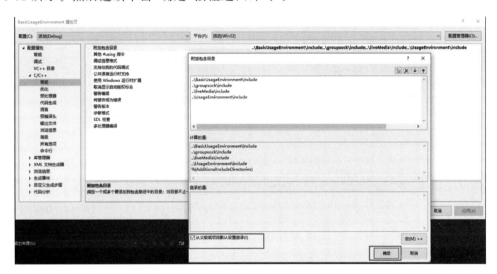

图 8-32 勾选"从父级或项目默认设置继承"

(7)采用同样的方法对剩余的 UsageEnvironment、groupsock 和 liveMedia 这 3 个项目进行设置。

(8)mediaServer 项目中的属性页的"配置属性"→"常规"→"输出目录"不用改写,选择默认即可。在 C/C++→"常规"→"附加包含目录"中同样输入:

..\BasicUsageEnvironment\include;..\groupsock\include;..\liveMedia\include;..\UsageEnvironment\include

别忘记勾选"从父级或项目默认设置继承"。

（9）从 mediaServer 属性页的"链接器"→"常规"→"附加库目录"填入：

```
$(SolutionDir)$(Configuration)\lib\
```

这个目录是前面 4 个工程设置的"配置属性"→"常规"→"附加库目录"，同样别忘记勾选"从父级或项目默认设置继承"，如图 8-33 所示。

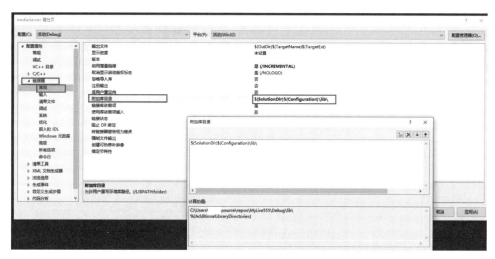

图 8-33　为 mediaServer 项目添加"附加库目录"

（10）mediaServer 属性页的"链接器"→"输入"，如图 8-34 所示，这里需要填入 5 项，代码如下：

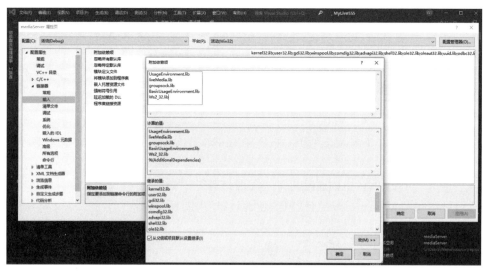

图 8-34　为 mediaServer 项目添加 lib 附加项

```
//chapter8/mediaserver-libs.txt
UsageEnvironment.lib
liveMedia.lib
groupsock.lib
BasicUsageEnvironment.lib
Ws2_32.lib
```

一定要有 Ws2_32.lib 文件,否则编译生成时会报错,依次单击"确定"按钮返回即可。

7. 分别编译生成

先编译 BasicUsageEnvironment、groupsock、liveMedia、UsageEnvironment 这 4 个工程,最后编译 mediaServer 这个工程。在 VS 2019 中对应的项目处右击,选择"生成"。

(1) BasicUsageEnvironment 生成成功,如图 8-35 所示。

图 8-35　BasicUsageEnvironment 项目编译成功

(2) 生成 groupsock 时遇到问题,主要有两个错误和 1 个警告,代码如下:

```
//chapter8/groupsock-error.txt
#错误1:
error C4996: 'sprintf': This function or variable may be unsafe. Consider using sprintf_s
instead. To disable deprecation, use _CRT_SECURE_NO_WARNINGS.See online help for details.

#错误2:
error C4996: 'gethostbyname': Use getaddrinfo() or GetAddrInfoW() instead or define _WINSOCK_
DEPRECATED_NO_WARNINGS to disable deprecated API warnings

#警告1:
\source\repos\MyLive555\groupsock\GroupsockHelper.cpp(840): warning C4244:"=":从"time_t"
转换到"long",可能丢失数据
```

针对上面的问题,更改预处理定义,在 VS 2019 中的 groupsock 处右击,选择"属性"→
"C/C++"→"预处理器"→"预处理器定义"后增加两项,如图 8-36 所示,代码如下:

```
_CRT_SECURE_NO_WARNINGS
_WINSOCK_DEPRECATED_NO_WARNINGS
```

图 8-36 groupsock 项目添加预处理项

然后依次单击"确定"按钮,返回即可。对于警告,不用处理。在 VS 2019 中的 groupsock 工程处右击并选择"重新生成",此时可以生成成功,如图 8-37 所示。

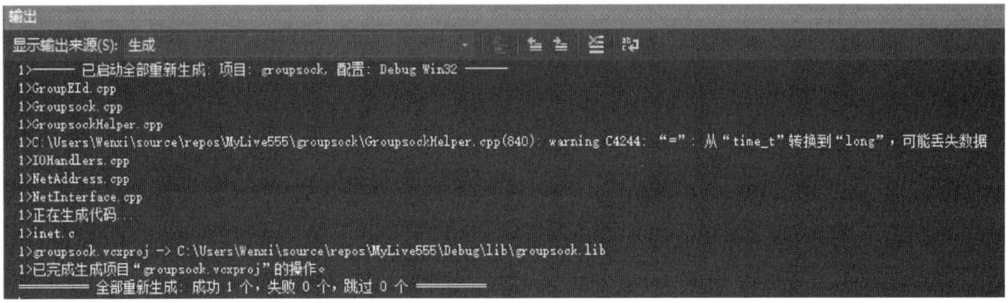

图 8-37 groupsock 项目编译成功

(3)生成 liveMedia 时会遇到同样的问题,按照上述办法修复即可,生成成功后,如图 8-38 所示。

图 8-38 liveMedia 项目编译成功

（4）UsageEnvironment 生成成功，如图 8-39 所示。

图 8-39　UsageEnvironment 项目编译成功

（5）mediaServer 生成时遇到错误，在 mediaServer"属性"→C/C++→"预处理器"→"预处理器定义"中增加 1 个预处理项，如图 8-40 所示，代码如下：

_CRT_SECURE_NO_WARNINGS

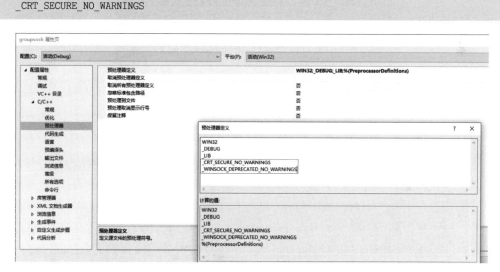

图 8-40　mediaServer 项目添加预处理器

重新生成就可以成功了，如图 8-41 所示。

图 8-41　mediaServer 项目编译成功

8．播放测试

（1）在 VS 2019 中的 mediaServer 项目处右击，选择"设为启动项目"，如图 8-42 所示。

（2）在 VS 2019 中，按下键盘中的 F5 键便可开始调试，可以看到弹出的 mediaServer.exe 命令行窗口，如图 8-43 所示。

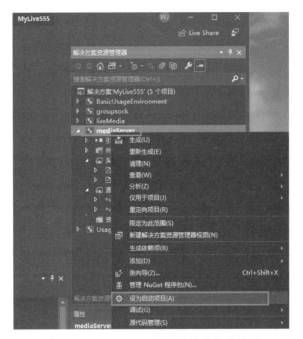

图 8-42　mediaServer 项目设置为启动项目

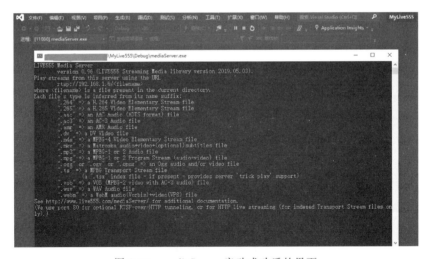

图 8-43　mediaServer 启动成功后的界面

（3）在 VS 2019 的"解决方案资源管理器"中的 mediaServer 工程处右击，选择"在文件资源管理器中打开文件夹"，将测试文件 test.264 复制到打开的文件夹中，如图 8-44 所示。

（4）下载 test.264 文件，可在 Live555 官网下载，笔者将该文件分享到了百度网盘，下载链接为 https://pan.baidu.com/s/10aU3EzUrhEcW4oxhUGThFA，提取码为 pv76。

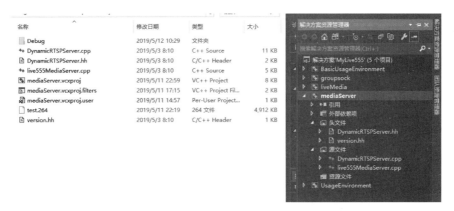

图 8-44　将 test.264 复制到 mediaServer 项目源码路径下

（5）打开 VLC 播放器，选择"媒体"→"打开网络串流"，在"网络"下面的"请输入网络 URL"中输入点播地址，笔者在这里输入 rtsp://192.168.1.6/test.264，如图 8-45 所示。

图 8-45　在 VLC 中输入网络 URL

然后单击"播放"按钮，可以正常播放测试文件 test.264，如图 8-46 所示。

图 8-46　VLC 播放 test.264 的 RTSP 串流

8.3 Live555 点播服务器流程分析

Live555 的源码中提供了一个简单的点播服务器,可以参考 testProgs 目录下的 testOnDemandRTSPServer.cpp 文件,如图 8-47 所示。它可以点播各种媒体文件类型,这里主要分析 .264 类型文件。

图 8-47　testProgs 目录下的 testOnDemandRTSPServer.cpp 文件

把其他类型的源码使用 #if 0…#endif 进行屏蔽,这样不相关的代码就可以省略不看,也显得简洁了很多,代码如下:

```cpp
//chapter8/testProgs/testOnDemandRTSPServer.cpp
int main(int argc, char ** argv) {           //也可以在 Live555 源码目录下找到该文件
  //Begin by setting up our usage environment
  //创建任务调度器,创建使用环境
  TaskScheduler * scheduler = BasicTaskScheduler::createNew();
  env = BasicUsageEnvironment::createNew( * scheduler);

  UserAuthenticationDatabase * authDB = NULL;
#ifdef ACCESS_CONTROL
  //To implement client access control to the RTSP server, do the following
  authDB = new UserAuthenticationDatabase;
  authDB -> addUserRecord("username1", "password1");         //请用真实的用户名和密码替换
  //Repeat the above with each < username >, < password > that you wish to allow
  //access to the server
#endif

  //Create the RTSP server:创建 RTSP 服务器的实例
  RTSPServer * rtspServer = RTSPServer::createNew( * env, 8554, authDB);
  if (rtspServer == NULL) {
    * env <<"Failed to create RTSP server: "<< env -> getResultMsg() <<"\n";
    exit(1);
  }

  char const * descriptionString
```

```cpp
        = "Session streamed by \"testOnDemandRTSPServer\"";
    //设置RTSP服务器可以服务的每个可能的流。每个这样的流都是使用ServerMediaSession对象
    //实现的,加上每个声频/视频子流的一个或多个ServerMediaSubsession对象
    //A H.264 video elementary stream:处理H.264裸流
    {
        //gxq 流名字,媒体名
        char const* streamName = "h264ESVideoTest";
        //gxq 文件名,当客户端请求h264ESVideoTest时,实际上打开的是test.264文件
        char const* inputFileName = "test.264";

        //创建一个会话
        ServerMediaSession* sms
            = ServerMediaSession::createNew(*env, streamName, streamName,
                          descriptionString);

        //在会话中添加一个视频流子会话
        sms->addSubsession(H264VideoFileServerMediaSubsession
                ::createNew(*env, inputFileName, reuseFirstSource));

        //gxq 将此会话加入哈希表fServerMediaSessions中
        rtspServer->addServerMediaSession(sms);

        announceStream(rtspServer, sms, streamName, inputFileName);
    }

    if (rtspServer->setUpTunnelingOverHTTP(80) || rtspServer->setUpTunnelingOverHTTP(8000)
        || rtspServer->setUpTunnelingOverHTTP(8080)) {
        *env <<"\n(We use port "<< rtspServer->httpServerPortNum() <<" for optional RTSP-over
-HTTP tunneling.)\n";
    } else {
        *env <<"\n(RTSP-over-HTTP tunneling is not available.)\n";
    }

    //gxq 执行循环方法,对sock的读取任务和对媒体文件的延时发送操作都在这个循环中
    env->taskScheduler().doEventLoop();         //开启消息循环

    return 0; //only to prevent compiler warning
}
```

下面开始详细介绍代码原理及流程。

(1) 首先建立一个任务调度器,并使用该调度器创建一个全局的环境对象,BasicTaskScheduler父类BasicTaskScheduler0中包含一个sock任务双向链表成员变量HandlerSet,后面对sock的处理主要是处理此链表,代码如下:

```cpp
//chapter8/testProgs/testOnDemandRTSPServer.cpp
TaskScheduler* scheduler = BasicTaskScheduler::createNew();
env = BasicUsageEnvironment::createNew(*scheduler);
//To implement background reads
//gxq 一个双向链表,用于保存 sock 相关任务,SingleStep 循环中主要对此链表进行操作
HandlerSet* fHandlers;
int fLastHandledSocketNum;
```

(2) 下面开始正式创建一个服务对象,代码如下:

```cpp
//chapter8/testProgs/testOnDemandRTSPServer.cpp
//Create the RTSP server:端口号指定为 8554
RTSPServer* rtspServer = RTSPServer::createNew(*env, 8554, authDB);
if (rtspServer == NULL) {
    *env <<"Failed to create RTSP server: "<< env->getResultMsg() <<"\n";
    exit(1);
}
```

(3) 在创建服务器对象的同时,创建了监听套接字,并将 socket 与相关处理连接函数放入 sock 任务链表 fHandlers 中。分析一下 RTSPServer::createNew()函数,代码如下:

```cpp
//chapter8/testProgs/testOnDemandRTSPServer.cpp
RTSPServer*
RTSPServer::createNew(UsageEnvironment& env, Port ourPort,
            UserAuthenticationDatabase* authDatabase,
            unsigned reclamationSeconds) {
  int ourSocket = setUpOurSocket(env, ourPort);        //gxq 使用 groupsockHelper 创建监听 sock
  if (ourSocket == -1) return NULL;

  //gxq 在父类 GenericMediaServer 的构造函数中完成 sock 与处理监听函数的映射,加入 sock 任务
  //队列
  return new RTSPServer(env, ourSocket, ourPort, authDatabase, reclamationSeconds);
}
```

(4) 分析发现,在 createNew()函数中,创建了监听套接字 ourSocket,继续往下看 RTSPServer 的构造函数,代码如下:

```cpp
//chapter8/testProgs/testOnDemandRTSPServer.cpp
RTSPServer::RTSPServer(UsageEnvironment& env,
            int ourSocket, Port ourPort,
            UserAuthenticationDatabase* authDatabase,
            unsigned reclamationSeconds)
  : GenericMediaServer(env, ourSocket, ourPort, reclamationSeconds),
    fHTTPServerSocket(-1), fHTTPServerPort(0),
```

```
        fClientConnectionsForHTTPTunneling(NULL), //will get created if needed
        fTCPStreamingDatabase(HashTable::create(ONE_WORD_HASH_KEYS)),
        fPendingRegisterOrDeregisterRequests(HashTable::create(ONE_WORD_HASH_KEYS)),
        fRegisterOrDeregisterRequestCounter(0), fAuthDB(authDatabase),
    fAllowStreamingRTPOverTCP(True) {
}
```

（5）分析发现，其构造函数调用了父类 GenericMediaServer 的构造函数，继续往下看一看 GenericMediaServer 的构造函数，代码如下：

```
//chapter8/testProgs/testOnDemandRTSPServer.cpp
GenericMediaServer
::GenericMediaServer(UsageEnvironment& env, int ourSocket, Port ourPort,
            unsigned reclamationSeconds)
  : Medium(env),
    fServerSocket(ourSocket), fServerPort(ourPort),
    fReclamationSeconds(reclamationSeconds),
    fServerMediaSessions(HashTable::create(STRING_HASH_KEYS)),
    fClientConnections(HashTable::create(ONE_WORD_HASH_KEYS)),
    fClientSessions(HashTable::create(STRING_HASH_KEYS)) {
  ignoreSigPipeOnSocket(fServerSocket); //so that clients on the same host that are killed don't also
//kill us

  //Arrange to handle connections from others
  //gxq 将 sock 任务加入任务队列,当监听到有连接请求时调用 incomingConnectionHandler
   env.taskScheduler().turnOnBackgroundReadHandling(fServerSocket, incomingConnectionHandler,
this);
}
```

（6）分析发现，在 GenericMediaServer 构造函数中调用任务调度器将监听套接字 fServerSocket 与处理函数 incomingConnectionHandler() 放入了 sock 任务队列。当服务监听到有客户端连接时会调用 incomingConnectionHandler 进行处理。

（7）继续分析发现，这个 live RTSP 服务器跟平常建立一个普通的服务器的流程没什么区别，流程都是创建 socket、绑定 bind、监听 listen、监听后使用 accept 进行处理，实际上 incomingConnectionHandler 内部调用了 accept。

（8）到这里服务器的部署基本已经完成了，但此时还没有媒体文件的信息，回到 testOnDemandRTSPServer.cpp 文件中的 main 函数，分析.264 媒体文件信息，代码如下：

```
//chapter8/testProgs/testOnDemandRTSPServer.cpp
//A H.264 video elementary stream:分析 H.264 码流
  {
    char const* streamName = "h264ESVideoTest";           //gxq 流名字,媒体名
    char const* inputFileName = "test.264";               //gxq 文件名,当客户端请求
//h264ESVideoTest 时,实际上打开的是 test.264 文件
```

```
//创建一个会话
ServerMediaSession * sms
  = ServerMediaSession::createNew( * env, streamName, streamName,
              descriptionString);

//在会话中添加一个视频流子会话
sms -> addSubsession(H264VideoFileServerMediaSubsession
          ::createNew( * env, inputFileName, reuseFirstSource));

//gxq 将此会话加入哈希表 fServerMediaSessions 中
rtspServer -> addServerMediaSession(sms);

announceStream(rtspServer, sms, streamName, inputFileName);
}
```

代码里的注释已经很详细,不再赘述。

(9)接下来服务器就已经进入等客户端连接的状态了,代码如下:

```
env -> taskScheduler().doEventLoop(); //does not return
```

(10)使用 VLC 进行测试即可。

第 9 章 EasyDarwin 搭建直播平台

EasyDarwin 是基于 Darwin Streaming Server 扩展、维护的开源流媒体服务器解决方案,高效易用,有直播、点播、服务器端录像、回放、RTP over HTTP 等多种功能。EasyDarwin 适合作为高性能、稳定的开源流媒体服务器,官网为 http://www.easydarwin.org。

4min

9.1　EasyDarwin 项目简介

EasyDarwin 是由国内开源流媒体团队维护的一款开源流媒体平台框架,2012 年 12 月创建并发展至今,从原有的单服务的流媒体服务器形式,扩展成现在的云平台架构的开源项目,更好地帮助广大流媒体开发者和创业型企业快速构建流媒体服务平台。它适用于安防视频监控、移动互联网(安卓、iOS、微信)流媒体直播与点播,适合作为流媒体视频服务器等,GitHub 项目网址为 https://github.com/EasyDarwin/EasyDarwin,目录结构如图 9-1 所示。

EasyDarwin 的编译可以参考官方文档,网址为 http://doc.easydarwin.org/EasyDarwin/README/#_1。EasyDarwin 流媒体平台整套解决方案包括以下几部分。

(1) EasyDarwin:流媒体服务。
(2) EasyCamera:开源流媒体摄像机。
(3) EasyPlayer:开源流媒体播放器。
(4) 工具库,包括 EasyHLS、EasyRTMP、EasyRTSPClient、EasyPusher、EasyAACEncoder 等。

注意:EasyDarwin 有两个私有的自定义的模块,即拉模式转发模块 EasyRelayModule 和 HLS 直播模块 EasyHLSModule。这里用到的 libEasyRTSPClient、libEasyPusher、libEasyHLS 这 3 个库文件都没有开源。

EasyDarwin 的主要功能特点如下:
(1) 支持 MP4、3GPP 等文件格式。
(2) 支持 MPEG-4、H.264 等视频编解码格式。
(3) 支持 RTSP 流媒体协议,支持 HTTP。
(4) 支持 RTP 流媒体传输协议。
(5) 支持单播和组播。

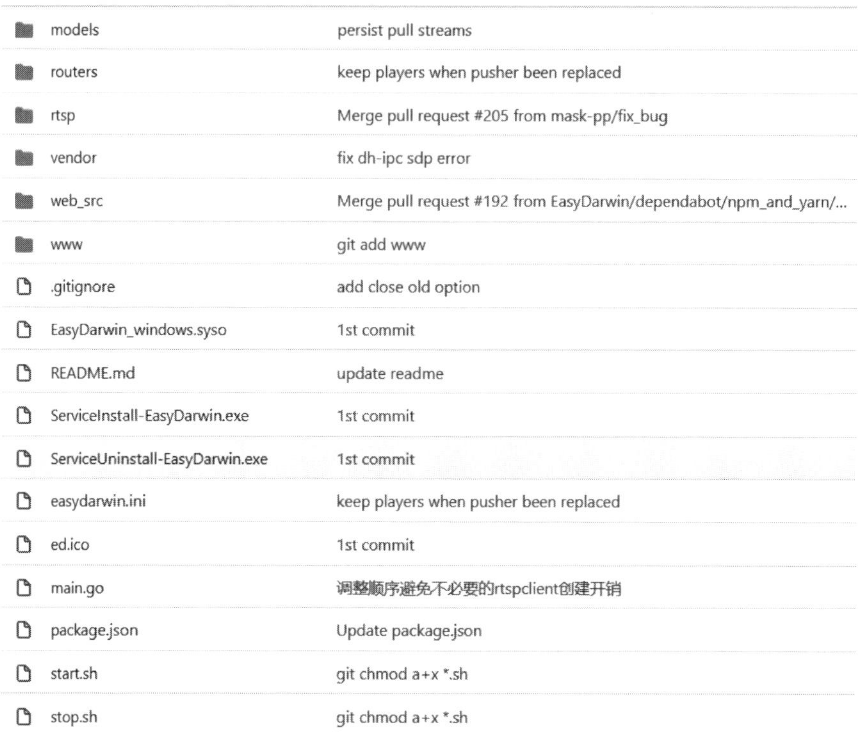

📁	models	persist pull streams
📁	routers	keep players when pusher been replaced
📁	rtsp	Merge pull request #205 from mask-pp/fix_bug
📁	vendor	fix dh-ipc sdp error
📁	web_src	Merge pull request #192 from EasyDarwin/dependabot/npm_and_yarn/...
📁	www	git add www
📄	.gitignore	add close old option
📄	EasyDarwin_windows.syso	1st commit
📄	README.md	update readme
📄	ServiceInstall-EasyDarwin.exe	1st commit
📄	ServiceUninstall-EasyDarwin.exe	1st commit
📄	easydarwin.ini	keep players when pusher been replaced
📄	ed.ico	1st commit
📄	main.go	调整顺序避免不必要的rtspclient创建开销
📄	package.json	Update package.json
📄	start.sh	git chmod a+x *.sh
📄	stop.sh	git chmod a+x *.sh

图 9-1　EasyDarwin 的目录结构

（6）支持基于 Web 的管理。

（7）具有完备的日志功能。

（8）基于 Golang 开发维护。

（9）支持 Windows、Linux、macOS 平台。

（10）支持 RTSP 推流分发（推模式转发）。

（11）支持 RTSP 拉流分发（拉模式转发）。

（12）支持服务器端录像。

（13）支持服务器端录像检索与回放。

（14）支持关键帧缓存。

（15）支持秒开画面。

（16）支持 Web 后台管理。

（17）支持分布式负载均衡。

9.1.1　主体框架

EasyDarwin 的核心服务器部分是由一个父进程所分出的一个子进程构成，该父进程构成了整个流媒体服务器。父进程会等待子进程的退出，如果在运行时子进程产生了错误而退出，则父进程就会分出一个新的子进程。可以看出，网络客户和服务器的直接对接是由核心服务器来完成的。网络客户通过 RTSPoverRTP 来发送或者接收请求。服务器通过模块来处理相应的请求并向客户端发送数据包。核心流媒体服务通过创建 4 种类型的线程来完成工作，具体如下：

（1）服务器自己拥有的主线程。当服务器需要关闭检查及在关闭之前记录状态后打印相关统计信息等任务处理时，一般通过这个线程来完成。

（2）空闲任务线程。这个任务线程用来对一个周期任务队列进行管理，主要管理两种任务，即超时任务和 Socket 任务。

（3）事件线程。套接口相关事件由事件线程负责监听，当有 RTSP 请求或者收到 RTP 数据包时，事件线程就会把这些事件交给任务线程来处理。

（4）任务线程。任务线程会把事件从事件线程中取出，并把处理请求传递到对应的服务器模块进行处理，例如把数据包发送给客户端的模块，在默认情况下，核心服务器会为每个处理器核创建一个任务线程。

9.1.2　模块分类

EasyDarwin 流媒体服务器使用模块来响应各种请求及完成任务，有以下 3 种类型的模块。

（1）内容管理模块：处理媒体源相关的 RTSP 请求与响应，通过内容管理模块来管理，每个模块都用来对客户的需求进行解释并进行相应处理。例如，读取和解析模块支持的文件，或者请求的网络源信息，并通过 RTP 等方式响应，主要包括 QTSSFileModule、QTSSReflectorModule、QTSSRelayModule、QTSSMP3StreamingModule 等。

（2）服务器支持模块：用于执行服务器数据的收集和记录功能，主要包括 QTSSErrorLogModule、QTSSAccessLogModule、QTSSWebStatsModule、QTSSWebDebugModule、QTSSAdminModule、QTSSPOSIXFileSystemModule 等。

（3）访问控制模块：用于提供鉴权和授权功能，以及对操作 URL 路径提供支持，主要包括 QTSSAccessModule、QTSSHomeDirectoryModule、QTSSHttpFileModule、QTSSSpamDefenseModule 等。

9.2　EasyDarwin 的安装部署

EasyDarwin 的安装部署比较简单，步骤如下。

（1）下载并解压 release 包，链接为 https://github.com/EasyDarwin/EasyDarwin/releases，如图 9-2 所示。

（2）Windows 平台下直接运行 EasyDarwin.exe 安装文件，按住 Ctrl＋C 组合键可以停止服务。也可以服务方式启动，双击 ServiceInstall-EasyDarwin.exe 可以安装 EasyDarwin 服务，运行 ServiceUninstall-EasyDarwin.exe 可执行文件可以卸载 EasyDarwin 服务。

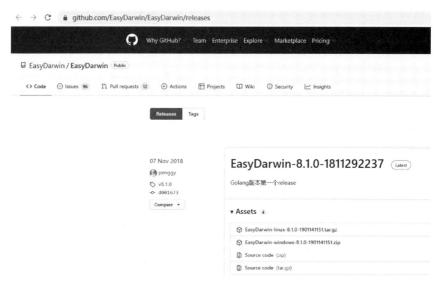

图 9-2　EasyDarwin 的下载界面

（3）Linux 系统下直接运行，命令如下：

```
cd EasyDarwin
./easydarwin
#Ctrl + C
```

在 Linux 系统下以服务启动，命令如下：

```
cd EasyDarwin
./start.sh
#./stop.sh
```

启动成功后，如图 9-3 所示。

图 9-3　EasyDarwin 的启动效果

（4）测试推流，命令如下：

```
//chapter9/ffmpeg.pushstream.txt
#以 TCP 方式推送 RTSP 流
ffmpeg -re -i C:\Users\Administrator\Videos\test.mkv -rtsp_transport tcp -vcodec libx264
-f rtsp rtsp://localhost/test

#以 UDP 方式推送 RTSP 流
ffmpeg -re -i C:\Users\Administrator\Videos\test.mkv -rtsp_transport udp -vcodec libx264
-f rtsp rtsp://localhost/test
```

注意：-re 表示以视频文件本身的帧率来推送。

也可以将本地摄像头的视频流推送到 EasyDarwin 服务器上，代码如下：

```
ffmpeg -list_devices true -f dshow -i dummy
ffmpeg -f dshow -i video="Lenovo EasyCamera" -vcodec libx264 -preset:v ultrafast -tune:
v zerolatency -f rtsp rtsp://192.168.1.201/test2
```

注意：RTSP 默认使用 UDP 传输，即-rtsp_transport udp，可以手工指定为 TCP 方式，即-rtsp_transport tcp。另外，读者应将摄像头名称改为自己机器上对应的名称。

（5）测试播放，命令如下：

```
#以 TCP 方式拉取 RTSP 流
ffplay -rtsp_transport tcp rtsp://localhost/test

#以 UDP 方式拉取 RTSP 流
ffplay rtsp://localhost/test
```

（6）查看界面，打开浏览器后输入 http://localhost:10008，进入控制页面，默认用户名和密码是 admin/admin，如图 9-4 所示。

注意：读者可以关闭防火墙，否则相关的端口可能无法访问。

（7）配置文件为 easydarwin.ini，代码如下：

```
//chapter9/easydarwin.ini
[http]
port = 10008
default_username = admin
default_password = admin

[rtsp]
port = 554

; RTSP 超时时间，包括 RTSP 建立连接与数据收发
timeout = 28800
```

```
; 是否使能 gop cache. 如果使能, 服务器则会缓存最后一个 I 帧及其后的非 I 帧, 以提高播放速度,
; 但是可能在高并发的情况下带来内存压力
gop_cache_enable = 1

; 是否使能向服务器推流或者从服务器播放时验证用户名和密码. [注意]因为服务器端并不保存明
; 文密码, 所以推送或者播放时, 客户端应该输入密码的 md5 后的值
; password should be the hex of md5(original password)
#authorization_enable = 0

; 是否使能推送的同时进行本地存储, 使能后则可以进行录像查询与回放
save_stream_to_local = 0

;EasyDarwin 使用 FFmpeg 工具进行存储. 这里表示 FFmpeg 的可执行程序的路径
ffmpeg_path = /usr/bin/ffmpeg

;本地存储所要保存的根目录. 如果不存在, 程序则会尝试创建该目录
m3u8_dir_path = /Users/ze/Downloads/EasyDarwinGoM3u8

;切片文件时长. 本地存储时, 将以该时间段为标准生成 TS 文件(该时间 + 一个 I 帧间隔), 单位为秒
;如果需要直播, 则这个值应设得小点, 但是这样会产生很多 TS 文件; 如果不需要直播, 只要存储,
;则可设得大些
ts_duration_second = 6

;key 为拉流时的自定义路径, value 为 FFmpeg 转码格式, 例如可设置为 - c:v copy - c:a copy 表示
;copy 源格式; default 表示使用 FFmpeg 内置的输出格式, 会进行转码
/stream_265 = default
```

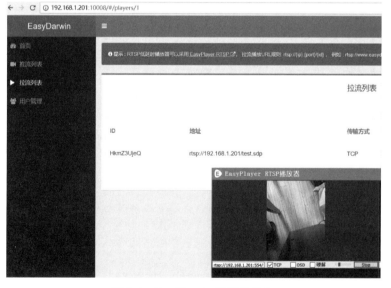

图 9-4　EasyDarwin 的网页后台

第 10 章 Nginx 搭建直播平台

7min

Nginx(Engine x)是一个高性能的 HTTP 和反向代理 Web 服务器，同时也提供了 IMAP/POP3/SMTP 服务。它是由伊戈尔·赛索耶夫为俄罗斯访问量第二的 Rambler.ru 站点开发的，第 1 个公开版本 0.1.0 发布于 2004 年 10 月 4 日。源代码以类 BSD 许可证的形式发布，因它的稳定性、丰富的功能集、简单的配置文件和低系统资源消耗而闻名。2011 年 6 月 1 日，Nginx 1.0.4 发布。Nginx 是一款轻量级的 Web 服务器/反向代理服务器及电子邮件(IMAP/POP3)代理服务器，在 BSD-like 协议下发行。其特点是占有内存少，并发能力强。事实上，Nginx 的并发能力在同类型的网页服务器中表现较好，中国使用 Nginx 网站的用户主要有百度、京东、新浪、网易、腾讯、淘宝等。

Nginx 配合插件 nginx-rtmp-module 可以作为 RTMP 流媒体服务器，实现 RTMP 的拉流和推流。该方案可以用于摄像头视频源将 RTMP 推流到 Nginx 服务器，然后通过 Web 查看摄像头实时数据，配合推流模块可以用于 RMTP 直播服务器，配合 FFmpeg 也可以用于视频文件转 RTMP 流媒体服务器。

nginx-http-flv-module 是在 nginx-rtmp-module 的基础上实现的一个音视频传输模块，将 RTMP 转换为 FLV 封装格式，再通过 HTTP 下发。支持 HTTP-FLV 方式直播，添加了 GOP 缓存功能，减少了首屏等待时间，对 RTMP 和 HTTP-FLV 都有效，还添加了 VHOST (单 IP 地址多域名)功能并支持类似 Nginx 的 HTTP 模块的通配符配置，修复了 nginx-rtmp-module 中已知的缺陷，支持 VLC、OBS 和 flv.js 等常见的播放器。

10.1 Nginx 项目简介

Nginx 代码完全用 C 语言写成，已经移植到许多体系结构和操作系统，包括 Linux、FreeBSD、Solaris、macOS X、AIX 及 Windows。Nginx 有自己的函数库，并且除了 zlib、PCRE 和 OpenSSL 之外，标准模块只使用系统 C 库函数。如果不需要或者考虑潜在的授权冲突，可以不使用这些第三方库。

Nginx 可以在大多数 UNIX 和 Linux 上编译运行，并有 Windows 移植版。Nginx 的 1.20.0 稳定版已经于 2021 年 4 月 20 日发布，一般情况下，对于新建站点，建议使用稳定版作为生产版本,已有站点的升级急迫性不高。Nginx 的源代码使用 2-clause BSD-like license。Nginx 是一个很强大的高性能 Web 和反向代理服务器,在连接高并发的情况下,Nginx 是 Apache 服务不错的替代品,能够支持高达 50 000 个并发连接数的响应,提供了 epoll 和 kqueue 作为开发模型。Nginx 作为 Web 服务器,提供了如下功能。

(1) 作为负载均衡服务,既可以在内部直接支持 Rails 和 PHP 程序对外进行服务,也可以支持作为 HTTP 代理服务器对外进行服务。Nginx 采用 C 语言进行编写,不论是系统资源开销还是 CPU 使用效率都比 Perlbal 要好很多。

(2) 处理静态文件、索引文件及自动索引,打开文件描述符缓冲。

(3) 无缓存的反向代理加速,简单的负载均衡和容错。

(4) FastCGI,简单的负载均衡和容错。

(5) 模块化的结构,包括 gzipping、Byte ranges、chunked responses 及 SSI 等过滤器。如果由 FastCG 或其他代理服务器处理单页中存在的多个 SSI,则这项处理可以并行运行,而不需要相互等待。

(6) 支持 SSL 和 TLSSNI。

(7) 输入过滤(FreeBSD 4.1+)及 TCP_DEFER_ACCEPT(Linux 2.4+)支持。

(8) 10000 个非活动的 HTTP keep-alive 连接仅需要 2.5MB 内存。

(9) 最小化的数据复制操作。

(10) 其他 HTTP 功能。

(11) 基于 IP 地址和名称的虚拟主机服务。

(12) Memcached 的 GET 接口。

(13) 支持 keep-alive 和管道连接。

(14) 灵活简单的配置。

(15) 重新配置和在线升级而无须中断客户的工作进程。

(16) 可定制的访问日志,日志写入缓存,以及快捷的日志回卷。

(17) 4xx 和 5xx 错误代码重定向。

(18) 基于 PCRE 的重写(rewrite)模块。

(19) 基于客户端 IP 地址和 HTTP 基本认证的访问控制。

(20) PUT、DELETE 和 MKCOL 方法。

(21) 支持 FLV(Flash 视频)。

(22) 带宽限制。

Nginx 配合插件 nginx-rtmp-module 可以搭建 RTMP 流媒体服务器,实现 RTMP 的拉流和推流。该方案可以用于将摄像头视频源 RTMP 推流到 Nginx 服务器,然后通过 Web 查看摄像头实时数据,配合推流模块可以用于 RMTP 直播服务器,配合 FFmpeg 也可以用于视频文件转 RTMP 流媒体服务器。例如,在 Ubuntu 系统上安装 Nginx,并配置好 nginx-rtmp-module,在另外一台 Windows 系统上使用 FFmpeg 推流,将摄像头或本地视频文件作为视频源推流到 Nginx 指定的端口上,然后可以使用 VLC 或网页播放器进行拉流播放。

该方案可作为一个简单可行的直播架构,包括推流端、播放端、Nginx 服务器端 3 个模块,如图 10-1 所示。

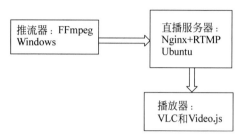

图 10-1 FFmpeg 与 Nginx 直播架构

10.2 Nginx 的安装方式

Nginx 的安装包括直接安装和源码编译安装两种方式,这里主要介绍在 Windows 和 Linux 平台上的安装。

10.2.1 Windows 10 下安装 Nginx

Nginx 是一个高性能的 HTTP 和反向代理服务器,也是一个 IMAP/POP3/SMTP 服务器。它还是一种轻量级的 Web 服务器(默认使用 80 端口),可以作为独立的服务器部署网站。它的高性能和低消耗内存的结构受到很多大公司的青睐。这里介绍在 Windows 10 系统下安装 Nginx 的步骤。

1. 下载 Nginx

Nginx 的下载网址为 http://nginx.org/en/download.html,选择稳定版本,以 nginx/Windows-1.12.2 为例,直接下载 nginx-1.12.2.zip,如图 10-2 所示。

下载后解压,解压后的目录结构如图 10-3 所示。

2. 启动 Nginx

启动 Nginx 有很多种方法。

(1) 直接双击 nginx.exe 可执行文件,双击后一个黑色的弹窗一闪而过。

(2) 打开 cmd 命令行窗口,切换到 nginx 解压目录下,输入命令 nginx.exe 或者 start nginx,然后按 Enter 键即可。

3. 检查 Nginx 是否启动成功

直接在浏览器网址栏输入网址 http://localhost:80 后按 Enter 键,如果出现以下页面,则说明启动成功,如图 10-4 所示。

也可以在 cmd 命令行窗口输入命令 tasklist /fi "imagename eq nginx.exe"(这里的英文双引号不可以省略),如果出现如图 10-5 所示的结果,则说明启动成功。

官网：http://nginx.org/en/download.html

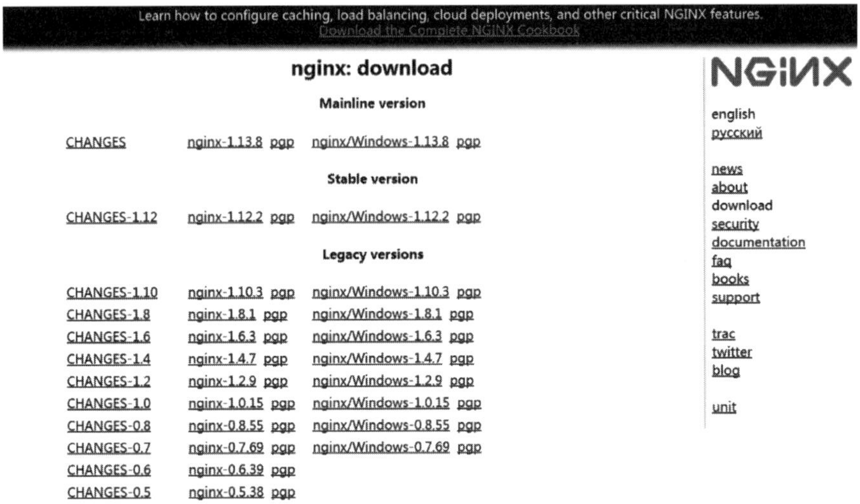

图 10-2　Nginx 下载界面

图 10-3　Nginx 目录结构

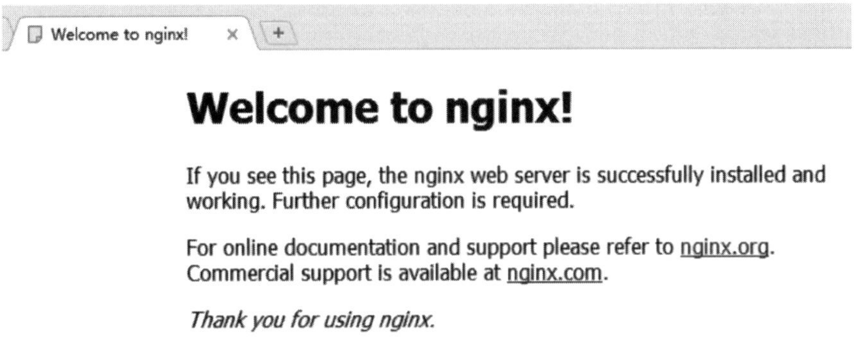

图 10-4　Nginx 启动成功

图 10-5　Nginx 进程

Nginx 的配置文件是 conf 目录下的 nginx.conf 文件，默认配置的 Nginx 监听的端口为 80，如果 80 端口被占用，则可以修改为未被占用的端口，如图 10-6 所示。

```
http {
    include       mime.types;
    default_type  application/octet-stream;

    #log_format  main  '$remote_addr - $remote_user [$time_local] "$request" '
    #                  '$status $body_bytes_sent "$http_referer" '
    #                  '"$http_user_agent" "$http_x_forwarded_for"';

    #access_log  logs/access.log  main;

    sendfile        on;
    #tcp_nopush     on;

    #keepalive_timeout  0;
    keepalive_timeout  65;

    #gzip  on;

    server {
        listen       80;
        server_name  localhost;

        #charset koi8-r;

        #access_log  logs/host.access.log  main;
```

图 10-6　Nginx 的端口号

检查 80 端口是否被占用，命令如下：

```
netstat -ano | findstr 0.0.0.0:80 或 netstat -ano | findstr "80"
```

当修改了 Nginx 的配置文件 nginx.conf 时，不需要关闭 Nginx 后重新启动 Nginx，只需执行相关命令，便可以让改动生效，命令如下：

```
nginx -s reload
```

4. 关闭 Nginx

如果使用 cmd 命令行窗口启动 Nginx，直接关闭 cmd 窗口不能结束 Nginx 进程，可使用两种方法关闭 Nginx。

(1) Nginx 命令方式,命令如下:

```
nginx -s stop(快速停止 Nginx) 或 nginx -s quit(完整有序地停止 Nginx)
```

(2) 使用 taskkill,命令如下:

```
taskkill /f /t /imnginx.exe
```

5. 使用 Nginx 代理服务器作负载均衡

可以修改 Nginx 的配置文件 nginx.conf 达到访问 Nginx 代理服务器时跳转到指定服务器的目的,即通过 proxy_pass 配置请求转发地址,即当依然输入 http://localhost:80 时,请求会跳转到配置的服务器,如图 10-7 所示。

```
upstream tomcat_server{
    server localhost:8080;
}

server {
    listen        80;
    server_name   localhost;

    #charset koi8-r;

    #access_log   logs/host.access.log  main;

    location / {
        proxy_pass http://tomcat_server;
    }
```

图 10-7　Nginx 请求转发

同理,可以配置多个目标服务器,当一台服务器出现故障时,Nginx 能将请求自动转向另一台服务器,例如笔者的具体配置信息如图 10-8 所示。

```
upstream tomcat_server{
    server localhost:8080 weight=2;
    server 192.168.101.9:8080 weight=1;
}

server {
    listen        80;
    server_name   localhost;

    #charset koi8-r;

    #access_log   logs/host.access.log  main;

    location / {
        proxy_pass http://tomcat_server;
    }
```

图 10-8　Nginx 自动转发

当服务器 localhost:8080 出现故障时,Nginx 能将请求自动转向服务器 192.168.101.9:8080。上面还加了一个 weight 属性,此属性表示各服务器被访问的权重,weight 越高被访问的概率就越高。

6. 使用 Nginx 配置静态资源

将静态资源(如 jpg/png/css/js 等)放在 F:/nginx-1.12.2/static 目录下,然后在 Nginx 配置文件中做如下配置(注意,静态资源配置只能放在 location/中),在浏览器中访问 http://localhost:80/1.png 即可访问 F:/nginx-1.12.2/static 目录下的 1.png 图片,如图 10-9 所示。

```
server {
    listen       80;
    server_name  localhost;

    #charset koi8-r;

    #access_log  logs/host.access.log  main;

    location / {
        root   F:/nginx-1.12.2/static;
        index  index.html index.htm;
    }

    #error_page  404              /404.html;

    # redirect server error pages to the static page /50x.html
    #
    error_page   500 502 503 504  /50x.html;
    location = /50x.html {
        root   html;
    }
```

图 10-9 Nginx 静态资源

10.2.2 Windows 10 下安装 OpenSSL

在 Windows 10 下安装 OpenSSL,可以使用源码方式,这里介绍一种不使用源码的简单快速的办法。

1. 什么是 OpenSSL

OpenSSL 是 Web 安全通信的基石,如果没有 OpenSSL,则信息是不安全的。要想了解 OpenSSL,有几个前置的概念需要先熟悉一下:

(1)安全套接字层(Secure Socket Layer,SSL),最开始是由一家叫网景的互联网公司开发出来的,主要是防止信息在互联网上传输时被窃听或者篡改,后来网景公司提交 SSL 给 ISOC 组织作为标准,改名为 TLS。有些读者可能会好奇,数据怎么会被窃听及修改呢?这个其实是很容易的,如果读者上网连的是 WiFi,那么数据一定会经过 WiFi 路由器,通过对路由器做些手脚就可以获得这些数据。

(2)非对称加密(RSA)算法是指在数学上有这样一个现象:给两个质数,很容易算出它们的乘积,但是如果给出一个很大的数,如 5293(=79×67),则很难分解出两个质数,使它们的乘积正好等于这个很大的数。非对称加密基于以上的现象产生,用一个密钥对数据进行加密,然后可以使用另外一个不同的密钥对数据进行解密,这两个密钥为公钥和私钥。公钥和私钥可以相互推导,根据私钥,可以很容易地算出公钥,但是根据公钥,却很难算出私钥,在互联网上私钥一般由服务器掌握,公钥则由客户端使用。根据公钥,理论上需要花费地球上所有的计算机计算数万年才能算出私钥,所以认为是非常安全的。

(3) 数字签名是指将报文(如 111、333、52155、73277、95899)使用一定的散列算法,也称哈希函数(Hash Function)算出一个固定位数的摘要信息(如 13179),然后用私钥将摘要加密(如 $79×67)^{13179}$,连同原来的报文一起($79×67)^{13179}$;111、333、52155、73277、95899},发送给接收者,接收者通过公钥将摘要解出来$(79×67)^{13179×5293}$,也可通过 HASH 算法算出报文摘要,如果两个摘要一致,则说明数据未被篡改,即数据是完整的。因为接收者是使用公钥解出的数据,如果数据完整,证明发送数据的人持有私钥,就能证明发送者的身份,因此数字签名具有证明发送者身份和防篡改的功能。

(4) 数字证书是由 CA 颁发给网站的身份证书,里面包含了该网站的公钥、有效时间、网站的地址、CA 的数字签名等。所谓的 CA 数字签名,实际上是使用了 CA 的私钥将网站的公钥等信息进行了签名,当客户端请求服务器的时候,网站会把证书发给客户端,客户端首先可以通过 CA 的数字签名校验 CA 的身份,也能证明证书的真实性和完整性(之前讲过,数字签名拥有证明身份和防篡改的功能)。客户端有没有可能到一个假冒的 CA 去校验数字证书呢?不太可能,因为 CA 的地址内嵌在浏览器中,很难被篡改,如图 10-10 所示。

(5) SSL 保护数据的原理可以分为 3 部分:
- 认证用户和服务器,确保数据发送到正确的客户端和服务器端。
- 加密数据以防止数据中途被窃取。
- 维护数据的完整性,确保数据在传输过程中不被改变。

(6) 认证用户和服务器,现在来思考这样的一个问题,当访问百度时有可能是假百度,也有可能有人劫持了访问百度的请求,然后路由给了一台伪造的服务器,其流程如图 10-11 所示。

图 10-10 CA 的公钥与私钥　　　　图 10-11 网络请求被窃听

为了确定访问的服务器没有被伪造,在 SSL 的通信流程中做了这样一个规定:一旦向服务器发送了请求,服务器就必须返回它的数字证书,当得到数字证书之后,可以根据里面的CA数字签名,校验证书的合法性(不是被伪造的)。此时,只能够证明证书确实属于百度,但不代表发送证书的服务器是百度,怎么办呢?在证书里面会带有百度服务器的公钥,在之后的通信当中,客户端会使用该公钥加密数据后传给百度服务器,百度服务器必须使用私钥才能解出里面的数据,假设百度服务器是假冒的,它一定没有正确的私钥,那么之后的通信都无法进行,所以假冒服务器是无法操作的。由此,SSL就解决了服务器认证的问题。

(7)加密数据以防止数据中途被窃取,当客户端第一次给服务器端发送请求时(得到证书前的一次),会在请求里面放一个随机数C1,服务器端在返回证书的响应里也会带一个随机数F,客户端得到证书后,会使用公钥加密一个随机数C2送给服务器端,这样客户端、服务器端都拥有了3个随机数:C1、F、C2,双方使用这些随机数和一个相同的算法生成一个对称密钥,之后所有的通信都使用这个对称密钥进行。这个密钥会不会被泄露?答案是否定的。因为密钥是由3个随机数生成的,对于第1个随机数C1,可能会被中间人监听到,然后第2个随机数F,也可能会被中间人监听到,但是第3个随机数C2,因为是用公钥加密的,除非中间人有私钥,否则是不可能解出来的。为什么要生成一个对称密钥进行数据通信呢?因为非对称加密在解密时相当耗费资源,换成对称密钥后,会好很多。

(8)维护数据的完整性,这个主要是针对服务器发送数字证书这一过程来讲的,服务器的数字证书中含有CA数字签名,可以很有效地保证证书的真实性和完整性(没有被篡改)。

(9)回过头来,再来了解一下OpenSSL,上面的SSL只是一个协议,OpenSSL则是SSL的实现版,另外OpenSSL还包含了公钥和私钥的生成、摘要生成等各种工具。

(10)OpenSSL的使用场景,有时浏览网站时会有一些广告,这些广告不一定是由原网站挂上去的,也有可能是由中间的运营商在中间篡改了内容导致的,可以使用HTTPS技术(一般基于OpenSSL)来对数据进行加密,保证数据不被篡改。

(11)震惊全球的"心脏出血"漏洞,早在2014年,互联网安全协议OpenSSL被曝存在一个十分严重的安全漏洞。在黑客社区,它被命名为"心脏出血",表明网络上出现了"致命内伤"。利用该漏洞,黑客可以获取约30%的HTTPS开头网址的用户登录账号和密码,其中包括购物、网银、社交、门户等类型的知名网站。在OpenSSL1.0.1版本中存在严重漏洞(CVE-2014-0160),此次漏洞问题存在于ssl/dl_both.c文件中。OpenSSL Heartbleed模块存在一个Bug,当攻击者构造一个特殊的数据包,满足用户心跳包中无法提供足够多的数据时会导致memcpy把SSLv3记录之后的数据直接输出,该漏洞导致攻击者可以远程读取存在漏洞版本的OpenSSL服务器内存中长达64KB的数据。OpenSSL"心脏出血"漏洞是一个非常严重的问题。这个漏洞使攻击者能够从内存中读取多达64KB的数据。也就是说,只要有这个漏洞的存在,在无须任何特权信息或身份验证的环境下,就可以从我们自己的(测试机上)偷来X.509证书的私钥、用户名与密码、聊天工具的消息、电子邮件及重要的商业文档和通信等数据。

(12)OpenSSL漏洞分析,最初人们为了网络通信安全,开始使用安全协议进行加密通信,SSL是一种安全协议。随着开源软件的流行,有人写了一款叫作OpenSSL的开源程序供大家方便地对通信进行 SSL 加密,后来这款软件便在互联网中被广泛应用。在浏览器网址栏常见的 HTTPS 前缀的网址及那把小锁图标,通常是指该网站经过 SSL 证书加密。OpenSSL 有一个叫作 Heartbeat(心跳检测)的拓展,问题就出在这个拓展上,这也是漏洞被命名为"心脏出血"的直接原因。所谓心跳检测,是建立一个 Client Hello 问询来检测对方服务器是否正常在线,如果服务器发回 Server hello,则表明正常建立 SSL 通信。就像打电话时会问对方"喂听得到吗?"一样。每次问询都会附加一个问询的字符长度 Pad Length,Bug 出现了,如果这个 Pad Length 大于实际的长度,服务器仍会传回相同规模的字符信息,于是形成了内存里信息的越界访问。就这样,每发起一个"心跳",服务器就能泄露一点点数据(理论上最多泄露 64KB 数据),在这些数据里可能包括用户的登录账号、密码、电子邮件甚至加密密钥等信息,也可能并没有包含这些信息,但攻击者可以不断利用"心跳"获取更多的信息。就这样,服务器一点一点泄露越来越多的信息,就像是心脏慢慢在出血,心脏出血漏洞的名字由此而来。其原理及流程如图 10-12 所示。

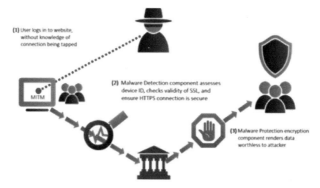

图 10-12 OpenSSL 心脏出血

由于互联网应用最广泛的安全传输方法是 SSL,而 OpenSSL 又是多数 SSL 加密网站使用的开源软件包,所以漏洞影响范围广大,一时间席卷了全球各个互联网相关领域,网银、在线支付、电商网站、门户网站、电子邮件等无一幸免。通过以上分析可以看见,OpenSSL 心脏出血(Heartbleed)漏洞的产生主要由于 OpenSSL 的心跳处理逻辑没有检测心跳包中的长度字段是否和后续字段相吻合,从而导致攻击者可构造异常数据包,以此来直接获取心跳数据所在的内存区域的后续数据,主要特征如下:

(1) Heartbleed 漏洞主要存在于有心跳机制的 OpenSSL 协议中。

(2) IANA 组织把开启心跳扩展机制的 SSL 数据包的 type 类型定义为 24(0x18)。

(3) Heartbleed 漏洞主要存在于 TLS 和 DTLS 两种协议中,在含有 Heartbleed 漏洞的 OpenSSL 协议中需要开启心跳扩展机制(Heartbeat),而含有心跳扩展机制的 TLS 版本主要包含在 0(0x0301)、TLS v1.1(0x0302)、TLS v1.2(0x0303)3 种版本中。

(4) Heartbleed 漏洞攻击主要由于攻击者构造异常的心跳数据包,即如果心跳包中的长度字段与后续的数据字段不相符合,则可获取心跳数据所在的内存区域的后续数据。

一般的攻击流程如图 10-13 所示。

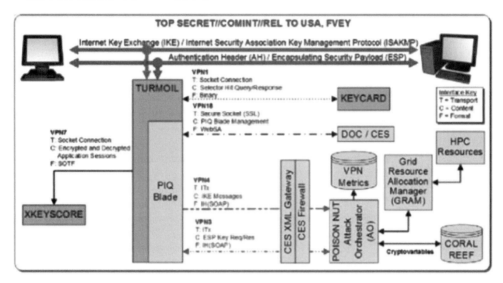

图 10-13　OpenSSL 心脏出血的攻击流程

这一漏洞的正式名称为 CVE-2014-0160，漏洞影响了 OpenSSL 的 1.0.1 和 1.0.2 测试版。OpenSSL 已经发布了 1.0.1g 版本，以修复这一问题，但网站对这一软件的升级还需要一段时间。不过，如果网站配置了一项名为 perfect forward secrecy 的功能，则这一漏洞的影响将被大幅度减小。该功能会改变安全密钥，因此即使某一特定密钥被获得，攻击者也无法解密以往和未来的加密数据。在 OpenSSL 漏洞被披露的时候，Heartbleed 这个漏洞的存在时间已有两年之久。三分之二的活跃网站均在使用这种存在缺陷的加密协议，因此，许多人的数据信息开始被暴露，每个人都被卷入这次灾难的修正中去。放眼望去，经常访问的支付宝、淘宝、微信公众号、YY 语音、陌陌、雅虎邮件等各种网站，基本上出了问题，而在国外，受到波及的网站也数不胜数，就连大名鼎鼎的 NASA 也已宣布，用户数据库遭泄露。不过塞翁失马，焉知非福。此次风波将会让整个互联网行业重新思考网络安全问题。

2. Windows 10 x64 安装 OpenSSL（不用编译源码）

下面介绍在 Windows 10 下安装 OpenSSL，不使用源码的简单快速安装办法。

（1）下载软件，网址为 https://pan.baidu.com/s/1LfCGxAPYexVgmbuJRZE5LA，提取码为 cv5v 。

（2）下载后直接双击 Win64OpenSSl-1_1_1g.exe 可执行文件，选中 I accept the agreement 单选按钮，然后单击 Next 按钮，如图 10-14 所示。

（3）自定义安装路径，例如笔者选择的路径为 D:__OpenSSL_Win64，然后单击 Next 按钮，如图 10-15 所示。

（4）其余都选择默认，直接单击 Next 按钮即可，如图 10-16 所示。

（5）安装成功后，OpenSSL 会出现在 Windows 的"开始菜单"，如图 10-17 所示。

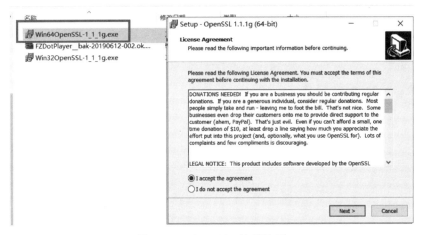

图 10-14　OpenSSL 协议许可

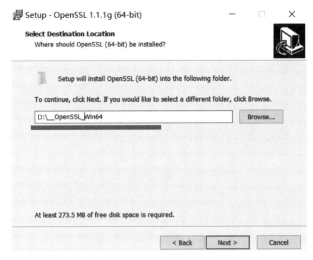

图 10-15　OpenSSL 的自定义安装路径

（6）设置环境变量，把 OpenSSL 安装路径 bin 的路径（例如笔者的安装路径为 D:__OpenSSL_Win64\bin）加入操作系统的系统环境变量 Path 中。

（7）解决 OpenSSL 错误，有可能会遇到如下错误：

```
WARNING: can't open config file: /usr/local/ssl/openssl.cnf
```

在 OpenSSL 安装路径下找到 openssl.cfg 文件，笔者的路径是 D:__OpenSSL_Win64\bin\openssl.cfg，然后设置环境变量，命令如下：

```
set OPENSSL_CONF = D:\__OpenSSL_Win64\bin\openssl.cfg
```

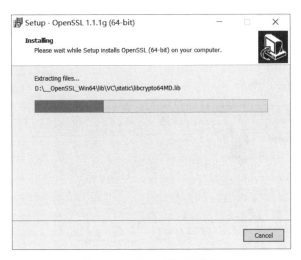

图 10-16　OpenSSL 的安装

图 10-17　开始菜单中的 OpenSSL

再运行 OpenSSL 即可。

（8）在 Windows 命令行调用 OpenSSL，打开 cmd 命令行输入的命令如下：

```
openssl
```

然后，生成一个 RSA 密钥对，命令如下：

```
OpenSSL> genrsa -aes256 -out rsa-key.pem 2048
```

具体过程如图 10-18 所示。

图 10-18　OpenSSL 命令行示例

注意：一定要重启 DOS 命令行窗口（DOS 在启动时才重新读取环境变量）。

10.2.3　Ubuntu 18 下安装 Nginx

在 Ubuntu 18 系统上安装 Nginx，目前支持两种安装方式，一种是 apt-get 的方式，另一种是编译源码进行安装的方式。为了方便操作，统一使用 root 用户。

1. apt-get 方式安装 Nginx

使用 apt-get 方式安装 Nginx，命令如下：

```
#切换至 root 用户
sudo su root
apt-get install nginx
```

（1）输入命令，系统会自动下载并安装，如图 10-19 所示。

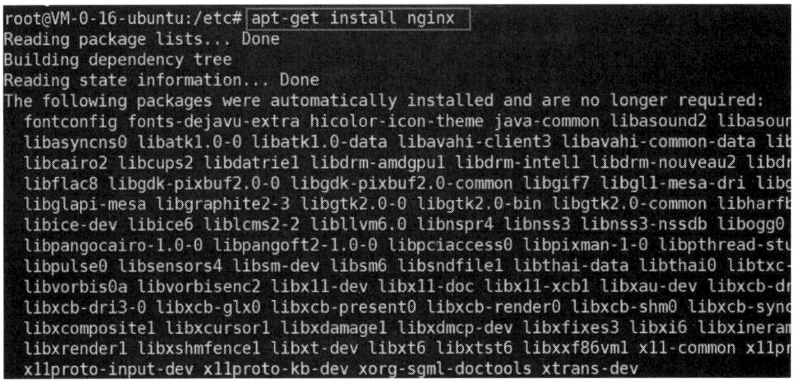

图 10-19 apt-get 方式安装 Nginx

（2）查看 Nginx 是否安装成功，命令如下：

```
nginx -v
```

输入命令后，会显示 Nginx 的版本，如图 10-20 所示。

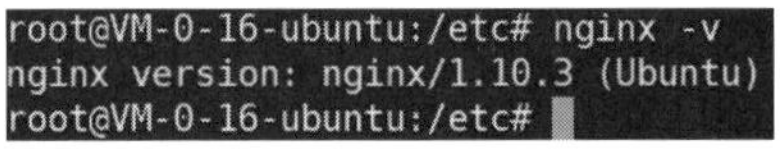

图 10-20 Nginx 版本号

（3）启动 Nginx，命令如下：

```
service nginx start
```

输入命令后，会启动 Nginx，如图 10-21 所示。

图 10-21 启动 Nginx

（4）启动后，在网页重输入 IP 地址，即可看到 Nginx 的欢迎页面。至此 Nginx 安装成功，如图 10-22 所示。

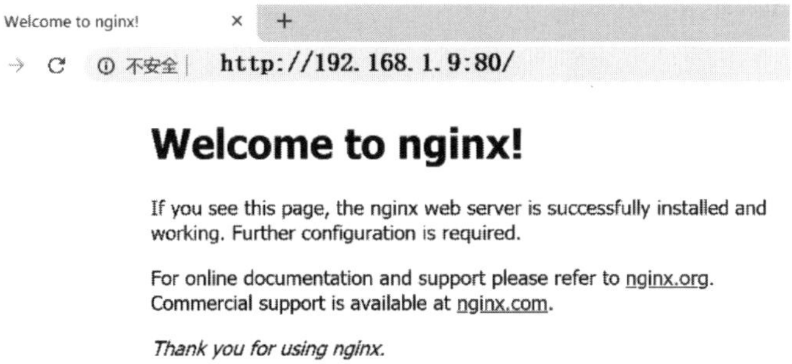

图 10-22 Nginx 启动页面

(5) Nginx 安装完成后的文件结构及存放位置,如图 10-23 所示。

```
/usr/sbin/nginx: 主程序
/etc/nginx: 存放配置文件
/usr/share/nginx: 存放静态文件
/var/log/nginx: 存放日志
```

图 10-23 Nginx 的文件结构

(6) 停止 Nginx,命令如下:

```
service nginx stop
```

输入命令后,会停止 Nginx,如图 10-24 所示。

```
root@VM-0-16-ubuntu:/etc# service nginx stop
root@VM-0-16-ubuntu:/etc#
```

图 10-24 停止 Nginx

2. 源码方式安装 Nginx

由于上面已经安装了 Nginx,所以先卸载 Nginx,再下载 Nginx 源码包,然后解压。有输入提示时,输入 Y 即可。

(1) 卸载 apt-get 安装的 Nginx,命令如下:

```
#彻底卸载 Nginx
apt - get -- purge autoremove nginx
```

此时,用 nginx -v 命令检查版本,会提示 Nginx 不存在,如图 10-25 所示。

```
root@VM-0-16-ubuntu:/etc# nginx -v
bash: /usr/sbin/nginx: No such file or directory
root@VM-0-16-ubuntu:/etc#
```

图 10-25 检测 Nginx 是否存在

(2) 安装依赖包,命令如下:

```
//chapter10/nginx-Ubuntu-install.txt
apt-get install gcc
apt-get install libpcre3 libpcre3-dev
apt-get install zlib1g zlib1g-dev
#Ubuntu 14.04 的仓库中没有发现 openssl-dev,由下面 openssl 和 libssl-dev 替代
#apt-get install openssl openssl-dev
sudo apt-get install openssl
sudo apt-get install libssl-dev
```

(3) 下载并解压 Nginx 源码,命令如下:

```
//chapter10/nginx-Ubuntu-install.txt
cd /usr/local
mkdir nginx
cd nginx
wget http://nginx.org/download/nginx-1.13.7.tar.gz
tar -xvf nginx-1.13.7.tar.gz
```

(4) 编译 Nginx,命令如下:

```
//chapter10/nginx-Ubuntu-install.txt
#进入 nginx 目录
/usr/local/nginx/nginx-1.13.7
#执行命令
./configure
#执行 make 命令
make
#执行 make install 命令
make install
```

(5) 启动 Nginx,命令如下:

```
#进入 nginx 启动目录
cd /usr/local/nginx/sbin
#启动 nginx
./nginx
```

(6) 访问 Nginx,在网页输入 IP 地址,访问成功。到此,Nginx 安装完毕。

3. 为 Nginx 配置 SSL 证书

超文本传输安全协议(Hypertext Transfer Protocol Secure,HTTPS)是超文本传输协议和 SSL/TLS 的组合,用以提供加密通信及对网络服务器身份的鉴定。HTTPS 连接经常被用于万维网上的交易支付和企业信息系统中敏感信息的传输。HTTPS 不应与在 RFC

2660中定义的安全超文本传输协议(S-HTTP)相混。HTTPS目前已经是所有注重隐私和安全的网站的首选,随着技术的不断发展,HTTPS网站已不再是大型网站的专利,所有普通的个人站长和博客均可以自己动手搭建一个安全的加密的网站。如果一个网站没有加密,则所有账号和密码都以明文传输。如果涉及隐私和金融问题,则不加密的传输是多么可怕的一件事。这里介绍在Ubuntu 18系统下为Nginx配置SSL证书。

(1) 获取SSL证书,可以选择自建或者申请(阿里云、腾讯云、沃通等),笔者这里的证书是从腾讯云免费申请的,下载下来的文件是一压缩包,里面包含各类型服务器的证书,解压后的文件内容如图10-26所示。

图10-26　SSL证书的目录结构

这里需要的是Nginx文件夹,包含的文件如图10-27所示。

图10-27　Nginx文件夹

将证书Nginx文件夹中的文件提取到Nginx的安装目录下的conf文件夹内,笔者的Nginx安装在/usr/local/nginx下,命令如下:

```
cp ./* /usr/local/nginx/conf/
```

(2) 配置Nginx。

进入Nginx的conf文件夹配置nginx.conf文件,命令如下:

```
cd /usr/local/nginx/conf/
vim nginx.conf
```

在nginx.conf文件中找到443后取消注释并添加以下内容,代码如下:

```
//chapter10/nginx-conf-Ubuntu-install.conf
server {
        listen 443 ssl;
        server_name www.domain.com;                      #填写绑定证书的域名
        ssl_certificate 1_www.domain.com_bundle.crt;     #.crt文件路径
        ssl_certificate_key 2_www.domain.com.key;        #.key文件路径
```

```
        ssl_session_timeout 5m;
        ssl_protocols TLSv1 TLSv1.1 TLSv1.2;          #按照这个协议配置
        ssl_ciphers ECDHE-RSA-AES128-GCM-SHA256:HIGH:!aNULL:!MD5:!RC4:!DHE;   #按照
#这个套件配置
        ssl_prefer_server_ciphers on;
        location / {
            root html;                                  #站点目录
            index index.html index.htm;
        }

    }
```

配置完成后,先用 sbin/nginx-t 命令来测试配置是否有误,确保正确无误后重启 Nginx,这样就可以使用 https://www.domain.com 访问了。

若要实现全站 https 访问,则可在文件中找到 listen 80,然后在下面加入相关命令,如图 10-28 所示,代码如下:

```
return 301 https://$server_name$request_uri;
```

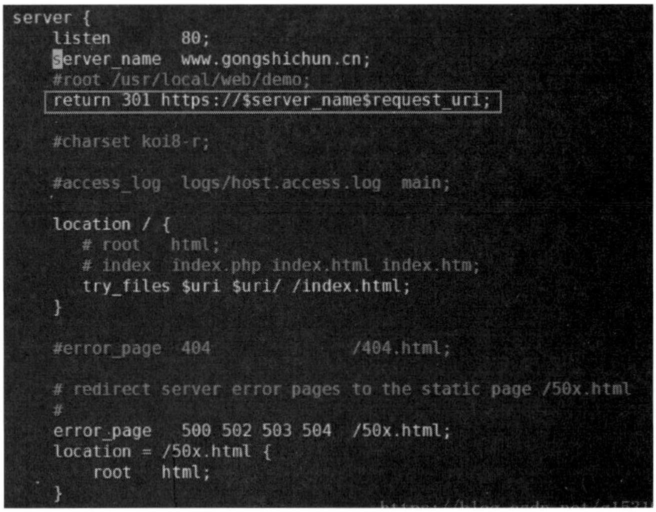

图 10-28　配置全站 HTTPS

注意:若出现 http 能访问但 https 不能访问的情况,则需检查一下防火配置(443 端口与 80 端口是否加入规则)及 Nginx 文件配置。

10.2.4　CentOS 8 下安装 Nginx

1. yum 方式安装 Nginx

(1)输入安装命令,命令如下:

```
yum install nginx
```

（2）启用并启动 Nginx 服务，命令如下：

```
$ sudo systemctl enable nginx
$ sudo systemctl start nginx
```

（3）Nginx 停止服务，命令如下：

```
$ sudo systemctl stop nginx
```

（4）要验证服务是否正在运行，检查其状态，命令如下：

```
$ sudo systemctl status nginx
```

注意：读者应使用 root 账号权限操作上述命令。

2. 源码方式安装 Nginx

（1）安装工具和库，命令如下：

```
yum -y install gcc-c++ pcre pcre-devel zlib zlib-devel openssl openssl-devel
```

其中，pcre 是一个 Perl 库，包括 Perl 兼容的正则表达式库，Nginx 的 http 模块使用 pcre 来解析正则表达式。zlib 库提供了很多种压缩和解压缩的方式，Nginx 使用 zlib 对 http 包的内容进行压缩。

（2）下载并解压 Nginx，命令如下：

```
wget -c https://nginx.org/download/nginx-1.18.0.tar.gz
tar -zxvf nginx-1.18.0.tar.gz
```

（3）编译与安装 Nginx，命令如下：

```
./configure --prefix=/usr/local/nginx --with-http_stub_status_module --with-http_ssl_module --with-http_v2_module --with-http_sub_module --with-http_gzip_static_module --with-pcre
```

其中，--prefix 用于指定安装路径，--with-http_stub_status_module 是允许查看 Nginx 状态的模块；--with-http_ssl_module 是用于支持 https 的模块。

执行成功后显示文件路径，代码如下：

```
//chapter10/nginx-install-centos.txt
Configuration summary
  + using system PCRE library
```

```
  + using system OpenSSL library
  + using system zlib library

  nginx path prefix: "/usr/local/nginx"
  nginx binary file: "/usr/local/nginx/sbin/nginx"
  nginx modules path: "/usr/local/nginx/modules"
  nginx configuration prefix: "/usr/local/nginx/conf"
  nginx configuration file: "/usr/local/nginx/conf/nginx.conf"
  nginx pid file: "/usr/local/nginx/logs/nginx.pid"
  nginx error log file: "/usr/local/nginx/logs/error.log"
  nginx http access log file: "/usr/local/nginx/logs/access.log"
  nginx http client request body temporary files: "client_body_temp"
  nginx http proxy temporary files: "proxy_temp"
  nginx http fastcgi temporary files: "fastcgi_temp"
  nginx http uwsgi temporary files: "uwsgi_temp"
  nginx http scgi temporary files: "scgi_temp"
```

（4）编译并安装，命令如下：

```
make && make install
```

（5）启动 Nginx，进入安装 Nginx 目录下面的 sbin，命令如下：

```
./nginx
```

（6）验证 Nginx，打开浏览器后输入 IP 地址，如果显示 Nginx 启动页面就代表成功。

（7）其他命令及功能解释，命令如下：

```
./nginx - s quit      //温和退出,此方式停止步骤是待 Nginx 进程处理任务完毕进行停止
./nginx - s stop      //强硬退出,先查出 Nginx 进程 ID 再使用 kill 命令强制杀掉进程
./nginx - s reload    //重启 Nginx
```

10.3　编译 rtmp 及 http-flv 模块

10.2 节安装的 Nginx 只可实现基本的功能，可以作为 Web 服务器，但如果想实现直播功能，则需要编译单独的插件 nginx-rtmp-module 或 nginx-http-flv-module。

10.3.1　Ubuntu 18 下编译 nginx-rtmp-module

（1）安装依赖，命令如下：

```
sudo apt - get install libpcre3 libpcre3 - dev libssl - dev zlib1g - dev
```

(2) 下载 Nginx,命令如下:

```
wget http://nginx.org/download/nginx-1.19.6.tar.gz
#解压
tar zxvf nginx-1.19.6.tar.gz
```

(3) 下载 rtmp moudle 模块代码,命令如下:

```
wget https://github.com/arut/nginx-rtmp-module/archive/v1.2.1.tar.gz
#解压
tar zxvf v1.2.1.tar.gz
```

(4) 编译 Nginx,命令如下:

```
./configure --add-module=../nginx-rtmp-module-1.2.1
make
sudo make install
```

(5) 修改 Nginx 配置,命令如下:

```
vim /usr/local/nginx/conf/nginx.conf
```

修改该配置文件的内容,注意 RTMP 的部分,代码如下:

```
//chapter10/nginx-rtmp-Ubuntu-conf.conf
worker_processes 1;


events {
    worker_connections 1024;
}

#开启 RTMP 服务,可用于直播或点播
rtmp{
    server{
        listen 1935;                  #监听 1935 端口
        chunk_size 4096;
        #application vod{             #vod 代表点播
        # play /opt/video/vod;
        #}
        application live{             #live 代表直播
            live on;
            record off;
        }
    }
}
```

```
http {
    include       mime.types;
    default_type application/octet-stream;

    sendfile       on;

    keepalive_timeout 65;


    server {
        listen       8080;
        server_name localhost;

        location /api{
            proxy_pass http://127.0.0.1:8081/;
        }

        #配置查看服务器状态路由
        location /stat{
            rtmp_stat all;
            rtmp_stat_stylesheet stat.xsl;
        }

        #配置状态信息来源
        location /stat.xsl{
            root /etc/rtmpserver/nginx-rtmp-module/;
        }

        error_page 500 502 503 504 /50x.html;
        location = /50x.html {
            root html;
        }
    }

    server {
        listen 80;
        location /{
                root /home/haifan/ljh/build;
                try_files $ uri $ uri /index.html last;
                index index.html index.htm;
        }
    }
}
```

(6) 启动/重启 Nginx 服务,命令如下：

```
sudo /usr/local/nginx/sbin/nginx
sudo /usr/local/nginx/sbin/nginx -s reload
```

10.3.2　Ubuntu 18 下编译 nginx-http-flv-module

(1) 安装依赖,命令如下:

```
sudo apt-get update
sudo apt-get install libpcre3 libpcre3-dev
sudo apt-get install openssl libssl-dev
```

(2) 软件下载,先下载 Nginx 源码,版本号为 1.8.1,下载网址为 https://nginx.org/download/nginx-1.8.1.tar.gz,然后下载 nginx-http-flv-module 源码,下载网址为 https://github.com/winshining/nginx-http-flv-module。下载完成后,将文件解压。

(3) 编译并安装,将 nginx-http-flv-module 移动到 /usr/local/nginx 下,命令如下:

```
cp -r nginx-http-flv-module-master /usr/local/nginx/nginx-http-flv-module
```

使用 cd 命令进入 Nginx 目录,命令如下:

```
cd nginx-1.8.1/
```

将 nginx-http-flv-module 模块添加到 Nginx 中,命令如下:

```
./configure --prefix=/usr/local/nginx
--add-module=/usr/local/nginx/nginx-http-flv-module
```

生成 make 文件,命令如下:

```
make
```

安装 Nginx,命令如下:

```
sudo make install
```

将 Nginx 配置为全局变量,命令如下:

```
ln -s /usr/local/nginx/sbin/nginx /usr/local/bin/
```

测试是否安装成功,命令如下:

```
nginx -v
```

安装成功后将得到以下输出:

```
nginx version: nginx/1.8.1
```

(4) 配置 Nginx,先打开配置文件,命令如下:

```
sudo vim /usr/local/nginx/conf/nginx.conf
```

务必在默认配置中加入如下配置,代码如下:

```
//chapter10/nginx-http-flv-Ubuntu-conf.conf
#在 HTTP 的 Server 中加入
location /live {
    flv_live on;           #当 HTTP 请求以/live 结尾时,这个选项表示开启 FLV 直播播放功能
    chunked_transfer_encoding on;         #HTTP 开启 Transfer-Encoding

    add_header 'Access-Control-Allow-Origin' '*';              #添加额外的 HTTP 头
    add_header 'Access-Control-Allow-Credentials' 'true';      #添加额外的 HTTP 头
}
rtmp {
    server {
        listen 1935;                    #Nginx 监听的 RTMP 推流/拉流端口
        application live {
            live on;                    #当推流时,RTMP 路径中的 APP 匹配 myapp 时,开启直播
            record off;                 #不记录视频
            gop_cache off;              #不开启 GOP 缓存
        }
    }
}
```

(5) 重启 Nginx,命令如下:

```
sudo nginx -s reload
```

10.3.3　Windows 10 下编译 nginx-http-flv-module

先下载 Nginx 源码及相关的工具集和第三方库等,然后编译,具体步骤如下所述。

1. 下载 Nginx 源码

下载 Nginx 源码,网址为 https://github.com/nginx/nginx。

2. 下载并安装工具集 Nginx 源码

下载工具集,包括 mingw、perl、nasm、sed 等,需要在安装之后分别配置环境变量。

(1) mingw:网址为 https://osdn.net/projects/mingw/releases/。

(2) perl:网址为 https://www.perl.org/get.html。

(3) nasm:网址为 https://www.nasm.us/pub/nasm/releasebuilds/?C=M;O=D。

(4) sed:网址为 https://sourceforge.net/projects/gnuwin32/files/sed/4.2.1/。

3. 下载第三方库

下载第三方库,如 nginx-rtmp-module、nginx-http-flv-module、openssl、zlib、pcre 等。

(1) nginx-rtmp-module：网址为 https://github.com/arut/nginx-rtmp-module。

(2) nginx-http-flv-module：网址为 https://github.com/winshining/nginx-http-flv-module。

(3) openssl：网址为 http://distfiles.macports.org/openssl/。

(4) zlib：网址为 https://www.zlib.net/。

(5) pcre：网址为 https://ftp.pcre.org/pub/pcre/。

4. 准备编译器

这里使用 MSVC(VS 2015 x86，读者可以自己选择 VS 2017/2019 等)。

5. 配置项目

配置项目，按照如下步骤操作。

(1) 新建文件夹 nginx-flv 并将 Nginx 源码解压到 nginx-flv 下。

(2) 在 nginx-flv 下新建文件夹 build，进入 build，在 build 下新建文件夹 3rdlib 和 output。

(3) 将 nginx-http-flv-module、openssl、zlib、pcre 解压缩到 nginx-flv/build/3rdlib 下。

(4) 在 nginx-flv 目录下新建 build.bat 文件并输入以下脚本，代码如下：

```
//chapter10/nginx-flv-build.bat
auto/configure --with-cc=cl --builddir=build/output --prefix= \
--conf-path=conf/nginx.conf --pid-path=logs/nginx.pid \
--http-log-path=logs/access.log --error-log-path=logs/error.log \
--sbin-path=nginx-flv.exe --http-client-body-temp-path=temp/client_body_temp \
--http-proxy-temp-path=temp/proxy_temp \
--http-fastcgi-temp-path=temp/fastcgi_temp \
--http-scgi-temp-path=temp/scgi_temp \
--http-uwsgi-temp-path=temp/uwsgi_temp \
--with-cc-opt=-DFD_SETSIZE=1024 --with-pcre=build/3rdlib/pcre-8.34 \
--with-zlib=build/3rdlib/zlib-1.2.11 --with-openssl=build/3rdlib/openssl-1.0.1u \
--with-select_module --with-http_ssl_module \
--add-module=build/3rdlib/nginx-http-flv-module-master
```

6. 目录结构

配置完成后，最终整个编译工程的目录结构如图 10-29 所示。

7. 用 build.bat 生成 Makefile

打开 mingw 命令行工具，进入 nginx-flv 目录并执行 build.bat 文件，代码如下：

```
//这里不是 Windows 风格的命令，必须使用 F:/nginx-flv，而不能使用 F:\nginx-flv
cd F:/nginx-flv

//运行 build.bat 文件，大约耗时几分钟
build.bat
```

```
nginx-flv
├─auto
├─build
│  ├─3rdlib
│  │  ├─nginx-http-flv-module-master
│  │  ├─openssl-1.0.1u
│  │  ├─pcre-8.34
│  │  └─zlib-1.2.11
│  └─output
├─conf
├─contrib
├─docs
├─misc
├─src
└─build.bat
```

图 10-29　Nginx 及相关插件的完整目录结构

运行 build.bat 文件后,会在 nginx-flv/build/output 目录下生成 Makefile,如图 10-30 所示。

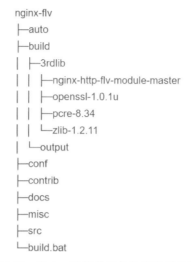

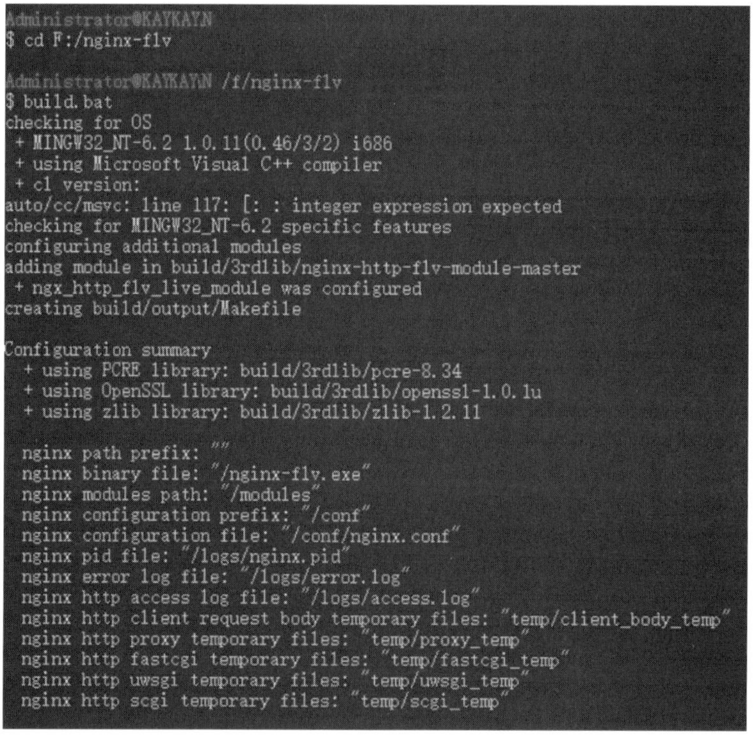

图 10-30　Nginx 的配置信息

8. 执行 nmake 开始编译

以管理员身份打开 VS 2015 本机工具命令提示符 x86,进入 nginx-flv 目录执行 nmake,如图 10-31 所示,代码如下:

```
F: //进入 F 盘
cd nginx-flv                    //进入 nginx-flv
nmake /f build/output/Makefile  //使用 nmake Makefile 编译
```

9. 生成 nginx.exe

编译完成后会在 nginx-flv/build/output 目录下生成 nginx.exe 可执行文件,如图 10-32 所示。

图 10-31　VS 2015 的 nmake 操作

图 10-32　编译完成后的 nginx.exe

10. 错误信息

如果在编译过程中出现"将警告视为错误"的 error,则可以打开 nginx-flv/build/output/Makefile(将-WX 修改为-WX-),代码如下:

```
//chapter10/nginx-flv-build-output-Makefile.txt
CFLAGS = -O2 -W4 -WX -nologo -MT -Zi -Fdbuild/output/nginx.pdb -DFD_SETSIZE=1024 -DNO_SYS_TYPES_H
//将上边代码修改为下边这行代码
CFLAGS = -O2 -W4 -WX- -nologo -MT -Zi -Fdbuild/output/nginx.pdb -DFD_SETSIZE=1024 -DNO_SYS_TYPES_H
```

注意:Windows 环境下有已编译好的 EXE 文件,读者可以自己下载,或者下载图书资料中的"Windows 环境使用 Nginx 的 nginx-http-flv-module.zip"。

10.4 nginx.conf 配置文件详细讲解

10.4.1 Nginx 配置文件结构

Nginx 配置文件包含全局块、events 块和 http 块（http 块包含 http 全局块和多个 server 块，server 块又包含 server 全局块和 location 块），代码如下：

```
//chapter10/nginx-conf-demo.txt
worker_processes 4;
... #全局块
events #events 块
{
    ...
}
http #http 块
{
    ... #http 全局块
    server #server 块 相当于一个虚拟机
    {
        ... #server 全局块
        location [Pattern]
        {
            ...
        }
    }
    server
    {
        ...
    }
    ...
}
```

注意：外层的指令可以作用于自身的块和此块中的所有低层级块，并且还遵循低级优于高级，类似于 Java 中的全局变量和局部变量。

Nginx 的主要模块如表 10-1 所示。

表 10-1 Nginx 主要模块

名称	说明
全局块	（从文件开始到 events 块的内容）用来设置影响 Nginx 服务器整体运行的配置，作用于全局。作用：通常包括服务器的用户组，允许生成 worker process、Nginx 进程 PID 的存放路径、日志的存放路径和类型及配置文件引入等

续表

名 称	说 明
events 块	涉及的指令主要影响 Nginx 服务器和用户的网络连接。 作用：常用的设置包括是否开启多 worker_process 下的网络连接进行序列化，是否允许同时接收多个网络连接，选择何种时间驱动模型处理连接请求，每个 worker process 可以同时支持的最大连接数等
http 块	这个很重要，包含代理，缓存和日志定义等绝大部分功能和第三方模块的配置都可以放在这个模块中。 作用：配置的指令包含文件引入、MIME-Type 的定义、日志定义、是否使用 sendfile 传输文件、连接超时时间、单链接请求数的上限等
server 块	server 块相当于虚拟机，一个 server 相当于一个虚拟机，所以一个 Nginx 服务器相当于对外可以提供多个虚拟机；server 全局块配置虚拟机的监听配置和虚拟机的名称或者 IP。 作用：使 Nginx 服务器可以在同一台服务器上至少运行一组 Nginx 进程，就可以运行多个网站
location 块	一个 server 可以包含多个 location，'[Pattern]' 这里对去除主机名称或者 IP 后的字符做匹配（例如 server_name/uri_string，那么这里就对 '/uri_string' 匹配）。 作用：基于 Nginx 服务器接收的请求字符串，虚拟主机名称（IP，域名）、URL 匹配，对特定请求进行处理

10.4.2 Nginx 配置文件的指令解析

1. 全局块指令配置

（1）配置运行 Nginx 用户组，指令是 user，只能在全局块中配置，命令如下：

```
user user [group]
```

user（第 2 个）：表示可以运行 Nginx 服务器的用户，group 可选项表示运行 Nginx 服务器的用户组；只有被设置了用户或者用户组的成员才有权限启动 Nginx 进程。如果非这些用户就无法启动，还会报错；如果想所有的用户都可以启动，则可以把当前行注释掉，或者使用 user nobody（默认为注释掉的）。

（2）配置 worker_process，只能在全局块中配置。这个受软件、操作系统、硬件等制约，一般和 CPU 数量相等，命令如下：

```
worker_process number | auto
```

其中 number 用于指定 Nginx 进程最多可以产生的 worker process 的数量，默认配置是 1；auto 用于设置此值，Nginx 进程将自动检测。当启动 Nginx 后使用 ps -ef | grep nginx 命令可以看到除了 master 的 Nginx 还有相对应设置数量的 worker process。

（3）配置 Nginx 进程 PID 的存放路径，指令 PID 只能在全局块中配置，命令如下：

```
pid    file
```

file 是指定存放路径和文件名称，默认为 logs/nginx.pid，可以放到相对路径和绝对路径。

（4）配置错误日志的存放路径，指令是 error_log，可以在全局块、http 块、server 块及 location 块中配置，命令如下：

```
error_log  file/stderr[debug|info|notice|warn|error | crit | alert |emerg] ;
```

其中，[ ]表示可选；|表示或者；file 表示文件；stderr 表示输出文件名称，后面[ ]中表示数据的日志级别，当设置某一个级别后，比这一级别高的日志都会被记录下来，例如设置 warn 后 | error | crit | alert | emerg 的日志都会被记录下来。默认为 error_log logs/error.log error；指定文件当前用户需要有写权限。

（5）配置文件的引入，指令是 include，可以在配置文件的任何地方配置。当需要将其他 Nginx 的配置及第三方模块的配置引用到当前的主配置文件中时就可以使用这个指令，命令如下：

```
include file
```

file 表示要引入的配置文件，支持相对路径，引入的文件对当前用户需要写权限。

2．events 块指令配置

（1）设置网络连接序列化，只能在 events 块设置。是否开启"惊群"，即当某一时刻请求到来时是否唤醒多个睡眠的进程，默认为 on 状态，命令如下：

```
accept_mutext on | off
```

（2）设置是否允许同时接收多个网络连接，只能在 events 块中设置。每个 worker process 都有能力接受多个新到达的网络连接，命令如下：

```
multi_accept on | off
```

默认为 off 状态，即一个 work process 一次只能接受一个到达的网络连接。

（3）事件驱动模型进行消息处理，只能在 events 块中设置。用来处理网络消息，method 选择了 select、poll、kqueue、epoll、rtsig、/dev/poll、eventport，命令如下：

```
user method;
```

也可以在编译时通过--with-select-module、--without-select-modules 设置是否强制将 select 模块编译到 Nginx 内核。

（4）配置最大连接数，只能在 events 块中设置，用来开启 work process 的最大连接数，命令如下：

```
worker_connections number
```

默认值为512，另外number不但包含所有和前端的连接数，而且包含所有的连接数，number是不能由操作系统支持打开的最大文件句柄数量。

3. http 块指令配置

（1）定义 MIME-Type，可以在 http 块、server 块和 location 块中配置，命令如下：

```
include       mime.types;                    //用于导入 type 块
default_type  application/octet-stream;      //配置处理前端请求的 MIME 类型
```

这个用于识别前端请求资源类型，模式使用的是 include mime.type，包含了很多资源类型，代码如下：

```
//chapter10/nginx-http-mimetype.txt
types {
    text/html                              html htm shtml;
    text/css                               css;
    text/xml                               xml;
    image/gif                              gif;
    image/jpeg                             jpeg jpg;
    application/JavaScript                 js;
    application/atom+xml                   atom;
    application/rss+xml                    rss;

    text/mathml                            mml;
    text/plain                             txt;
    text/vnd.sun.j2me.app-descriptor       jad;
    text/vnd.wap.wml                       wml;
    text/x-component                       htc;
    ......
}
```

（2）自定义服务日志，用于记录 Nginx 服务器在提供服务过程中应答前端请求的日志，用服务日志和之前的 error_log 加以区分。Nginx 服务器支持对服务日志的格式、大小、输出等进行配置，需要使用两个指令，分别是 access_log 和 log_format。

（3）配置文件允许以 sendfile 方式传输文件，该指令可以在 http 块、server 块和 location 块中配置，用于配置是否开启或者关闭传输文件，默认为 off，命令如下：

```
A、 sendfile on | off
B、 sendfile_max_chunk size;
```

如果 size 值大于 0，则 Nginx 进程的每个 worker process 每次调用 sendfile()传输的数据量最大不能超过这个值。如果设置为 0，则不限制。默认为 0。

(4)配置连接超时时间,可以在 http 块、server 块和 location 块中配置。和用户建立会话连接后,Nginx 服务可以保持连接一段时间,指令 keepalive_timeout 用来设置整个时间,命令如下:

```
keepalive_timeout timeout [header_timeout]
```

其中,timeout 是指服务器端对连接保持的时间,默认为 75s;header_timeout 是可选项,在应答报文头部的 Keep_Alive 域设置超时时间,Keep_Alive:timeout=header_timeout 报文中的这个指令可以被 Mozilla 或者 Konqueror 识别,命令如下:

```
keepalive_timeout 120s 100s;    //含义是服务器端保持连接的时间是120s,发给用户端的应答
//报文头部中的 Keep-Alive 域的超时时间设置为 100s
```

(5)单链接请求数上限,可以在 http 块、server 块和 location 块中配置。Nginx 服务器端和用户端建立会话连接后,用户通过此链接发送请求,指令 keepalive_requests 用于限制用户通过某一个连接向 Nginx 服务器发送请求的次数。默认值是 100,命令如下:

```
keepalive_requests number
```

4. server 块指令配置

配置网络监听,使用指令 listen,方式有 3 种,命令如下:

```
//chapter10/nginx-listen-types.txt
方式一:监听 IP 地址
语法:listen address[:port] [default_server] [setfib=number] [backlog=number] [rcvbuf=size] [sndbuf=size] [deferred] [accept_filter=filter] [bind] [ssl];

方式二:监听端口
语法:listen port [default_server] [setfib=number] [backlog=number] [rcvbuf=size] [sndbuf=size] [accept_filter=filter] [deferred] [bind] [ipv6only= on | off] [ssl];

方式三:配置 UNIX Domain Socket(在原有 Socket 框架上发展起来的 IPC 机制)
语法:listen UNIX:path [default_server] [backlog=number] [rcvbuf=size] [sndbuf=size] [accept_filter=filter] [deferred] [bind] [ssl];
```

(1)address:IP 地址,如果是 IPv6 的地址,则需要使用[]括起来,例如[fe22::1]等。

(2)port:端口号,如果只定义了 IP 地址而没有定义端口号,就使用 80 端口。

(3)path:socket 文件的路径,例/var/run/nginx.sock 等。

(4)default_server:标识符,将虚拟主机设置为 address:port 的默认主机。

(5)setfib=number:使用变量监听 socket 关联的路由表,目前只对 FreeBSD 起作用,不常用。

(6)backlog=number:设置 listen()监听函数最多允许多少网络连接同时处于挂起状

态，在 FreeBSD 中默认为 −1，其他平台默认为 511。

(7) rcvbug=size：设置监听 socket 接受缓冲区的大小。

(8) sndbuf=size：设置监听 socket 发送缓冲区的大小。

(9) deferred：标识符，将 accept() 设置为 Deferred 模式。

(10) accept_filter=filter：设置监听端口对请求的过滤，被过滤的内容不能被接受和处理。这个指令只在 FreeBSD 和 NetBSD 5.0+ 平台有效，filter 可以设置为 dataready 或者 httpready。

(11) bind：标识符，使用独立的 bind() 处理此 address:port，一般情况下，对于端口相同而 IP 地址不相同的多个连接，Nginx 服务将只能使用一个监听命令，并使用 bind() 处理端口相同的所有连接。

(12) ssl：标识符，设置会话连接使用 SSL 模式进行，此标识符和 Nginx 服务器提供的 HTTPS 服务相关。

基于名称的虚拟主机配置，这里的主机指用 server 块对外提供的虚拟主机，设置了主机的名称并配置好了 DNS，用户就可以使用这个名称向此虚拟主机发送请求了。配置注解名称的指令，命令如下：

```
server_name name...;        //name 可以有多个,中间用空格隔开
```

5. location 块指令配置

(1) location 指令配置的这个 location 的值是匹配请求连接中的 uri，命令如下：

```
location [ = | ~ | ~* | ^~ ] uri { ... }
```

uri 表示待匹配的请求字符，可以是正则或者不是正则字符，例如：vison.action 表示标准 uri；\.action$ 表示以 action 结尾的 url。[]中的是可选项，用来改变请求字符串和 uri 的匹配方式，共 4 种，如下所示。

- =：用于标准的 uri（没有使用正则表达式等）前，要求请求字符串和 uri 严格匹配，如果匹配成功就停止搜索并立即处理请求。
- ~：用于表示 uri 包含的正则表达式，并且区分大小写。
- ~*：用于表示 uri 包含的正则表达式，并且不区分大小写。
- ^~：用于标准 uri（没有使用正则表达式），要求 Nginx 服务器找到表示 uri 和请求字符串匹配度最高的 location 后，立即使用 location 处理请求，而不使用 location 块中的正则 uri 和请求字符串作匹配。

(2) 配置请求的根目录，通常在 location 块中配置。当 Web 服务器接收到网络请求之后，首先需要在服务器端指定目录中寻找请求资源，在 Nginx 服务器中，指令 root 用来配置这个根目录，命令如下：

```
root path;
```

其中 path 为 Nginx 服务器接收到请求以后查找资源的根目录路径，path 变量中可以包含 Nginx 服务器预设的大多数变量，只有 $document_root 和 $realpath_root 不可以使用。

（3）更改 location 的 uri 实现转发功能，在 location 块中，除了可以使用 root 指令指明处理根目录，还可以使用 alias 指令改变 location 接收到的 URI 的请求路径，命令如下：

```
alias path;
```

path：修改后的根路径，同样这个变量可以包含除了 $document_root 和 $realpath_root 之外的变量。

（4）设置网站的默认首页，指令 index 用来设置网站的默认首页。一般有两个作用：用户在发出请求网站时，请求地址可以不写首页名称；可以对一个请求，根据请求内容而设置不同的首页。index 指令的语法结构，命令如下：

```
index  file...;
```

其中，file 变量可以包含多个文件，中间用空格隔开，也可以包含其他变量，默认使用 index.html。

10.4.3　Nginx 配置文件关于 nginx-rtmp-module 配置指令详细讲解

1. Core

Core 模块是核心模块。

（1）rtmp 指令，用法是 rtmp { ... }，上下文是"根"，用于保存所有 RTMP 配置的块。

（2）server 指令，语法是 server { ... }，上下文是 rtmp，用于声明一个 RTMP 实例，命令如下：

```
rtmp {
  server {
  }
}
```

（3）listen 指令，命令如下：

```
listen (addr[:port]|port|UNIX:path) [bind] [ipv6only=on|off] [so_keepalive=on|off|
keepidle:keepintvl:keepcnt]
```

上下文是 server，用于给 Nginx 添加一个监听端口以接收 RTMP 连接，命令如下：

```
server {
    listen 1935;
}
```

（4）application 指令，用法是 application name { ... }，上下文是 server，用于创建一个 RTMP 应用。application 名的模式并不类似于 http location，命令如下：

```
server {
    listen 1935;
    application myapp {
    }
}
```

（5）timeout 指令，用法是 timeout value，上下文是 rtmp 或 server，用于 Socket 超时。这个值主要用于写数据时。大多数情况下，RTMP 模块并不期望除 publisher 端口之外的其他端口处于活动状态。如果想要快速关掉 socket，则可以用 keepalive 或者 RTMP ping 等。timeout 默认值为 1min，即 timeout 60s。

（6）ping 指令，用法是 ping value，上下文是 rtmp 或 server，用于 RTMP ping 间隔。0 值将 ping 关掉。RTMP ping 是一个用于检查活动连接的协议功能。发送一个特殊的包到远程连接，然后在 ping_timeout 指令指定的时间内期待一个回复。如果在这个时间里没有收到 ping 回复，则表示连接已断开。ping 默认值为 1min。ping_timeout 默认值为 30s。示例命令如下：

```
ping 3m;
ping_timeout 30s;
```

（7）ping_timeout 指令，用法是 ping_timeout value，上下文是 rtmp 或 server，参考上文 ping 描述。

（8）max_streams 指令，用法是 max_streams value，上下文是 rtmp 或 server，用于设置 RTMP 流的最大数目。数据流被整合到一个单一的数据流里。不同的频道用于发送命令、声频、视频等。默认值为 32，适用于大多数情况，命令如下：

```
max_streams 32;
```

（9）ack_window 指令，用法是 ack_window value，上下文是 rtmp 或 server，用于设置 RTMP 确认视窗大小。这是对端将确认包发送到远端后应该收到的字节数量。默认值为 5000000，命令如下：

```
ack_window 5000000;
```

（10）chunk_size 指令，用法是 chunk_size value，上下文是 rtmp 或 server，用于流整合的最大的块大小。默认值为 4096。这个值设置得越大 CPU 负载就越小。这个值不能低于 128，命令如下：

```
chunk_size 4096;
```

（11）max_queue 指令，用法是 max_queue value，上下文是 rtmp 或 server，用于输入数据报文的最大尺寸。所有输入数据会被分割成报文，然后进一步分割为块。报文在处理结束之前会放在内存里。理论上讲，接收的报文很大对于服务器的稳定性可能会有影响。默认值 1MB 可以满足大多数情况，命令如下：

```
max_message 1M;
out_queue
out_cork
```

2. Access

Access 模块主要提供访问控制功能。

（1）allow 指令，用法是 allow[play|publish]address|subnet|all，上下文是 rtmp、server 或 application，允许来自指定地址或者所有地址发布/播放。allow 和 deny 指令的先后顺序可选，命令如下：

```
allow publish 127.0.0.1;
deny publish all;
allow play 192.168.0.0/24;
deny play all;
```

（2）deny 指令，用法是 deny [play|publish] address|subnet|all，上下文是 rtmp、server 或 application。

3. Exec

Exec 模块用于执行外部指令。

（1）exec 指令，用法是 exec command arg *，上下文是 rtmp、server 或 application，用于定义每个流发布时要执行的带有参数的外部命令。发布结束时进程终止。第 1 个参数是二进制可执行文件的完整路径。关于这个进程将会做些什么事情没有任何假定，但这一特点在使用 FFmpeg 进行流转换时很有用。FFmpeg 被假定作为客户端连接到 nginx-rtmp，然后作为发布者将转换流输出到 nginx-rtmp。类似于 $var/${var} 形式的替换可以在命令行使用，命令如下：

```
//chapter10/nginx-core-exec-demo.txt
 * $name 表示流的名字
 * $app 表示应用名
 * $addr 表示客户端地址
 * $flashver 表示客户端 Flash 版本
 * $swfurl 表示客户端 SWF URL
 * $tcurl 表示客户端 TC URL
 * $pageurl 表示客户端页面 URL
```

可以在 exec 指令中定义 Shell 格式的转向符,用于写输出和接收输入,命令如下:

* 截断输出 > file
* 附加输出 >> file
* 重定向描述符类似于 1 > &2
* 输入 < file

以下 FFmpeg 调用将输入流转码为 HLS-ready 流(H.264/AAC)。运行这个示例,FFmpeg 在编译时需要支持 libx264 和 libfaac,命令如下:

```
//chapter10/nginx-core-exec-ffmpeg-hls.txt
application src {
    live on;
    exec ffmpeg -i rtmp://localhost/src/$name -vcodec libx264 -vprofile baseline -g 10
    -s 300x200 -acodec libfaac -ar 44100 -ac 1 -f flv rtmp://localhost/hls/$name 2>>/var/
    log/ffmpeg-$name.log;
}


application hls {
    live on;
    hls on;
    hls_path /tmp/hls;
    hls_fragment 15s;
}
```

(2) exec_static 指令,用法是 exec_static command arg *,上下文是 rtmp、server 或 application,类似于 exec 指令,但在 Nginx 启动时将运行定义的命令。因为(启动时)尚无会话上下文,所以不支持替换,命令如下:

```
exec_static ffmpeg -i http://example.com/video.ts -c copy -f flv rtmp://localhost/myapp/
mystream;
```

(3) exec_kill_signal 指令,用法是 exec_kill_signal signal,上下文是 rtmp、server 或 application,用于设置进程终止信号。默认为 kill(SIGKILL)。可以定义为数字或者符号名(POSIX.1-1990 信号),命令如下:

```
exec_kill_signal term;
exec_kill_signal usr1;
exec_kill_signal 3;
```

(4) respawn 指令,用法是 respawn on|off,上下文是 rtmp、server 或 application,如果打开 respawn 子进程,则进程终止时发布会仍然继续。默认为打开,命令如下:

```
respawn off;
```

（5）respawn_timeout 指令，用法是 respawn_timeout timeout，上下文是 rtmp、server 或 application，用于在启动新的子实例之前设置 respawn 超时时间。默认为 5s，命令如下：

```
respawn_timeout 10s;
```

（6）exec_publish 指令，用法是 exec_publish command arg *，上下文是 rtmp、server 或 application，用于指定发布事件触发的带有参数的外部命令。返回码是未解析的。这里可以用 exec 替换。另外，args 变量支持持有查询字符串参数。

（7）exec_play 指令，用法是 exec_play command arg *，上下文是 rtmp、server 或 application，用于指定播放事件触发的带有参数的外部命令。返回码是未解析的。替换列表同 exec_publish。

（8）exec_play_done 指令，用法是 exec_play_done command arg *，上下文是 rtmp、server 或 application，用于指定播放结束事件触发的带有参数的外部命令。返回码是未解析的。替换列表同 exec_publish。

（9）exec_publish_done 指令，用法是 exec_publish_done command arg *，上下文是 rtmp、server 或 application，用于指定发布结束事件触发的带有参数的外部命令。返回码是未解析的。替换列表同 exec_publish。

（10）exec_record_done 指令，用法是 exec_record_done command arg *，上下文是 rtmp、server、recorder 或 application，用于指定录制结束时触发的带有参数的外部命令。这里支持 exec_publish 的替代及额外的变量 path 和 recorder，命令如下：

```
//chapter10/nginx-core-exec_publish.txt
# track client info
exec_play bash -c "echo $addr $pageurl >> /tmp/clients";
exec_publish bash -c "echo $addr $flashver >> /tmp/publishers";

# convert recorded file to mp4 format
exec_record_done ffmpeg -y -i $path -acodec libmp3lame -ar 44100 -ac 1 -vcodec libx264 $path.mp4;
```

4. Live

Live 模块主要提供直播功能。

（1）live 指令，用法是 live on|off，上下文是 rtmp、server 或 application，用于切换直播模式，即一对多广播，命令如下：

```
live on;
```

（2）meta指令，用法是 meta on|off，上下文是 rtmp、server 或 application，用于切换将元数据发送到客户端。默认为 on，命令如下：

```
meta off;
```

（3）interleave指令，用法是 interleave on|off，上下文是 rtmp、server 或 application，用于切换交叉模式。在这种模式下，声频和视频数据会在同一个 RTMP chunk 流中传输。默认为 off，命令如下：

```
interleave on;
```

（4）wait_key指令，用法是 wait_key on|off，上下文是 rtmp、server 或 application，用于使视频流从一个关键帧开始。默认为 off，命令如下：

```
wait_key on;
```

（5）wait_video指令，用法是 wait_video on|off，上下文是 rtmp、server 或 application，用于在第1个视频帧发送之前禁用声频。默认为 off。可以和 wait_key 进行组合以使客户端可以收到具有所有其他数据的视频关键帧，然而这通常会增加连接延迟。可以通过在编码器中调整关键帧间隔来减少延迟，命令如下：

```
wait_video on;
```

（6）publish_notify指令，用法是 publish_notify on|off，上下文是 rtmp、server 或 application，用于将 NetStream.Publish.Start 和 NetStream.Publish.Stop 发送给用户。默认为 off，命令如下：

```
publish_notify on;
```

（7）drop_idle_publisher指令，用法是 drop_idle_publisher timeout，上下文是 rtmp、server 或 application，用于终止指定时间内闲置（没有声频/视频数据）的发布连接。默认为 off。注意这个仅仅对于发布模式的连接起作用（发送 publish 命令之后），命令如下：

```
drop_idle_publisher 10s;
```

（8）sync指令，用法是 sync timeout，上下文是 rtmp、server 或 application，用于同步声频和视频流。如果用户带宽不足以接收发布率，服务器则会丢弃一些帧。这将导致同步问题。当时间戳差超过 sync 指定的值时，将会发送一个绝对帧来解决这个问题。默认为 300ms，命令如下：

```
sync 10ms;
```

（9）play_restart 指令，用法是 play_restart on | off，上下文是 rtmp、server 或 application，用于使 nginx-rtmp 能够在发布启动或停止时将 NetStream.Play.Start 和 NetStream.Play.Stop 发送到每个用户。如果关闭，则每个用户就只能在回放的开始和结束时收到这些通知。默认为 on，命令如下：

```
play_restart off;
```

5. Record

Record 模块主要提供录制功能。

（1）record 指令，用法是 record [off | all | audio | video | keyframes | manual] *，上下文是 rtmp、server、recorder 或 application，用于切换录制模式。流可以被记录到 FLV 文件。本指令指定应该被记录，命令如下：

```
//chapter10/nginx-record-demo.txt
* off 表示什么也不录制
* all 表示录制声频和视频（所有）
* audio 表示录制声频
* video 表示录制视频
* keyframes 表示只录制关键视频帧
* manual 表示用于不自动启动录制，使用控制接口来启动/停止
```

在单个记录指令中可以有任何兼容的组合键，命令如下：

```
record all;
record audio keyframes;
```

（2）record_path 指令，用法是 record_path path，上下文是 rtmp、server、recorder 或 application，用于指定录制的 FLV 文件的存放目录，命令如下：

```
record_path /tmp/rec;
```

（3）record_suffix 指令，用法是 record_suffix value，上下文是 rtmp、server、recorder 或 application，用于设置录制文件的后缀名。默认为 .flv，命令如下：

```
record_suffix _recorded.flv;
```

下面的指令用于录制后缀可以匹配 strftime 格式，命令如下：

```
record_suffix -%d-%b-%y-%T.flv
```

将会产生形如 mystream-24-Apr-13-18:23:38.flv 的文件。所有支持 strftime 格式的选项都可以在 strftime man page 里进行查找。

（4）record_unique 指令，用法是 record_unique on|off，上下文是 rtmp、server、recorder 或 application，用于设置是否将时间戳添加到录制文件。否则同样的文件在每一次新的录制发生时将被重写。默认为 off，命令如下：

```
record_unique on;
```

（5）record_append 指令，用法是 record_append on|off，上下文是 rtmp、server、recorder 或 application，用于切换文件的附加模式。当这一指令为开启时，录制时将把新数据附加到老文件，如果老文件丢失，则将重新创建一个。文件中的老数据和新数据没有时间差。默认为 off，命令如下：

```
record_append on;
```

（6）record_lock 指令，用法是 record_lock on|off，上下文是 rtmp、server、recorder 或 application，当这一指令开启时，当前录制文件将被 fcntl 调用锁定。可以在其他地方核实哪个文件正在进行录制。默认为 off，命令如下：

```
record_lock on;
```

在 FreeBSD 上可以使用 flock 工具检查。在 Linux 上 flock 和 fcntl 无关，因此需要去写一个简单的脚本来检查文件的锁定状态。以下是脚本的示例，代码如下：

```python
//chapter10/nginx-record_lock.py
[python]
#!/usr/bin/python
import fcntl, sys

sys.stderr.close()
fcntl.lockf(open(sys.argv[1], "a"), fcntl.LOCK_EX|fcntl.LOCK_NB)
```

（7）record_max_size 指令，用法是 record_max_size size，上下文是 rtmp、server、recorder 或 application，用于设置录制文件的最大值，命令如下：

```
record_max_size 128K;
```

（8）record_max_frames 指令，用法是 record_max_frames nframes，上下文是 rtmp、server、recorder 或 application，用于设置每个录制文件的视频帧的最大数量，命令如下：

```
record_max_frames 2;
```

（9）record_interval 指令，用法是 record_interval time，上下文是 rtmp、server、recorder 或 application，用于在这个指令指定时间之后重启录制。默认为 off。设置为 0 意味着录制

中无延迟。如果 record_unique 为 off,则所有记录片段会被写到同一个文件。否则文件名将附以时间戳以区分不同文件,给定的 record_interval 要大于 1s,命令如下:

```
record_interval 1s;
record_interval 15s;
```

（10）recorder 指令,用法是 recorder name {...},上下文是 application,用于创建录制块。可以在单个 application 中创建多个记录。上文提到的所有与录制相关的指令都可以在 recorder{}块中进行定义。继承高层次中的所有设置,命令如下:

```
//chapter10/nginx-record-recorder-multi.txt
application {
    live on;

    # default recorder
    record all;
    record_path /var/rec;

    recorder audio {
        record audio;
        record_suffix .audio.flv;
    }

    recorder chunked {
        record all;
        record_interval 15s;
        record_path /var/rec/chunked;
    }
}
```

（11）record_notify 指令,用法是 record_notify on|off,上下文是 rtmp、server、recorder 或 application,用于切换当定义录制启动或停止文件时将 NetStream.Record.Start 和 NetStream.Record.Stop 状态信息发送到发布者。状态描述字段用于保存录制的名字。默认为 off,命令如下:

```
//chapter10/nginx-record-record_notify.txt
recorder myrec {
    record all manual;
    record_path /var/rec;
    record_notify on;
}
```

6. VoD

VoD 模块提供点播功能。

(1) play 指令,用法是 play dir|http://loc [dir|http://loc] *,上下文是 rtmp、server 或 application,用于播放指定目录或者 HTTP 地址的 FLV 或者 MP4 文件。如果此参数的前缀是 http://,就认为文件可以在播放前从远程 http 地址下载下来。注意播放是在整个文件下载完毕之后才开始。可以使用本地 Nginx 在本地机器缓存文件。同一个 play 指令可以定义多个播放地址。当用多个 play 指令定义时,地址列表将被合并,并从更高域中继承。尝试播放每个地址,直到发现一个成功的地址。如果没有找到成功地址,则将错误状态发送到客户端。索引的 FLV 播放具有随机查找能力。没有索引的 FLV 则不具备查找/暂停能力。使用 FLV 索引器来编索引。MP4 文件只有在声频和视频编码都被 RTMP 支持时才可以播放。最常见的情况是 H.264/AAC,命令如下:

```
//chapter10/nginx-vod-playdemo.txt
application vod {
    play /var/flvs;
}
application vod_http {
    play http://myserver.com/vod;
}
application vod_mirror {
    #try local location first, then access remote location
    play /var/local_mirror http://myserver.com/vod;
}
```

可以使用 ffplay 播放,命令如下:

```
ffplay rtmp://localhost/vod/dir/file.flv
```

(2) play_temp_path 指令,用法是 play_temp_path dir,上下文是 rtmp、server 或 application,用于在播放之前设置远程存储的 VoD 文件路径。默认为/tmp,命令如下:

```
play_temp_path /www;
play http://example.com/videos;
```

(3) play_local_path 指令,用法是 play_local_path dir,上下文是 rtmp、server 或 application,用于设置远程 VoD 文件完全下载之后复制 play_temp_path 之后的路径。空值表示禁用此功能。这个功能可以用于将远程文件缓存在本地。这一路径应该和 play_temp_path 处于同一设备,命令如下:

```
#search file in /tmp/videos.
#if not found play from remote location, and store in /tmp/videos
play_local_path /tmp/videos;
play /tmp/videos http://example.com/videos;
```

7. Relay

Relay 模块用于流的转发。

（1）pull 指令，用法是 pull url [key=value]*，上下文是 application，用于创建 pull 中继。流将从远程服务器上拉下来，成为本地可用的。仅当至少有一个播放器正在播放本地流时发生。如果 application 找不到，则将会使用本地 application 名。如果找不到 playpath，则用当前流的名字。支持以下参数：

- *app 表示明确 application 名。
- *name 表示捆绑到 relay 的本地流名字。如果为空或者没有定义，则将会使用 application 中的所有本地流。
- *tcurl 表示如果为空，则将自动构建。
- *pageUrl 表示模拟页面 URL。
- *swfUrl 表示模拟 SWF URL。
- *flashVer 表示模拟 Flash 版本。
- *playPath 表示远程播放地址。
- *live 表示切换直播特殊行为，值为 0 和 1。
- *start 表示开始时间。
- *stop 表示结束时间。
- *static 表示创建静态 pull，这样的 pull 在 Nginx 启动时创建。

如果某参数的值包含空格，则应该在整个键-值对周围使用单引号，命令如下：

```
//chapter10/nginx-relay-pulldemo.txt
'pageUrl=FAKE PAGE URL'.
pull rtmp://cdn.example.com/main/ch?id=12563 name=channel_a;


pull rtmp://cdn2.example.com/another/a?b=1&c=d
pageUrl=http://www.example.com/video.html swfUrl=http://www.example.com/player.swf live=1;


pull rtmp://cdn.example.com/main/ch?id=12563 name=channel_a static;
```

（2）push 指令，用法是 push url [key=value]*，上下文是 application，push 的语法和 pull 的语法一样。不同于 pull 指令的是 push 可将发布流推送到远程服务器。

（3）push_reconnect 用法是 push_reconnect time，上下文是 rtmp、server 或 application，用于在断开连接后，设置在 push 重新连接前等待的时间，默认为 3s，命令如下：

```
push_reconnect 1s;
```

（4）session_relay 指令，用法是 session_relay on|off，上下文是 rtmp、server 或

application,用于切换会话 relay 模式。在这种模式下连接关闭时 relay 销毁。当设置为 off 时,流关闭,relay 被销毁,被销毁后另一个 relay 可以被创建,默认为 off,命令如下:

```
session_relay on;
```

8. Notify

Notify 模块提供通知功能。

(1) on_connect 指令,用法是 on_connect url,上下文是 rtmp 或 server,用于设置 HTTP 连接回调。当客户分发一个连接命令时,一个 HTTP 请求会异步发送,命令处理将被暂停,直到它返回结果代码。当 HTTP 2XX 码返回时,RTMP 会话继续。返回码 3XX 会使 RTMP 重定向到另一个从 HTTP 返回头里获取的 application,否则连接丢弃。该指令在 application 域是不允许的,因为 application 在连接阶段还是未知的。HTTP 请求可接收一些参数。在 application/x-www-form-urlencoded MIME 类型下使用 POST 方法。以下参数将被传给调用者:

- *call=connect。
- *addr:客户端 IP 地址。
- *app:application 名。
- *flashVer:客户端 Flash 版本。
- *swfUrl:客户端 SWF URL。
- *tcurl:TCURL。
- *pageUrl:客户端页面 URL。

除了上述参数以外,所有显式传递给连接命令的参数也由回调发送。应该将连接参数和 play/publish 参数区分开。播放器常常有独特的方式设置连接字符串不同于 play/publish 流名字。下面是 JWPlayer 设置这些参数的一个示例,命令如下:

```
//chapter10/nginx-notify-jwplayer.txt
...
streamer: "rtmp://localhost/myapp?connarg1 = a&connarg2 = b",
file: "mystream?strarg1 = c&strarg2 = d",
...

//Ffplay(带有 librtmp)示例
ffplay "rtmp://localhost app = myapp?connarg1 = a&connarg2 = b
playpath = mystream?strarg1 = c&strarg2 = d"
```

一个简单案例,命令如下:

```
on_connect http://example.com/my_auth;
```

重定向例子,命令如下:

```
//chapter10/nginx-notify-jwplayer.txt
location /on_connect {
    if ( $arg_flashver != "my_secret_flashver") {
        rewrite ^.* $ fallback? permanent;
    }
    return 200;
}
```

（2）on_play 指令，用法是 on_play url，上下文是 rtmp、server 或 application，用于设置 HTTP 播放回调。每次当一个客户分发播放命令时，一个 HTTP 请求会异步发送，命令处理会挂起，直到它返回结果码。之后再解析 HTTP 结果码。HTTP 2XX 返回码继续 RTMP 会话。HTTP 3XX 返回码将 RTMP 重定向到另一个流，这个流的名字在 HTTP 返回头的 Location 获取。如果新流的名字起始于 rtmp://，则远程 relay 会被创建。relay 要求 IP 地址是指定的而不是域名，并且只工作在 1.3.10 版本以上的 Nginx。其他返回码表示 RTMP 连接丢弃。这里列举一个重定向例子，命令如下：

```
//chapter10/nginx-notify-on_play.txt
http {
    ...
    location /local_redirect {
        rewrite ^.* $ newname? permanent;
    }
    location /remote_redirect {
        #no domain name here, only ip
        rewrite ^.* $ rtmp://192.168.1.123/someapp/somename? permanent;
    }
    ...
}


rtmp {
    ...
    application myapp1 {
        live on;
        #stream will be redirected to 'newname'
        on_play http://localhost:8080/local_redirect;
    }
    application myapp2 {
        live on;
        #stream will be pulled from remote location
        #requires nginx >= 1.3.10
        on_play http://localhost:8080/remote_redirect;
    }
    ...
}
```

HTTP 请求接收到一些参数,在 application/x-www-form-urlencoded MIME 类型下使用 POST 方法。以下参数会被传送给调用者。

- *call=play。
- *addr:客户端 IP 地址。
- *app:application 名。
- *flashVer:客户端 Flash 版本。
- *swfUrl:客户端 SWF URL。
- *tcurl:客户端 TCURL。
- *pageUrl:客户端页面 URL。
- *name:流名。

除了上述参数之外其他所有播放命令参数可显式地发送回调。例如一个流由 url rtmp://localhost/app/movie? a=100&b=face&foo=bar 访问,然后 a、b 和 foo 发送回调,命令如下:

```
on_play http://example.com/my_callback;
```

(3) on_publish 指令,用法是 on_publish url,上下文是 rtmp、server 或 application,同上面提到的 on_play 一样,唯一的不同点在于这个指令在发布命令设置回调。不同于远程 pull,push 在这里是可以使用的。

(4) on_done 指令,用法是 on_done url,上下文是 rtmp、server 或 application,用于设置播放/发布禁止回调。上述所有回调适用于此,但这个回调并不检查 HTTP 状态码。

(5) on_play_done 指令,用法是 on_publish_done url,上下文是 rtmp、server 或 application,等同于 on_done 的表现,但只适用于播放结束事件。

(6) on_publish_done 指令,用法是 on_publish_done url,上下文是 rtmp、server 或 application,等同于 on_done 的表现,但只适用于发布结束事件。

(7) on_update 指令,用法是 on_update url,上下文是 rtmp、server 或 application,用于设置 update 回调。这个回调会在 notify_update_timeout 期间调用。如果一个请求返回的结果不是 2XX,则连接被禁止。这可以用于同步过期的会话。追加 time 参数即播放/发布调用后的秒数会被发送给处理程序,命令如下:

```
on_update http://example.com/update;
```

(8) notify_update_timeout 指令,用法是 notify_update_timeout timeout,上下文是 rtmp、server 或 application,用于在 on_update 回调之间设置超时。默认为 30s,命令如下:

```
notify_update_timeout 10s;
on_update http://example.com/update;
```

(9) notify_update_strict 指令,用法是 notify_update_strict on|off,上下文是 rtmp、server 或 application,用于切换 on_update 回调严格模式。默认为 off。当设置为 on 时,所有连接错误、超时及 HTTP 解析错误和空返回会被视为更新失败并导致连接终止。当设置为 off 时只有 HTTP 返回码不同于 2XX 时会导致失败,命令如下:

```
notify_update_strict on;
on_update http://example.com/update;
```

(10) notify_relay_redirect 指令,用法是 notify_relay_redirect on|off,上下文是 rtmp、server 或 application,用于使本地流可以重定向为 on_play 和 on_publish 远程重定向。新的流名字是 RTMP URL,用于远程重定向,默认为 off,命令如下:

```
notify_relay_redirect on;
```

(11) notify_method 指令,用法是 notify_method get|post,上下文是 rtmp、server、recorder 或 application,用于设置 HTTP 方法通知。默认为带有 application/x-www-form-urlencoded 的 POST 内容类型。在某些情况下 GET 更好,例如打算在 Nginx 的 http{}部分处理调用。在这种情况下可以使用 arg_* 变量访问参数,命令如下:

```
notify_method get;
```

在 http{}部分使用 GET 方法处理通知可以使用这种方法,命令如下:

```
//chapter10/nginx-notify-notify_method.txt
location /on_play {
    if ( $arg_pageUrl ~* localhost) {
        return 200;
    }
    return 500;
}
```

9. HLS

HLS 模块用于 HLS 直播及切片功能。

(1) hls 指令,用法是 hls on|off,上下文是 rtmp、server 或 application,用于在 application 切换 HLS,命令如下:

```
hls on;
hls_path /tmp/hls;
hls_fragment 15s;
```

在 http{}段为客户端播放 HLS 可在以下位置设置,命令如下:

```
//chapter10/nginx-hls-hsldemo.txt
http {
    ...
    server {
        ...
        location /hls {
            types {
                application/vnd.apple.mpegurl m3u8;
            }
            alias /tmp/hls;
        }
    }
}
```

（2）hls_path 指令，用法是 hls_path path，上下文是 rtmp、server 或 application，用于设置 HLS 播放列表和分段目录。这一目录必须在 Nginx 启动前就已存在。

（3）hls_fragment 指令，用法是 hls_fragment time，上下文是 rtmp、server 或 application，用于设置 HLS 分段长度。默认为 5min。

（4）hls_playlist_length 指令，用法是 hls_playlist_length time，上下文是 rtmp、server 或 application，用于设置 HLS 播放列表的长度。默认为 30s，命令如下：

```
hls_playlist_length 10s;
```

（5）hls_sync 指令，用法是 hls_sync time，上下文是 rtmp、server 或 application，用于设置 HLS 时间戳的同步阈值。默认为 2ms。该功能可以防止由低分辨率 RTMP(1kHz)转换到高分辨率 MPEG-TS(90kHz)之后出现噪声，命令如下：

```
hls_sync 100ms;
```

（6）hls_continuous 指令，用法是 hls_continuous on|off，上下文是 rtmp、server 或 application，用于切换 HLS 连续模式。这一模式下 HLS 序列号由其上次停止的最后时间开始。旧的分段保留下来。默认为 off，命令如下：

```
hls_continuous on;
```

（7）hls_nested 指令，用法是 hls_nested on|off，上下文是 rtmp、server 或 application，用于切换 HLS 嵌套模式。这一模式下为每个流创建了一个 hls_path 的子目录。播放列表和分段在那个子目录中创建。默认为 off，命令如下：

```
hls_nested on;
```

（8）hls_cleanup 指令，用法是 hls_cleanup on|off，上下文是 rtmp、server 或

application，用于切换 HLS 清理。这一功能默认为开启模式。在该模式下 Nginx 缓存管理进程将老的 HLS 片段和播放列表由 HLS 清理掉，命令如下：

```
hls_cleanup off;
```

10. Access log

Access log 模块用于统计站点访问的 IP 来源、某个时间段的访问频率等信息。

（1）access_log 指令，用法是 access_log off | path [format_name]，上下文是 rtmp、server 或 application，用于设置访问日志参数。日志默认为开启的。关闭日志可以使用 access_log off 指令。默认情况下访问日志和 HTTP 访问日志 logs/access.log 会被放到同一文件。也可以使用 access_log 指令将其定义到其他日志文件。第 2 个参数是可选的。可以根据名字来定义日志格式。参考 log_format 指令可获取更多关于格式的详细信息，命令如下：

```
log_format new '$remote_addr';
access_log logs/rtmp_access.log new;
access_log logs/rtmp_access.log;
access_log off;
```

（2）log_format 指令，用法是 log_format format_name format，上下文是 rtmp，用于创建指定的日志格式。日志格式看起来很像 Nginx HTTP 日志格式。日志格式里支持的几个变量如下。

- *connection：连接数。
- *remote_addr：客户端地址。
- *app：application 名。
- *name：上一个流名。
- *args：上一个流播放/发布参数。
- *flashver：客户端 Flash 版本。
- *swfurl：客户端 SWF URL。
- *tcurl：客户端 TCURL。
- *pageurl：客户端页面 URL。
- *command：客户端发送的播放/发布命令 NONE、PLAY、PUBLISH、PLAY＋PUBLISH。
- *Bytes_sent：发送到客户端的字节数。
- *Bytes_received：从客户端接收的字节数。
- *time_local：客户端连接结束的本地时间。
- *session_time：持续连接的时间，单位为秒。
- *session_readable_time：在可读格式下的持续时间。

默认的日志格式叫作 combined。这里是这一格式的定义，命令如下：

```
$remote_addr [$time_local] $command "$app" "$name" "$args" -
$Bytes_received $Bytes_sent "$pageurl" "$flashver" ($session_readable_time)
```

11. Limits

Limits 模块用于提供连接限制。

max_connections 指令，用法是 max_connections number，上下文是 rtmp、server 或 location，用于为 RTMP 引擎设置最大连接数。默认为 off，命令如下：

```
max_connections 100;
```

12. Statistics

Statistics 模块不同于本书列举的其他模块，它是 Nginx HTTP 模块，因此 statistics 指令应该位于 http{}块的内部。

（1）rtmp_stat 指令，用法是 rtmp_stat all，上下文是 rtmp、server 或 application，用于为当前 HTTP location 设置 RTMP statistics 处理程序。RTMP statistics 是一个静态的 XML 文档。可以使用 rtmp_stat_stylesheet 指令在浏览器中作为 XHTML 页面查看这个文档，命令如下：

```
//chapter10/nginx-statistics-rtmp_stat.txt
http {
    server {
        location /stat {
            rtmp_stat all;
            rtmp_stat_stylesheet stat.xsl;
        }
        location /stat.xsl {
            root /path/to/stat/xsl/file;
        }
    }
}
```

（2）rtmp_stat_stylesheet 指令，用法是 rtmp_stat_stylesheet path，上下文是 rtmp、server 或 location，用于将 XML 样式表引用添加到 statistics XML，使其可以在浏览器中可视。

13. Multi-worker live streaming

多 worker 直播流（Multi-worker live streaming）是通过推送流到剩余的 Nginx worker 实现的。

（1）rtmp_auto_push 指令，用法是 rtmp_auto_push on|off，上下文是 root，用于切换自动推送多 worker 直播流模式。默认为 off。

（2）rtmp_auto_push_reconnect 指令，用法是 rtmp_auto_push_reconnect timeout，上下文是 root，当 worker 被干掉时设置自动推送连接超时时间。默认为 100ms。

（3）rtmp_socket_dir 指令，用法是 rtmp_socket_dir dir，上下文是 root，用于设置流推送的 UNIX 域套接字目录。默认为/tmp，命令如下：

```
//chapter10/nginx-multi-worker-demo.txt
rtmp_auto_push on;
rtmp_auto_push_reconnect 1s;
rtmp_socket_dir /var/sock;


rtmp {
    server {
        listen 1935;
        application myapp {
            live on;
        }
    }
}
```

14. Control

Control 模块是 Nginx HTTP 模块，应该放在 http{}块之内。

rtmp_control 指令，用法是 rtmp_control all，上下文是 http、server 或 location，用于为当前 HTTP location 设置 RTMP 控制程序，命令如下：

```
//chapter10/nginx-control-demo.txt
http {
    server {
        location /control {
            rtmp_control all;
        }
    }
}
```

第 11 章 SRS 搭建直播平台

SRS 是一个简单高效的实时视频服务器，支持 RTMP、WebRTC、HLS、HTTP-FLV、SRT、GB28181 等协议。传统的视频监控客户端都是 Windows PC 桌面客户端，现在很多公司需要实现通过 Web 查看远程的视频监控，此时可以通过 RTSP/GB28181 推流推送到 SRS 流媒体服务器，然后通过 RTMP 或者 HTTP-FLV 协议进行拉流查看远程摄像头所拍摄的视频。传统的推流端都需要安装应用软件才能实现推流，但是目前也有 Web 化的趋势，需要通过浏览器网页将音视频画面推送给观众，此时就可以通过 WebRTC 推流到 SRS 流媒体服务器，然后观众通过 RTMP、HTTP-FLV 等方式观看直播。

6min

11.1 SRS 项目简介

SRS 是一个简单高效的实时视频服务器，支持 RTMP、WebRTC、HLS、HTTP-FLV、SRT、GB28181 等协议，它的整体架构如图 11-1 所示。

SRS 支持两种方式得到 RTMP 直播源，一种是使用 FFmpeg、设备或其他方式将流推送到 SRS，另一种是使用 SRS 本身所带的采集功能。采集（Ingest）指的是将文件（flv/mp4/mkv/avi/rmvb 等）、流（RTMP/RTMPT/RTMPS/RTSP/HTTP/HLS 等）、音视频设备等数据，转封装为 RTMP 流（若编码格式不是 H.264/AAC，则需要转码），然后推送到 SRS。采集的主要应用场景包括：

（1）虚拟直播，将文件编码为直播流，可以指定多个文件，SRS 会循环播放。

（2）RTSP 摄像头对接，以前安防摄像头都支持访问 RTSP 地址，RTSP 无法在互联网上播放。可以将 RTSP 采集后，以 RTMP 推送到 SRS，然后就可以接入互联网了。

（3）直接采集设备，SRS 采集功能可以作为编码器采集设备上的未压缩图像数据，如 video4Linux 和 alsa 设备，编码为 H.264/AAC 后将 RTMP 输送到 SRS。

（4）将 HTTP 流采集为 RTMP，有些老的设备能输出 HTTP 的 TS 或 FLV 流，可以采集后转封装为 RTMP，支持 HLS 输出。

总之，采集的应用场景主要是"SRS 拉流"，能拉任意的流，只要 FFmpeg 支持；如果不是 H.264/AAC 编码格式，则使用 FFmpeg 转码即可。SRS 默认为支持"推流"，即等待编

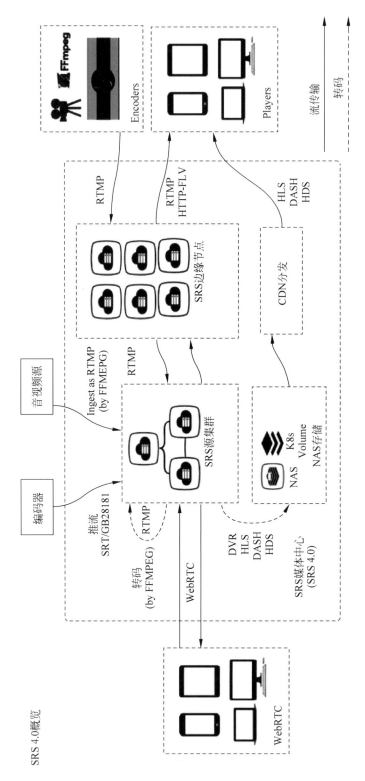

图 11-1　SRS 整体架构

码器推流上来,可以是专门的编码设备、FMLE、FFmpeg、XSplit、Flash 等,所以 SRS 的接入方式可以是"推流到 SRS"和"SRS 主动拉流",作为源站的功能已经比较完善。

目前(截至笔者终稿时)SRS 4.0 支持的功能包括:
(1) RTMP 推流,WebRTC 播放,WebRTC 推流还在开发中。
(2) AAC 转换成 Opus,直播主要是 AAC,而 WebRTC 是 Opus。
(3) H5 播放器 rtc_player.html,已经放在了 SRS 网站上。
(4) 支持 UDP 端口复用,默认以 UDP/8000 端口传输数据。
(5) 支持通过 ENV 设置 IP,在 Docker 中比较方便使用。
(6) 裁剪的 FFmpeg 库,静态库链接,后续会支持动态库链接。
(7) 使用 FFmpeg-AAC 编解码(LGPL),没有用 GPL 的 FDK AAC。
(8) 支持丢弃 B 帧,避免抖动,后续会支持高级丢帧。

11.2 SRS 源码安装与编译

下面介绍在 Linux 系统上安装并编译 SRS。

11.2.1 在 Ubuntu 18 上安装 SRS

1. 安装配置 Ubuntu 18

安装 Ubuntu 18 的步骤比较简单,这里不再赘述,读者可自行百度,然后需要为 Ubuntu 18 更新国内镜像源,这里以阿里源为例讲解如何修改 Ubuntu 18 里面的默认源。先备份 /etc/apt/sources.list 文件,代码如下:

```
mv /etc/apt/sources.list /etc/apt/sources.list.bak
```

然后编辑 /etc/apt/sources.list 文件,在文件里添加阿里源,代码如下:

```
//chapter11/ubuntu-aliyun-mirror.txt
#阿里源
deb http://mirrors.aliyun.com/ubuntu/ bionic main restricted universe multiverse
deb-src http://mirrors.aliyun.com/ubuntu/ bionic main restricted universe multiverse
deb http://mirrors.aliyun.com/ubuntu/ bionic-security main restricted universe multiverse
deb-src http://mirrors.aliyun.com/ubuntu/ bionic-security main restricted universe multiverse
deb http://mirrors.aliyun.com/ubuntu/ bionic-updates main restricted universe multiverse
deb-src http://mirrors.aliyun.com/ubuntu/ bionic-updates main restricted universe multiverse
deb http://mirrors.aliyun.com/ubuntu/ bionic-backports main restricted universe multiverse
deb-src http://mirrors.aliyun.com/ubuntu/ bionic-backports main restricted universe multiverse
deb http://mirrors.aliyun.com/ubuntu/ bionic-proposed main restricted universe multiverse
deb-src http://mirrors.aliyun.com/ubuntu/ bionic-proposed main restricted universe multiverse
```

保存后更新一下系统,命令如下:

```
sudo apt-get update
sudo apt-get upgrade
```

2. 下载并编译 SRS 4.0

（1）SRS 4.0 源码的下载网址为 https://github.com/ossrs/srs/releases/，如图 11-2 所示。

图 11-2 下载 SRS 源码

（2）安装依赖项，代码如下：

```
sudo apt install gcc make python p7zip-full pkg-config autoconf automake build-essential -y
```

（3）配置 SRS 4.0，代码如下：

```
//chapter11/srs4-Ubuntu-compile.txt
cd srs-4.0.123
cd trunk

./configure --with-hls --with-ssl --with-http-server --with-http-callback --with-http-api --with-ingest --with-stream-caster
```

正常情况下可以配置成功，笔者的配置输出信息如下：

```
//chapter11/srs4-Ubuntu-compile.txt
Generate modules PROTOCOL ok!
Generate modules APP ok!
Generate modules SERVER ok!
Generate modules MAIN ok!
Generating app srs depends.
Generating app srs link.
Generate app srs ok!
Generating app srs_hls_ingester depends.
Generating app srs_hls_ingester link.
Generate app srs_hls_ingester ok!
Generating app srs_mp4_parser depends.
Generating app srs_mp4_parser link.
Generate app srs_mp4_parser ok!
Generate Makefile
Configure ok!

Configure summary:
     --x86-x64 --with-hls --with-ssl --with-http-server --with-http-callback
--with-http-api --with-ingest --with-stream-caster
     --prefix=/usr/local/srs --hls=on --hds=off --dvr=on --ssl=on --https=on
--ssl-1-0=off --ssl-local=off --sys-ssl=off --transcode=on --ingest=on --
stat=on --http-callback=on --http-server=on --stream-caster=on --http-api=on
--utest=off --cherrypy=off --srt=off --rtc=on --simulator=off --gb28181=off
--cxx11=off --cxx14=off --ffmpeg-fit=on --nasm=on --srtp-nasm=on --clean=on
--gperf=off --gmc=off --gmd=off --gmp=off --gcp=off --gprof=off --static=
off --use-shared-st=off --use-shared-srt=off --log-verbose=off --log-info=
off --log-trace=on --gcov=off --debug=off --debug-stats=off --cross-build=
off --cc=gcc --cxx=g++ --ar=ar --ld=ld --randlib=randlib


HLS is enabled.
Experiment: StreamCaster is enabled.
Warning: HDS is disabled.
Warning: SRT is disabled.
Experiment: RTC is enabled. https://github.com/ossrs/srs/issues/307
Experiment: HTTPS is enabled. https://github.com/ossrs/srs/issues/1657
DVR is enabled.
RTMP complex handshake is enabled
NASM for HTTPS(openssl) and FFmepg is enabled
SRTP-NASM for WebRTC(openssl) is enabled
The transcoding is enabled
The ingesting is enabled.
The http-callback is enabled
Embeded HTTP server for HTTP-FLV/HLS is enabled.
The HTTP API is enabled
Note: The utests are disabled.
```

```
Note: The gperf(tcmalloc) is disabled.
Note: The gmc(gperf memory check) is disabled.
Note: The gmd(gperf memory defense) is disabled.
Note: The gmp(gperf memory profile) is disabled.
Note: The gcp(gperf cpu profile) is disabled.
Note: The gprof(GNU profile tool) is disabled.
Note: The cross-build is disabled.
Note: The valgrind is disabled.
Enable module: modules/hls-ingester
Enable module: modules/mp4-parser

You can build SRS:
" make " to build the SRS server
" make help " to get some help
root@Ubuntu:~/srs-4.0.123/trunk#
```

（4）为了加快编译，可以使用 make -j8 进行编译，代码如下：

```
make -j8
```

正常情况下可以编译成功，笔者的编译输出信息如下：

```
//chapter11/srs4-Ubuntu-compile.txt
The build summary:
+----------------------------------------------------------------
----------------
     For SRS benchmark, gperf, gprof and valgrind, please read:
          http://blog.csdn.net/win_lin/article/details/53503869

+----------------------------------------------------------------
----------------
    |The main server usage: ./objs/srs -c conf/srs.conf, start the srs server
    |    About HLS, please read
https://github.com/ossrs/srs/wiki/v2_CN_DeliveryHLS
    |    About DVR, please read https://github.com/ossrs/srs/wiki/v3_CN_DVR
    |    About SSL, please read
https://github.com/ossrs/srs/wiki/v1_CN_RTMPHandshake
    |    About transcoding, please read
https://github.com/ossrs/srs/wiki/v3_CN_FFMPEG
    |    About ingester, please read
https://github.com/ossrs/srs/wiki/v1_CN_Ingest
    |    About http-callback, please read
https://github.com/ossrs/srs/wiki/v3_CN_HTTPCallback
    |    Aoubt http-server, please read
https://github.com/ossrs/srs/wiki/v2_CN_HTTPServer
```

```
       |     About http-api, please read
https://github.com/ossrs/srs/wiki/v3_CN_HTTPApi
       |     About stream-caster, please read
https://github.com/ossrs/srs/wiki/v2_CN_Streamer
       |     (Disabled) About VALGRIND, please read
https://github.com/ossrs/state-threads/issues/2

+-----------------------------------------------------------------
-----------------
binaries, please read https://github.com/ossrs/srs/wiki/v2_CN_Build
You can:
       ./objs/srs -c conf/srs.conf
                  to start the srs server, with config conf/srs.conf.
make[1]: Leaving directory '/root/srs-4.0.123/trunk'
```

（5）运行 SRS，代码如下：

```
./objs/srs -c conf/srs.conf
```

输出信息如下：

```
//chapter11/srs4-Ubuntu-compile.txt
[2021-06-25 00:02:23.708][Trace][23756][5a708395] XCORE-SRS/4.0.123(Leo)
[2021-06-25 00:02:23.708][Trace][23756][5a708395] config parse complete
[2021-06-25 00:02:23.708][Trace][23756][5a708395] you can check log by: tail -f ./objs/
srs.log (@see https://github.com/ossrs/srs/wiki/v1_CN_SrsLog)
[2021-06-25 00:02:23.708][Trace][23756][5a708395] please check SRS by: ./etc/init.d/
srs status
```

然后检测是否启动成功，命令如下：

```
//chapter11/srs4-Ubuntu-compile.txt
ps -aux | grep srs
#成功后输出的信息如下
root    23758  0.3  0.5  35636 10904 pts/0    S    00:02  0:00 ./objs/srs -c ./conf/
srs.conf
```

检测端口号，命令如下：

```
//chapter11/srs4-Ubuntu-compile.txt
netstat -ano | grep 1935
#成功后输出的信息如下
tcp        0      0 0.0.0.0:1935              0.0.0.0:*
LISTEN       off (0.00/0/0)
```

注意：读者可以关闭防火墙，否则相关的端口可能无法访问。

（6）可以使用 FFmpeg 推流，推流命令如下（读者应换成自己的 IP）：

```
ffmpeg -re -i ande10.mp4 -vcodec libx264 -f flv
rtmp://192.168.1.20:1935/live/livestream
```

（7）播放时需要注意地址格式（根据配置文件中的端口号），相关地址如下：
- RTMP 流地址：rtmp://服务器 IP/live/livestream
- HTTP-FLV 地址：http://服务器 IP:8080/live/livestream.flv
- HLS 流地址：http://服务器 IP:8080/live/livestream.m3u8

注意：端口号需要与配置文件中的端口号相对应，live 是固定的，livestream 需要与推流时的名称相对应。

11.2.2 在 CentOS 7 上安装 SRS

（1）下载源码，网址为 https://github.com/ossrs/srs/releases/，选择 srs-4.0.123.zip 压缩包。

（2）安装依赖，命令如下：

```
//chapter11/srs-centos-compile.txt
yum -y install gcc automake autoconf libtool make
yum install gcc gcc-c++
yum -y install bzip2
yum install -y wget
yum install -y vim
yum install -y git
```

（3）配置项目，命令如下：

```
//chapter11/srs-centos-compile.txt
cd srs-4.0.123
cd trunk
./configure --with-hls --with-ssl --with-http-server --with-http-callback --with-http-api --with-ingest --with-stream-caster
```

配置成功后，输出信息如下：

```
//chapter11/srs-centos-compile.txt
Generate modules CORE ok!
Generate modules KERNEL ok!
Generate modules PROTOCOL ok!
Generate modules APP ok!
Generate modules SERVER ok!
Generate modules MAIN ok!
```

```
Generating app srs depends.
Generating app srs link.
Generate app srs ok!
Generating app srs_hls_ingester depends.
Generating app srs_hls_ingester link.
Generate app srs_hls_ingester ok!
Generating app srs_mp4_parser depends.
Generating app srs_mp4_parser link.
Generate app srs_mp4_parser ok!
Generate Makefile
Configure ok!

Configure summary:
      --x86-x64 --with-hls --with-ssl --with-http-server --with-http-callback
--with-http-api --with-ingest --with-stream-caster
      --prefix=/usr/local/srs --hls=on --hds=off --dvr=on --ssl=on --https=on
--ssl-1-0=off --ssl-local=off --sys-ssl=off --transcode=on --ingest=on
--stat=on --http-callback=on --http-server=on --stream-caster=on
--http-api=on --utest=off --cherrypy=off --srt=off --rtc=on --simulator=off
--gb28181=off --cxx11=off --cxx14=off --ffmpeg-fit=on --nasm=on
--srtp-nasm=on --clean=on --gperf=off --gmc=off --gmd=off --gmp=off
--gcp=off --gprof=off --static=off --use-shared-st=off --use-shared-srt=off
--log-verbose=off --log-info=off --log-trace=on --gcov=off --debug=off
--debug-stats=off --cross-build=off --cc=gcc --cxx=g++ --ar=ar --ld=ld
--randlib=randlib
HLS is enabled.
Experiment: StreamCaster is enabled.
Warning: HDS is disabled.
Warning: SRT is disabled.
Experiment: RTC is enabled. https://github.com/ossrs/srs/issues/307
Experiment: HTTPS is enabled. https://github.com/ossrs/srs/issues/1657
DVR is enabled.
RTMP complex handshake is enabled
NASM for HTTPS(openssl) and FFmepg is enabled
SRTP-NASM for WebRTC(openssl) is enabled
The transcoding is enabled
The ingesting is enabled.
The http-callback is enabled
Embeded HTTP server for HTTP-FLV/HLS is enabled.
The HTTP API is enabled
Note: The utests are disabled.
Note: The gperf(tcmalloc) is disabled.
Note: The gmc(gperf memory check) is disabled.
Note: The gmd(gperf memory defense) is disabled.
Note: The gmp(gperf memory profile) is disabled.
Note: The gcp(gperf cpu profile) is disabled.
```

```
Note: The gprof(GNU profile tool) is disabled.
Note: The cross-build is disabled.
Note: The valgrind is disabled.
Enable module: modules/hls-ingester
Enable module: modules/mp4-parser

You can build SRS:
" make " to build the SRS server
" make help " to get some help
```

（4）编译 SRS 的核心代码，命令如下：

```
make -j8
```

编译过程，输出信息如下：

```
//chapter11/srs-centos-compile.txt
The build summary:
 +------------------------------------------------------------------------------
-------------
     For SRS benchmark, gperf, gprof and valgrind, please read:
           http://blog.csdn.net/win_lin/article/details/53503869
 +------------------------------------------------------------------------------
-------------
     |The main server usage: ./objs/srs -c conf/srs.conf, start the srs server
     |    About HLS, please read
https://github.com/ossrs/srs/wiki/v2_CN_DeliveryHLS
     |    About DVR, please read https://github.com/ossrs/srs/wiki/v3_CN_DVR
     |    About SSL, please read
https://github.com/ossrs/srs/wiki/v1_CN_RTMPHandshake
     |    About transcoding, please read
https://github.com/ossrs/srs/wiki/v3_CN_FFMPEG
     |    About ingester, please read
https://github.com/ossrs/srs/wiki/v1_CN_Ingest
     |    About http-callback, please read
https://github.com/ossrs/srs/wiki/v3_CN_HTTPCallback
     |    Aoubt http-server, please read
https://github.com/ossrs/srs/wiki/v2_CN_HTTPServer
     |    About http-api, please read
https://github.com/ossrs/srs/wiki/v3_CN_HTTPApi
     |    About stream-caster, please read
https://github.com/ossrs/srs/wiki/v2_CN_Streamer
     |    (Disabled) About VALGRIND, please read
https://github.com/ossrs/state-threads/issues/2
```

```
+------------------------------------------------------------
------------
binaries, please read https://github.com/ossrs/srs/wiki/v2_CN_Build
You can:
    to start the srs server, with config conf/srs.conf.
```

(5) 启动 SRS,命令如下:

```
./objs/srs -c conf/srs.conf
```

(6) 检测 SRS 启动是否成功,命令如下:

```
//chapter11/srs-centos-compile.txt
[root@localhost trunk]# ps -aux | grep srs
# 如果成功,会看到 SRS 进程
root    23802  0.2  0.1  33508  7628 pts/0    S    00:25   0:00 ./objs/srs -c conf/srs.conf
```

11.3 SRS 集群 cluster

SRS 的集群功能非常强大,配置也比较简单。

11.3.1 SRS 集群简介

使用单台服务器做直播存在单点风险,利用 SRS 的 Forward 机制与 Edge Server 设计,可以很容易搭建一个大规模的高可用集群,如图 11-3 所示。

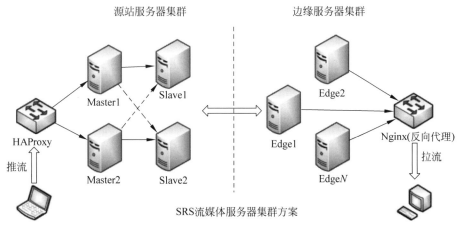

图 11-3 SRS 流媒体服务器集群方案

下面介绍几个相关概念:

(1) 源站服务器集群(Origin Server Cluster),可以借助 Forward 机制,仅用少量的服务器,专用于处理推流请求。

（2）边缘服务器集群（Edge Server Cluster），可以用 N 台机器，从源站拉流，用于较大规模的实时播放。

（3）源站前置负载均衡（硬件或软件负载均衡都行），可以用 HAProxy 实现 TCP 的软负载均衡。

（4）边缘服务器前置反向代理（如 Nginx），用于提供统一的播放地址，同时解决跨域问题，给客户端拉流播放。

这样架构的好处有以下几点：

（1）不管是源站集群，还是连缘服务器集群，均可水平扩展，理论上没有上限。

（2）源站可以仅用较少的机器，例如 2 主 2 从，就能实现一个高可用且性能尚可的集群（如果业务量不大，连 Slave Server 都可以省掉）。

（3）边缘服务器集群，可以根据实际用户量随时调整规模。另外，HLS 切片可以放在 Edge Server 上，减轻源站服务器的压力。

11.3.2 SRS 集群配置

下面开始配置 SRS 的集群功能，使用 SRS-4.0.123，因笔者手头资源有限，仅有两台虚拟机（一台 CentOS 7 和一台 Ubuntu 18），只能在每个虚拟机上用不同的端口启动多个 SRS 实例，依次来模拟 Master/Slave/Edge 这 3 种角色。读者可以根据实际情况，将下面的 IP 地址换成自己的 IP 地址。详细的配置信息，如表 11-1 所示。

表 11-1 SRS 集群服务器的配置信息

IP	RTMP Port	HTTP API Port	HTTP Server Port	Role
192.168.1.6 Ubuntu 18	1945	1995	8180	Master
	1946	1996	8181	Slave
	1947	1997	8182	Edge
192.168.1.20 CentOS 7	1945	1995	8180	Master
	1946	1996	8181	Slave
	1947	1997	8182	Edge

1. Master 配置：/usr/local/srs/conf/master222.conf

Master 是主节点，代码如下：

```
//chapter11/srs-master222.conf
listen                  1945;
max_connections         1000;
pid                     ./objs/srs.master.pid
srs_log_tank            file;
srs_log_file            ./objs/srs.master.log;
```

```
http_api {
    enabled             on;
    listen              1995;
}

http_server {
    enabled             on;
    listen              8180;
    dir                 ./objs/nginx/html;
}

stats {
    network             0;
}

vhost __defaultVhost__ {
        forward         192.168.1.6:1946 192.168.1.20:1946;
}
```

注意：最后一段的 forward，表示将视频流转发到两台 Slave 服务器。

2. Slave 配置：/usr/local/srs/conf/slave222.conf

Slave 是从节点，代码如下：

```
//chapter11/srs-slave222.conf
listen                  1946;
max_connections         1000;
pid                     ./objs/srs.slave.pid
srs_log_tank            file;
srs_log_file            ./objs/srs.slave.log;

http_api {
    enabled             on;
    listen              1996;
}

http_server {
    enabled             on;
    listen              8181;
    dir                 ./objs/nginx/html;
}

stats {
    network             0;
}
```

```
vhost __defaultVhost__ {

}
```

3. Edge 配置:/usr/local/srs/conf/edge222.conf

Edge 是边缘节点,代码如下:

```
//chapter11/srs-edge222.conf
listen              1947;
max_connections     1000;
pid                 ./objs/srs.edge.pid
srs_log_tank        file;
srs_log_file        ./objs/srs.edge.log;

http_api {
    enabled     on;
    listen      1997;
}

http_server {
    enabled     on;
    listen      8182;
    dir         ./objs/nginx/html;
}

stats {
    network     0;

}

vhost __defaultVhost__ {

    http_remux{
        enabled     on;
        mount       [vhost]/[app]/[stream].flv;
        hstrs       on;
    }

    hls{
        enabled         on;
        hls_path        ./objs/nginx/html;
        hls_fragment    10;
        hls_window      60;
    }
```

```
        mode                    remote;
        origin       192.168.1.6:1945 192.168.1.20:1945 192.168.1.6:1946 192.168.1.20:1946 ;
}
```

注意：最后的 origin 表示将所有 Master、Slave 均作为视频源（Origin Server），如果播放时 Edge 发现自己机器上没有数据，则会从 origin 配置的这些源站上去拉视频流。

4. 启动 SRS

在每台虚拟机上，依次启动 Slave、Master、Edge，需要先停止之前启动的进程，命令如下：

```
ps -aux | grep srs
##pid
kill -9 pid
```

用 cd 命令切换到目录 /usr/local/srs 下，然后开始启动 SRS 实例，命令如下：

```
//chapter11/srs-cluster-demo.txt
cd /usr/local/srs
sudo ./objs/srs -c ./conf/slave222.conf
sudo ./objs/srs -c ./conf/master222.conf
sudo ./objs/srs -c ./conf/edge222.conf
```

查看 Ubuntu 18 启动的 3 个 SRS 进程，命令及输出信息如下：

```
//chapter11/srs-cluster-demo.txt
root@Ubuntu:~/srs-4.0.123/trunk#ps -aux | grep srs
root       24053  0.8  0.5  35636 11236 pts/0    S    00:58   0:00
./objs/srs -c ./conf/slave222.conf
root       24058  1.0  0.5  35636 11116 pts/0    S    00:59   0:00
./objs/srs -c ./conf/master222.conf
root       24063  2.2  0.5  35640 11092 pts/0    S    00:59   0:00
./objs/srs -c ./conf/edge222.conf
```

查看 CentOS 7 启动的 3 个 SRS 进程，命令及输出信息如下：

```
//chapter11/srs-cluster-demo.txt
[root@localhost trunk]#ps -aux | grep srs
root       24198  0.2  0.1  33508  7616 pts/0    S    01:02   0:00
./objs/srs -c ./conf/slave222.conf
root       24205  0.2  0.1  33508  7616 pts/0    S    01:02   0:00
./objs/srs -c ./conf/master222.conf
root       24216  0.0  0.1  33508  7644 pts/0    S    01:02   0:00
./objs/srs -c ./conf/edge222.conf
```

5. 推流及播放

使用 FFmpeg 往 Ubuntu 18 上的 Master 推流，注意端口号，命令如下：

```
ffmpeg -re -i ande10.mp4 -c copy -f flv
rtmp://192.168.1.6:1945/live/test2
```

使用 FFmpeg 往 CentOS 7 上的 Master 推流,命令如下:

```
ffmpeg -re -i ande10.mp4 -c copy -f flv
rtmp://192.168.1.20:1945/live/test3
```

从 Ubuntu 18 上拉流,拉流地址如下:

```
# Rtmp:
rtmp://192.168.1.6:1945/live/test2
rtmp://192.168.1.6:1946/live/test2
rtmp://192.168.1.6:1947/live/test2
```

只有 Edge 支持 FLV/HLS 的分发功能,从 Ubuntu 18 拉取 FLV/m3u8 格式,地址如下:

```
//chapter11/srs-cluster-demo.txt
http://192.168.1.6:8180/live/test2.flv(error)      # Master
http://192.168.1.6:8180/live/test2.m3u8(error)     # Master

http://192.168.1.6:8181/live/test2.flv(error)      # Slave
http://192.168.1.6:8181/live/test2.m3u8(error)     # Slave

http://192.168.1.6:8182/live/test2.flv(true)       # Edge
http://192.168.1.6:8182/live/test2.m3u8(true)      # Edge
```

从 CentOS 7 拉取 FLV/m3u8 格式,地址如下:

```
http://192.168.1.20:8182/live/test2.flv
http://192.168.1.20:8182/live/test2.m3u8
```

11.4 SRS 配置文件详细讲解

SRS 的配置文件非常多,都存放在 conf 目录下,如图 11-4 所示。

11.4.1 SRS 配置文件的组成结构

1. SRS 的组成结构

先来了解 SRS 配置信息的组成结构,代码如下:

```
//chapter11/srs-conf-file-analysis-demo.txt
/**
```

```
* 配置指令
* 配置文件由一系列指令组成
* 指令有名称、参数列表及子指令
* for example, the following config text
        vhost vhost.ossrs.net {undefined
            enabled         on;
            ingest livestream {undefined
                enabled     on;
                ffmpeg      /bin/ffmpeg;
            }
        }
* 将被解析为
*       SrsConfDirective: name = "vhost", arg0 = "vhost.ossrs.net", child-directives = [
*           SrsConfDirective: name = "enabled", arg0 = "on", child-directives = []
*           SrsConfDirective: name = "ingest", arg0 = "livestream", child-directives = [
*               SrsConfDirective: name = "enabled", arg0 = "on", child-directives = []
*               SrsConfDirective: name = "ffmpeg", arg0 = "/bin/ffmpeg", child-directives = []
*           ]
*       ]
* @remark, allow empty directive, for example: "dir0 {}"
* @remark, don't allow empty name, for example: ";" or "{dir0 arg0;}"
*/
```

```
root@ubuntu:~/srs/trunk# ls ./conf
bandwidth.conf              http.server.conf
compatible.conf             https.flv.live.conf
console.conf                https.hls.conf
dash.conf                   https.hooks.callback.conf
demo.19350.conf             https.rtc.conf
demo.conf                   http.ts.live.conf
docker.conf                 ingest.conf
dvr.mp4.conf                ingest.rtsp.conf
dvr.path.conf               origin.cluster.edge.conf
dvr.segment.conf            origin.cluster.serverA.conf
dvr.session.conf            origin.cluster.serverB.conf
edge2.conf                  origin.cluster.serverC.conf
edge.conf                   origin.conf
edge.token.traverse.conf    push.flv.conf
exec.conf                   push.gb28181.conf
ffmpeg.transcode.conf       push.gb28181.tcp.conf
forward.master.conf         push.mpegts.over.udp.conf
forward.slave.conf          push.rtsp.conf
full.conf                   realtime.conf
go-oryx-edge2.conf          regression-test.conf
go-oryx-edge.conf           rtc222.bak.conf
hds.conf                    rtc2rtmp.conf
hls.conf                    rtc.conf
hls.realtime.conf           rtmp.conf
http.aac.live.conf          security.deny.publish.conf
http.api.raw.conf           server.crt
http.flv.live.conf          server.key
http.flv.live.edge1.conf    srs.conf
http.flv.live.edge2.conf    srt2rtc.conf
http.heartbeat.conf         srt.conf
http.hls.conf               transcode2hls.audio.only.conf
http.hooks.callback.conf    transform.edge.conf
http.mp3.live.conf
```

图 11-4　SRS 的配置文件

由此可知，SRS 的配置信息实际上存在一个由 SrsConfDirective（指令，或称为配置项）组成的树形结构，每个指令包含指令名、参数列表、子指令集。

2. SRS 的配置项

配置项由 SrsConfDirective 类型来定义，结构很清晰，代码如下：

```
//chapter11/srs-conf-file-analysis-demo.txt
class SrsConfDirective
{
public:
    //指令是从配置文件的多少行解析出来的
    int conf_line;
    //指令名
    std::string name;
    //指令的参数集
    std::vector<std::string> args;
    //子指令集合
    std::vector<SrsConfDirective*> directives;
public:
    SrsConfDirective();
    virtual ~SrsConfDirective();
public:
    //获取该指令的对应索引上的参数
    virtual std::string arg0();
    virtual std::string arg1();
    virtual std::string arg2();
public:
    //通过索引获取子指令
    virtual SrsConfDirective* at(int index);
    //通过指令名获取子指令
    virtual SrsConfDirective* get(std::string _name);
    //查询指令名和第1个参数都匹配的子指令
    virtual SrsConfDirective* get(std::string _name, std::string _arg0);
public:
    virtual bool is_vhost();
    virtual bool is_stream_caster();
public:
    //从配置文件中(已读到 buffer 中)解析出配置信息,实际上直接调用了 parse_conf
    virtual int parse(_srs_internal::SrsConfigBuffer* buffer);
private:
    //正在解析的指令的类型
    enum SrsDirectiveType {
        //root 的子指令
        parse_file,
        //root 的多级子指令
        parse_block
```

```cpp
    };
    //解析配置文件中的一个指令区域,第1个区域是root区域
    virtual int parse_conf(_srs_internal::SrsConfigBuffer* buffer, SrsDirectiveType type);
    /**
    * read a token from buffer.
    * a token, is the directive args and a flag indicates whether has child-directives.
    * @param args, the output directive args, the first is the directive name, left is the args.
    * @param line_start, the actual start line of directive.
    * @return, an error code indicates error or has child-directives.
    */
    virtual int read_token(_srs_internal::SrsConfigBuffer* buffer, std::vector<std::string>& args, int& line_start);
};
```

由此可知,name 是指令名,args 是指令参数集合,directives 是该指令的子指令集合。通过 directives,整个配置构成了一个树形结构,根节点是 root。

3. SRS 的配置解析

实际上,真正解析配置文件的工作是由 SrsConfDirective 类中的两种方法实现的,代码如下:

```cpp
//chapter11/srs-conf-file-analysis-demo.txt
virtual int parse_conf(_srs_internal::SrsConfigBuffer* buffer, SrsDirectiveType type);
virtual int read_token(_srs_internal::SrsConfigBuffer* buffer, std::vector<std::string>& args, int& line_start);
```

(1) parse_conf()函数用来循环解析当前指令区域的所有指令,当指令区中的某个指令遇到子指令块时,会嵌套调用 parse_conf 去解析子指令块。parse_conf 的实现逻辑实际上是一种状态机,具体解析命令名、命令参数,返回解析状态则是由 read_token 完成的。parse_conf()函数的代码如下:

```cpp
//chapter11/srs-conf-file-analysis-demo.txt
//see: ngx_conf_parse
int SrsConfDirective::parse_conf(SrsConfigBuffer* buffer, SrsDirectiveType type)
{
    int ret = ERROR_SUCCESS;
    
    while (true) {
        /* 循环解析当前指令区域的所有指令(也就是说已
        经有父指令了,因为当前指令区域是这个父指
        令的子指令集合区域)
        */
        std::vector<string> args;           //存放当前指令的指令名和参数
```

```cpp
    int line_start = 0;                                  //当前解析完的行号
    ret = read_token(buffer, args, line_start);

    /**
     * ret maybe:
     * ERROR_SYSTEM_CONFIG_INVALID        error.
     * ERROR_SYSTEM_CONFIG_DIRECTIVE      directive terminated by ';' found
     * ERROR_SYSTEM_CONFIG_BLOCK_START    token terminated by '{' found
     * ERROR_SYSTEM_CONFIG_BLOCK_END      the '}' found
     * ERROR_SYSTEM_CONFIG_EOF            the config file is done
     */
    if (ret == ERROR_SYSTEM_CONFIG_INVALID) {   //解析出错,直接退出
        return ret;
    }
    if (ret == ERROR_SYSTEM_CONFIG_BLOCK_END) {
        if (type != parse_block) {    //解析出错(莫名其妙多了一个"}"),直接退出
            srs_error("line % d: unexpected \"}\", ret = % d", buffer -> line, ret);
            return ret;
        }
        return ERROR_SUCCESS;
    }
    if (ret == ERROR_SYSTEM_CONFIG_EOF) {        //根配置解析完毕
        if (type == parse_block) {               //不是根配置,出错
            srs_error("line % d: unexpected end of file, expecting \"}\", ret = % d", conf_line, ret);
            return ret;
        }
        return ERROR_SUCCESS;
    }

    if (args.empty()) {                          //连指令名都没有解析出来,出错
        ret = ERROR_SYSTEM_CONFIG_INVALID;
        srs_error("line % d: empty directive. ret = % d", conf_line, ret);
        return ret;
    }

    //build directive tree.
    SrsConfDirective * directive = new SrsConfDirective();       //构建当前解析的指令

    directive -> conf_line = line_start;
    directive -> name = args[0];
    args.erase(args.begin());                    //删除第1个arg,因为第1个是指令的name
    directive -> args.swap(args);

    directives.push_back(directive);             //将当前指令添加到其父指令的子指集合中
```

```cpp
        if (ret == ERROR_SYSTEM_CONFIG_BLOCK_START) {    //解析当前指令的子指令
            if ((ret = directive->parse_conf(buffer, parse_block)) != ERROR_SUCCESS) {
                return ret;
            }
        }
    }
    //继续解析当前指令区域的下一个子指令
    return ret;
}
```

（2）read_token()函数用来直接从配置文件内容中解析出命令名、命令参数并返回当前的解析状态(如果按标志配置，每行只有一个命令，read_token 则可以理解为每次解析一行配置文件)。返回的状态主要包括以下几种。

- ERROR_SYSTEM_CONFIG_EOF：配置文件解析完毕。
- ERROR_SYSTEM_CONFIG_INVALID：配置解析出错。
- ERROR_SYSTEM_CONFIG_DIRECTIVE：一个配置项解析完毕。
- ERROR_SYSTEM_CONFIG_BLOCK_START：开始一个新的配置块。
- ERROR_SYSTEM_CONFIG_BLOCK_END：当前配置块解析完毕。

read_token()函数，代码如下：

```cpp
//chapter11/srs-conf-file-analysis-demo.txt
//see: ngx_conf_read_token
int SrsConfDirective::read_token(SrsConfigBuffer* buffer, vector<string>& args, int& line_start)
{
    /*
    (1) 首先明确，什么是一个 token：
        token 是处在两个相邻空格、换行符、双引号、单引号等之间的字符串。
    (2) 这里是一个字符一个字符地解析的。
    **/

    int ret = ERROR_SUCCESS;

    char* pstart = buffer->pos;        //当前解析到的位置

    bool sharp_comment = false;        //注释(#)

    bool d_quoted = false;             //标志位，表示已扫描一个双引号，期待另一个单引号
    bool s_quoted = false;             //标志位，表示已扫描一个双引号，期待另一个双引号

    bool need_space = false;           //标志位，表示需要空白字符
    bool last_space = true;            //标志位，表示上一个字符为 token 分隔符
```

```cpp
while (true) {
    if (buffer->empty()) {
        ret = ERROR_SYSTEM_CONFIG_EOF;
        
        if (!args.empty() || !last_space) {          //配置内容不完整
            srs_error("line %d: unexpected end of file, expecting ; or \"}\"", buffer->line);
            return ERROR_SYSTEM_CONFIG_INVALID;
        }
        srs_trace("config parse complete");          //配置解析完毕
        
        return ret;
    }
    
    char ch = *buffer->pos++;
    
    if (ch == SRS_LF) {                              //换行
        buffer->line++;
        sharp_comment = false;
    }
    
    if (sharp_comment) {                             //如果当前是注释行,则直接跳过
        continue;
    }
    
    if (need_space) {
        if (is_common_space(ch)) {                   //是空白字符
            last_space = true;
            need_space = false;
            continue;
        }
        if (ch == ';') {
            return ERROR_SYSTEM_CONFIG_DIRECTIVE;    //一个配置项结束
        }
        if (ch == '{') {
            return ERROR_SYSTEM_CONFIG_BLOCK_START;  //一个新配置区域开始
        }
        srs_error("line %d: unexpected '%c'", buffer->line, ch);
        return ERROR_SYSTEM_CONFIG_INVALID;
    }
    
    //最后一个字符是空格
    if (last_space) {
        if (is_common_space(ch)) {
            continue;
        }
        pstart = buffer->pos - 1;
```

```cpp
            switch (ch) {
                case ';':
                    if (args.size() == 0) {
                        srs_error("line %d: unexpected ';'", buffer->line);
                        return ERROR_SYSTEM_CONFIG_INVALID;
                    }
                    return ERROR_SYSTEM_CONFIG_DIRECTIVE;
                case '{':
                    if (args.size() == 0) {
                        srs_error("line %d: unexpected '{'", buffer->line);
                        return ERROR_SYSTEM_CONFIG_INVALID;
                    }
                    return ERROR_SYSTEM_CONFIG_BLOCK_START;
                case '}':
                    if (args.size() != 0) {
                        srs_error("line %d: unexpected '}'", buffer->line);
                        return ERROR_SYSTEM_CONFIG_INVALID;
                    }
                    return ERROR_SYSTEM_CONFIG_BLOCK_END;
                case '#':
                    sharp_comment = 1;
                    continue;
                case '"':
                    pstart++;
                    d_quoted = true;
                    last_space = 0;
                    continue;
                case '\'':
                    pstart++;
                    s_quoted = true;
                    last_space = 0;
                    continue;
                default:
                    last_space = 0;
                    continue;
            }
    } else {
        //最后一个字符不是空格
        if (line_start == 0) {
            line_start = buffer->line;
        }

        bool found = false; //找到一个 token
        if (d_quoted) {
            if (ch == '"') {
                d_quoted = false;
```

```cpp
                    need_space = true;
                    found = true;
                }
            } else if (s_quoted) {
                if (ch == '\'') {
                    s_quoted = false;
                    need_space = true;
                    found = true;
                }
            } else if (is_common_space(ch) || ch == ';' || ch == '{') {
                last_space = true;
                found = 1;
            }

            if (found) {
                int len = (int)(buffer->pos - pstart);
                char* aword = new char[len];
                memcpy(aword, pstart, len);
                aword[len - 1] = 0;

                string word_str = aword;              //解析出一个 token
                if (!word_str.empty()) {
                    args.push_back(word_str);
                }
                srs_freepa(aword);

                if (ch == ';') {                      //一个配置项解析完
                    return ERROR_SYSTEM_CONFIG_DIRECTIVE;
                }
                if (ch == '{') {                      //一个新的子配置区域
                    return ERROR_SYSTEM_CONFIG_BLOCK_START;
                }
            }
        }
    }

    return ret;
}
```

4. SRS 的配置管理

前面介绍了配置的组织和解析,但配置只包括从配置文件中解析出来的配置。实际上,配置除了配置文件还有启动命令参数中的配置。这些启动命令参数中的配置存放在 SrsConfig 类型全局变量中,SrsConfig 同时通过成员属性 root(SrsConfDirective *)管理配置文件中的配置,更重要的是,SrsConfig 可以动态地加载配置文件,原生配置文件的动态加载流程如下:

（1）将一个信号 SIGHUP 发送到 SRS 进程，SRS 这个信号的处理函数会将该信号写入管道。

（2）SRS 中信号管理器运行着一个独立的协程，它会循环读对应的管道，一旦读到信号，就会修改 SrsServer 中对应的标志。例如读到 SIGHUP，就会将 signal_reload 置为 true。

（3）在 SRS 的 main 协程的循环处理函数 SrsServer::do_cycle() 中，会定期检测 signal_reload 标志，如果值为 true，则会用 _srs_config→reload() 去启动配置，以便动态加载。

（4）在 SrsConfig::reload 中会首先加载配置文件，并解析到一个新的 SrsConfDirective 中，然后检测新的 SrsConfDirective 中的配置项是不是在代码中注册过。接着，SrsConfig::reload_conf 比较存放新旧配置的两个 SrsConfDirective，如果检测到配置有差异，就会调用所有订阅者 ISrsReloadHandler 的相应的回调方法，使订阅者重新加载配置。

11.4.2 srs.conf

srs.conf 是最简单的配置文件，代码如下：

```
//chapter11/conf/srs.conf
# main config for srs.
# @see full.conf for detail config.

listen                  1935;                       //监听:RTMP 端口
max_connections         1000;
srs_log_tank            file;
srs_log_file            ./objs/srs.log;
daemon                  on;                         //守护进程模式
http_api {//http 接口,默认开启,监听 1985 端口
    enabled             on;
    listen              1985;
}
http_server {//http 服务,默认开启,监听 8080 端口
    enabled             on;
    listen              8080;
    dir                 ./objs/nginx/html;          //工作路径
}
vhost __defaultVhost__ {
    hls {//m3u8
        enabled         on;                         //开启 HLS 切片
    }
    http_remux {//http-flv 功能
        enabled         on;
        mount           [vhost]/[app]/[stream].flv;
    }
}
```

11.4.3 ingest.conf

ingest.conf 文件主要用于采集(需要安装 FFmpeg),代码如下:

```
//chapter11/conf/ingest.conf
# use ffmpeg to ingest file/stream/device to SRS
# @see https://github.com/ossrs/srs/wiki/v1_CN_SampleIngest
# @see full.conf for detail config.

listen                  1935;
max_connections         1000;
daemon                  off;
srs_log_tank            console;
vhost __defaultVhost__ {
    ingest livestream {
        enabled         on;
        input {
            type        file;
                #该文件在服务器上存储
            url         ./doc/source.200kb/s.768x320.flv;
        }
        #这个 FFmpeg 安装在服务器 Ubuntu 上
        ffmpeg          ./objs/ffmpeg/bin/ffmpeg; #修改为 /usr/bin/ffmpeg

        #engine:引擎,输出路径需要手工修改
        engine {
            #enabled        off;
            #output
    rtmp://127.0.0.1:[port]/live?vhost=[vhost]/livestream;
            enabled     on;
            #output
    rtmp://127.0.0.1:[port]/live?vhost=[vhost]/livestream;
            output      rtmp://127.0.0.1:1935/live?vhost=abc/livestream;

        }
    }
}
```

11.4.4 hls.conf

hls.conf 文件主要用于 HLS 切片,代码如下:

```
//chapter11/conf/hls.conf
# the config for srs to delivery hls
```

```
# @see https://github.com/ossrs/srs/wiki/v1_CN_SampleHLS
# @see full.conf for detail config.

listen                  1935;
max_connections         1000;
daemon                  off;
srs_log_tank            console;
http_server {
    enabled             on;
    listen              8080;
    dir                 ./objs/nginx/html;
}
vhost __defaultVhost__ {
    hls {
        enabled         on;
        hls_path        ./objs/nginx/html;
        hls_fragment    10;
        hls_window      60;
    }
}
```

11.5　SRS 启用 WebRTC 播放

WebRTC 是由谷歌公司主导的,由一组标准、协议和 JavaScript API 组成,用于实现浏览器之间(端到端之间)的声频、视频及数据共享。WebRTC 不需要安装任何插件,通过简单的 JavaScript API 就可以使实时通信变成一种标准功能。现在各大浏览器及终端已经逐渐加大对 WebRTC 技术的支持。WebRTC 官网给出的现在已经提供支持的浏览器和平台如图 11-5 所示。

图 11-5　SRS 支持 WebRTC 的浏览器和平台

SRS 4.0 已经支持 WebRTC,适用于下面新的应用场景。

(1) 低延迟直播:RTMP 延迟在 3～5s,WebRTC 可以在 1s 之内,可以基于云计算部署比较稳定的低延迟直播服务,也可以接入 CDN 厂商,目前阿里云和腾讯云 CDN 都支持 WebRTC 直播方式。

(2) 一对一通话:在一对一通话中,推一路流拉一路流,经过 SRS 服务器转发的通话质量会更高；若没有服务器转发，则直接采用 P2P 方式一般效果比较差。目前 SRS 还未支持 WebRTC 推流，正在开发中。

（3）直播连话筒：可以在一对一通话的基础上，在主播端开 OBS 抓取通话窗口，合流成为 RTMP 后再直播出去。比较完善的是在服务器上合流，SRS 目前还没有计划，可以自行开发。

（4）直播 H5 播放器：Flash 在 2020 年左右被禁用，目前 H5 播放直播一般使用 MSE 技术，用 flv.js、hls.js 或 dash.js 播放直播流，SRS 可以将直播转换成 WebRTC 后用 WebRTC 播放直播流，作为一种补充播放器。

（5）监控播放器：SRS 正在合并 GB28181 支持的 PR，很快将支持 GB28181，摄像头可以直接将流推送到 SRS，可以用 H5 播放器播放流，监控摄像头的流就可以在浏览器无插件播放了。

（6）组合场景：上述场景还可以组合，例如摄像头可用 GB28181 推流后直播，或者用 SRS 作为会议中的网关让监控摄像头入会，或者结合 SRT 做跨国的推流和通话，还可以作为控制协议，例如控制远程摄像机。

SRS 的核心定位是互联网的流媒体服务器，SRS 的目标是像 Nginx 成为标准的 Web 服务器一样，成为视频的标准服务器，主要支持互联网的场景包括以下方面。

（1）互联网分发：以浏览器和 CDN 支持的方式分发流，例如 RTMP、FLV、HLS、WebRTC 等方式，浏览器和 CDN 都支持，可以被互联网用户直接消费，触达庞大的互联网用户群体。

（2）协议转换网关：支持 SRT 是为了支持广电和直播行业互联网化，支持 GB28181 是为了使监控和智能家居行业互联网化，支持 WebRTC 是为了使视频会议行业互联网化。

11.5.1　编译支持 WebRTC 的 SRS

WebRTC 需要 SRS 的最低版本是 SRS 4.0.14，为了拉取最新版本的 SRS，首先获取最新的 SRS 代码，然后编译调试，具体步骤如下。

（1）在 CentOS 7 系统安装 git，命令如下：

```
//chapter11/srs-webrtc-demo.txt
#安装依赖
yum install curl-devel expat-devel gettext-devel openssl-devel zlib-devel
yum install gcc-c++ perl-ExtUtils-MakeMaker
#查看 yum 源仓库的 git 信息
yum info git
#移除默认安装 git
yum remove git
#安装 git
yum install git
#查看 git 版本
git --version
```

(2) 使用 git 获取指定版本的源代码,命令如下:

```
//chapter11/srs-webrtc-demo.txt
#查看当前 git 分支信息(默认分支 * 指定,当前为 3.0)
git branch -v
#RTC 在 4.0 或 develop 分支上可以拉取,切换到 4.0
git checkout 4.0release
#再次查看当前所处分支
git branch -v
#如果要查看所有发布的 git 版本,则可以使用以下命令
git tag
```

默认为支持 WebRTC(-rtc=on),所以直接编译即可,命令如下:

```
./configure --with-hls --with-ssl --with-http-server --with-http-callback --with-http-api --with-ingest --with-stream-caster && make
```

然后,可以使用默认的 RTC 配置(conf/rtc.conf),运行 SRS,命令如下:

```
cd srs-4.0.39/trunk
./objs -c conf/rtc.conf
```

默认 rtc.conf 配置文件,代码如下:

```
//chapter11/srs-webrtc-demo.txt
listen              1935;
max_connections     1000;
srs_log_tank        console;
srs_log_file        ./objs/srs.log;
daemon              off;

http_server {
    enabled         on;
    listen          8080;
    dir             ./objs/nginx/html;
}
#RTC 用到的 API 服务器端口
http_api {
    enabled         on;
    listen          1985;
}
stats {
    network         0;
}
#RTC 的配置
```

```
rtc_server {
    enabled         on;
    # Listen at udp://8000
    listen          8000;
    #
    # The $CANDIDATE means fetch from env, if not configed, use * as default.
    #
    # The * means retrieving server IP automatically, from all network interfaces
    # @see https://github.com/ossrs/srs/issues/307#issuecomment-599028124
    # 拉取流地址:使用本机地址或如下配置
    candidate       $CANDIDATE;
}

vhost __defaultVhost__ {
    # vhost 打开启用 RTC
    rtc {
        enabled     on;
        bframe      discard;
    }
}
```

启动后,可以看到 RTC 监听的端口信息,如图 11-6 所示。

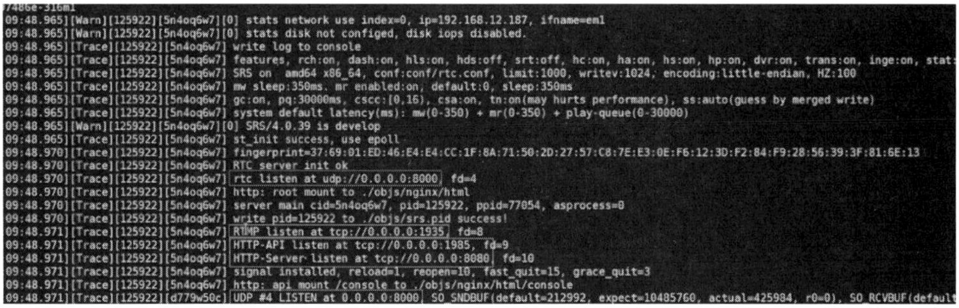

图 11-6　继承 RTC 功能的 SRS 输出信息

11.5.2　推送 RTMP 视频流

启动程序后需要采集本地的音视频,然后推送至 SRS 中,SRS 通过协议转换生成 WebRTC 协议,将 RTMP 流推送到 SRS 中,笔者的推流地址为 rtmp://192.168.xxx.x: 1935/live/1。可以使用 OBS 推流,也可以使用 FFmpeg 推送 RTMP 流,笔者的命令如下:

```
ffmpeg -f dshow -i video="HD Camera" -vcodec libx264 -x264opts "bframes=0" -r 25 -g 25
 -preset:v ultrafast -tune:v zerolatency -f flv rtmp://192.168.xxx.xxx:1935/live/1
```

推送流成功之后,可以使用 SRS 自带的 rtc_player 播放器进行播放,直接请求 SRS 服务的 8080 端口，在 Chrome 浏览器中打开 http://192.168.xxx.xxx:8080/players/rtc_player.html 即可，如图 11-7 所示。

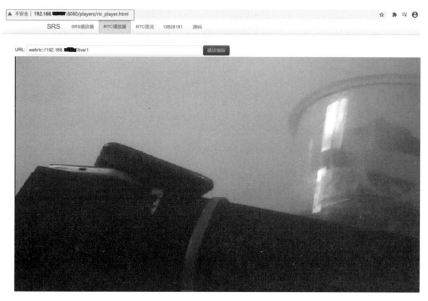

图 11-7　WebRTC 播放页面

11.5.3　WebRTC 播放视频流

直接使用 WebRTC 协议就可以播放该视频流了，流地址为 webrtc://192.168.xxx.xxx/live/1。可以打开 Chrome 的 RTC 调试模式来调试 Bug，输入地址 chrome://webrtc-internals，如图 11-8 所示。

图 11-8　Chrome 调试 RTC 功能

WebRTC 调试请求参数（可以看到是通过 API 的 1985 端口发出的），如图 11-9 所示。

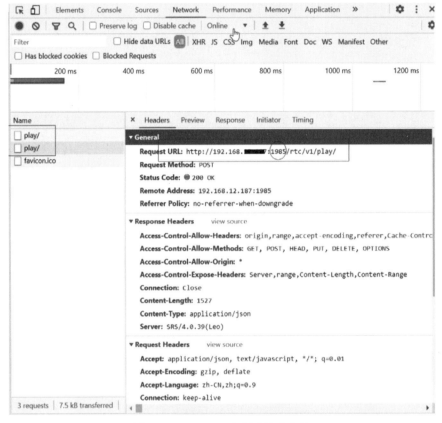

图 11-9　WebRTC 的调试请求参数

WebRTC 提供的播放接口为 http://192.168.xxx.xxx:1985/rtc/v1/play/。具体的 WebRTC 配置可以到 SRS 的 4.0 版本上查看 full.conf 文件的具体说明，网址为 https://github.com/ossrs/srs/blob/4.0release/trunk/conf/full.conf。WebRTC 部分的配置和说明，代码如下：

```
//chapter11/srs-conf-full.conf
##########################################################
#WebRTC server section
##########################################################
rtc_server {
    # Whether enable WebRTC server
    #default: off
    enabled         on;
    # The udp listen port, we will reuse it for connections.
    #default: 8000
```

```
listen              8000;
# The exposed candidate IPs, response in SDP candidate line. It can be:
# *              Retrieve server IP automatically, from all network interfaces.
# eth0           Retrieve server IP by specified network interface name.
# TODO: Implements it.
# $ CANDIDATE Read the IP from ENV variable, use * if not set, see https://github.com/
# ossrs/srs/issues/307#issuecomment-599028124
# x.x.x.x        A specified IP address or DNS name, which can be access by client such as Chrome.
# You can specific more than one interface name:
# eth0 eth1      Use network interface eth0 and eth1. # TODO: Implements it.
# Also by IP or DNS names:
# 192.168.1.3 10.1.2.3 rtc.me # TODO: Implements it.
# And by multiple ENV variables:
# $ CANDIDATE $ EIP # TODO: Implements it.
# default: *
candidate              *;
# The IP family filter for candidate, it can be:
# ipv4           Filter IP v4 candidates.
# ipv6           Filter IP v6 candidates.
# all            Filter all IP v4 or v6 candidates.
# For example, if set to ipv4, we only use the IPv4 address as candidate.
# default: ipv4
ip_family           ipv4;
# Whether use ECDSA certificate.
# If not, use RSA certificate.
# default: on
ecdsa               on;
# Whether encrypt RTP packet by SRTP.
# @remark Should always turn it on, or Chrome will fail.
# default: on
encrypt             on;
# We listen multiple times at the same port, by REUSEPORT, to increase the UDP queue.
# Note that you can set to 1 and increase the system UDP buffer size by net.core.rmem_max
# and net.core.rmem_default or just increase this to get larger UDP recv and send buffer.
# default: 1
reuseport           1;
# Whether merge multiple NALUs into one.
# @see https://github.com/ossrs/srs/issues/307#issuecomment-612806318
# default: off
merge_nalus         off;
# Whether enable the perf stat at http://localhost:1985/api/v1/perf
# default: on
perf_stat           on;
# The queue length, in number of mmsghdr, in messages.
# For example, 30 means we will cache 30K messages at most.
# If exceed, we will drop messages.
```

```
# @remark Each reuseport use a dedicated queue, if queue is 2000, reuseport is 4,
# then system queue is 2000 * 4 = 8k, user can incrase reuseport to incrase the queue.
# default: 2000
queue_length        2000;
# The black-hole to copy packet to, for debugging.
# For example, when debugging Chrome publish stream, the received packets are encrypted cipher,
# we can set the publisher black-hole, SRS will copy the plaintext packets to black-hole, and
# we are able to capture the plaintext packets by wireshark.
black_hole {
    # Whether enable the black-hole.
    # default: off
    enabled off;
    # The black-hole address for session.
    addr 127.0.0.1:10000;
}
}
```

VHost 下 RTC 启用配置，代码如下：

```
//chapter11/srs-vhost-enable-rtc.conf
vhost rtc.vhost.srs.com {
    rtc {
        # Whether enable WebRTC server.
        # default: off
        enabled     on;            //启用 RTC
        # The strategy for bframe.
        #   keep       Keep bframe, which may make browser with playing problems.
        #   discard    Discard bframe, maybe cause browser with little problems.
        # default: keep
        bframe      discard;
        # The strategy for aac audio.
        #   transcode  Transcode aac to opus.
        #   discard    Discard aac audio packet.
        # default: transcode
        aac         transcode;
        # The timeout in seconds for session timeout.
        # Client will send ping(STUN binding request) to server, we use it as heartbeat.
        # default: 30
        stun_timeout    30;
        # The strick check when process stun.
        # default: off
        stun_strict_check on;
        # The role of dtls when peer is actpass: passive or active
        # default: passive
        dtls_role passive;
        # The version of dtls, support dtls1.0, dtls1.2, and auto
```

```
        # default: auto
        dtls_version auto;
        # Drop the packet with the pt(payload type), 0 never drop.
        # default: 0
        drop_for_pt 0;
    }
    # whether enable min delay mode for vhost.
    # default: on, for RTC.
    min_latency     on;
    play {
        # set the MW(merged-write) latency in ms.
        # @remark For WebRTC, we enable pass-timestamp mode, so we ignore this config.
        # default: 0 (For WebRTC)
        mw_latency      0;
        # Set the MW(merged-write) min messages.
        # default: 0 (For Real-Time, min_latency on)
        # default: 1 (For WebRTC, min_latency off)
        mw_msgs         0;
    }
    # For NACK.
    nack {
        # Whether support NACK.
        # default: on
        enabled on;
    }
    # For TWCC.
    twcc {
        # Whether support TWCC.
        # default: on
        enabled on;
    }
}
```

第 12 章 ZLMediaKit 搭建直播平台

ZLMediaKit 是一个基于 C++ 11 的高性能运营级流媒体服务框架,项目特点如下:

(1) 基于 C++ 11 开发,避免使用裸指针,代码稳定可靠,性能优越。

(2) 支持多种协议,包括 RTSP、RTMP、HLS、HTTP-FLV、Websocket-FLV、GB28181、MP4 等,并支持协议互转。

(3) 使用多路复用/多线程/异步网络 IO 模式开发,并发性能优越,支持海量客户端连接。

(4) 代码经过长期大量的稳定性、性能测试,已经在线上商用验证已久。

(5) 支持 Linux、macOS、iOS、Android、Windows 等平台。

(6) 支持画面秒开、极低延时(500ms,最低可达 100ms)。

(7) 提供完善的标准 C API,可以作为 SDK 使用,或供其他语言调用。

(8) 提供完整的 MediaServer 服务器,可以免开发直接部署为商用服务器。

(9) 提供完善的 RESTful API 及 Web Hook,支持丰富的业务逻辑。

(10) 打通了视频监控协议栈与直播协议栈,对 RTSP/RTMP 支持都很完善。

(11) 全面支持 H.265/H.264/AAC/G711/OPUS。

12.1 Windows 编译配置 ZLMediaKit

(1) 确保 Windows 上安装好了 git-bash,在 git-bash 下输入以下命令:

```
git clone -- depth 1 https://gitee.com/xia-chu/ZLMediaKit
```

进入 ZLMediaKit 目录,命令如下:

```
cd ZLMediaKit
```

更新子模块,命令如下:

```
git submodule update -- init
```

(2) 安装编译器,最低版本为 VS 2015。

（3）安装 cmake，安装地址如下：

```
//chapter12/zlmediakit-Windows-compile.txt
#安装 Windows 64 位版本 cmake
https://github.com/Kitware/CMake/releases/download/v3.17.0-rc3/cmake-3.17.0-rc3-win64-x64.zip
#安装 Windows 32 位版本 cmake
https://github.com/Kitware/CMake/releases/download/v3.17.0-rc3/cmake-3.17.0-rc3-win32-x86.zip
```

（4）安装 OpenSSL 依赖库，读者可自己下载（Win64OpenSSL-1_1_1h.exe），然后直接安装即可。

（5）构建和编译项目，如果是 VS 2015，则需要使用 cmake-gui 生成 VS 工程，然后编译。进入 ZLMediaKit 目录执行 git submodule update --init 命令以下载 ZLToolKit 的代码，命令如下：

```
cd ZLMediaKit
git submodule update -- init              //上面已输入的不需要再输入
```

（6）在 cmd 窗口中输入 cmake-gui 命令后会弹出 cmake 窗口。使用 cmake-gui 命令打开工程并生成 VS 工程文件。此时会弹出 cmake 配置项目，SOURCE 代表根目录的 CMakeLists.txt 的路径，下面为保存生成项目的路径，如图 12-1 所示。

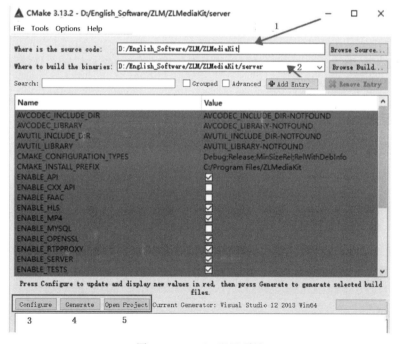

图 12-1 cmake 配置项目

单击 Configure 按钮，会弹出编译器选择，选择对应的 Visual Studio 14 2015 Win64，如图 12-2 所示。

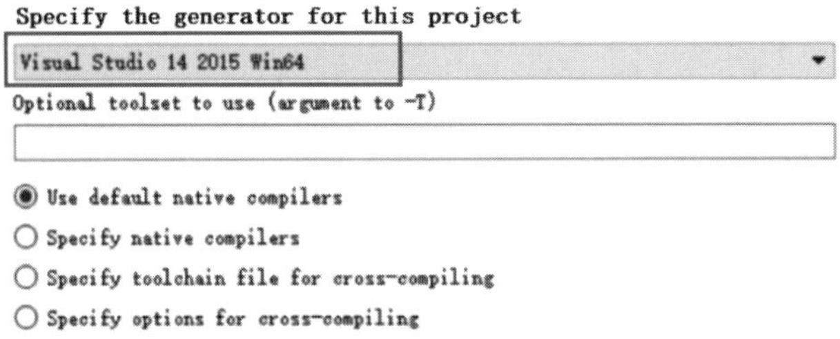

图 12-2　cmake 选择编译器

（7）此时再单击 Configure 按钮即可，这些相当于执行 Linux 下的 ./configure 配置操作。详细的配置过程及输出信息如下：

```
//chapter12/zlmediakit-Windows-compile.txt
---------------------- Configure ----------------------
The C compiler identification is MSVC 19.0.24215.1
The CXX compiler identification is MSVC 19.0.24215.1
Check for working C compiler: C:/Program Files (x86)/Microsoft Visual Studio 14.0/VC/bin/x86_amd64/cl.exe
Check for working C compiler: C:/Program Files (x86)/Microsoft Visual Studio 14.0/VC/bin/x86_amd64/cl.exe -- works
Detecting C compiler ABI info
Detecting C compiler ABI info - done
Check for working CXX compiler: C:/Program Files (x86)/Microsoft Visual Studio 14.0/VC/bin/x86_amd64/cl.exe
Check for working CXX compiler: C:/Program Files (x86)/Microsoft Visual Studio 14.0/VC/bin/x86_amd64/cl.exe -- works
Detecting CXX compiler ABI info
Detecting CXX compiler ABI info - done
Detecting CXX compile features
Detecting CXX compile features - done
Debug 版本
Git version is master:81c5f50:2021/07/01-15:22:43
    found library: optimized;D:/__OpenSSL_Win64/lib/VC/libssl64MD.lib;debug;D:/__OpenSSL_Win64/lib/VC/libssl64MDd.lib;optimized;D:/__OpenSSL_Win64/lib/VC/libcrypto64MD.lib;debug;D:/__OpenSSL_Win64/lib/VC/libcrypto64MDd.lib,ENABLE_OPENSSL defined
Performing Test HAVE_MYSQL_OPT_EMBEDDED_CONNECTION
Performing Test HAVE_MYSQL_OPT_EMBEDDED_CONNECTION - Failed
ENABLE_HLS defined
ENABLE_MP4 defined
ENABLE_RTPPROXY defined
add c api tester:pusher
add c api tester:server
```

```
add c api tester:websocket
add test:bom
add test:tab
add test:test_bench_proxy
add test:test_bench_pull
add test:test_bench_push
add test:test_httpApi
add test:test_httpClient
add test:test_pusher
add test:test_pusherMp4
add test:test_rtcp
add test:test_rtcp_fci
add test:test_rtp
add test:test_server
add test:test_sortor
add test:test_wsClient
add test:test_wsServer
found library:avutil
found library:swresample
found library:avcodec
test_player disabled, please install sdl2 ffmpeg/libavcodec ffmpeg/libavutil ffmpeg/libswresample
Configuring done
```

（8）单击 Generate 按钮，然后单击 Open Project 按钮。使用 VS 2015 打开 _build 下的 ZLMediaKit.sln，生成解决方案即可，如图 12-3 所示。编译成功后，最终的输出路径为 ZLMediaKit\release\Windows\Debug\Debug。

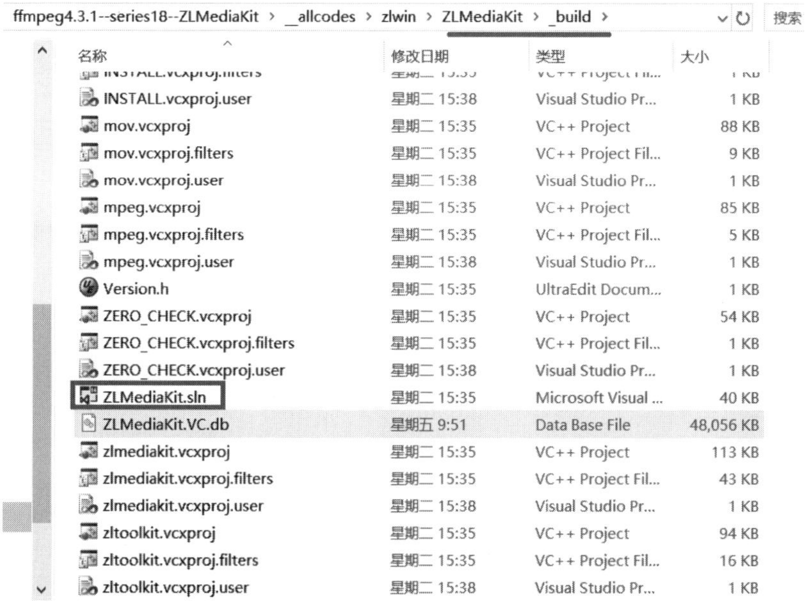

图 12-3　生成的 ZLMediaKit.sln

(9) 运行调试 ZLMediaKit,配置文件 config.ini,文件在 ZLMediaKit\conf 文件夹里。将该文件复制到 MediaServer.exe 的同路径下,默认的 HTTP 服务监听端口是 80,启动成功后如图 12-4 所示。

注意：MediaServer.exe 在 ZLMediaKit\release\Windows\Debug\Debug 文件夹下。

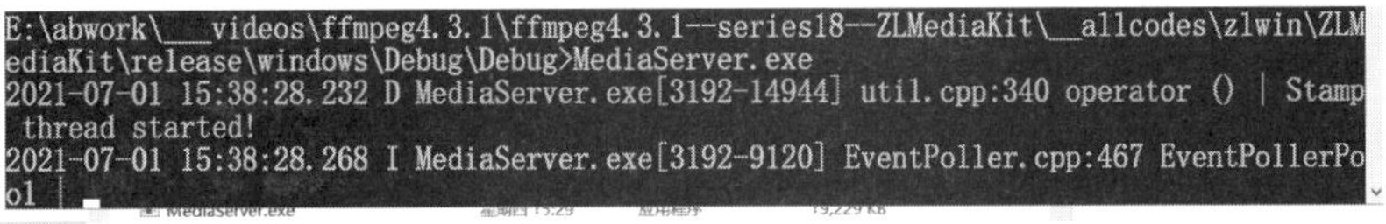

图 12-4 启动 MediaServer.exe

(10) 使用 FFmpeg 进行推流,输出信息如图 12-5 所示,推流代码如下：

```
//chapter12/zlmediakit-Windows-compile.txt
//rtsp push:rtsp 推流格式
ffmpeg -re -i ande10.mp4 -vcodec libx264 -bsf:v h264_mp4toannexb -acodec aac -f rtsp -rtsp_transport tcp rtsp://127.0.0.1/live/test1

//rtmp push:rtmp 推流格式
ffmpeg -re -i ande10.mp4 -vcodec libx264 -bsf:v h264_mp4toannexb -acodec aac -f flv rtmp://127.0.0.1/live/test2
```

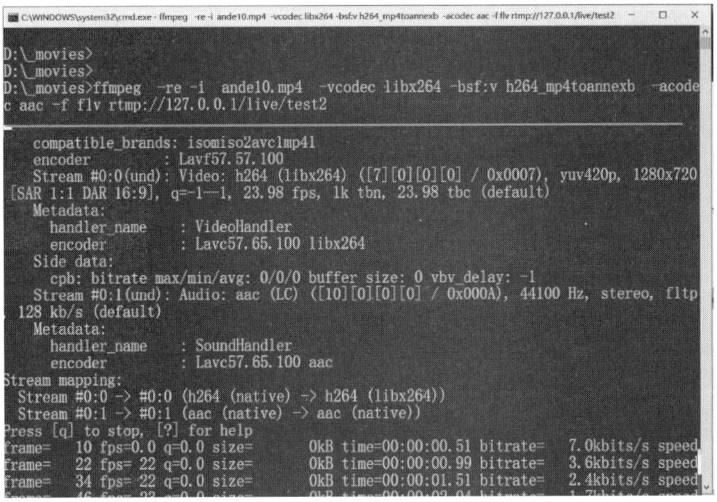

图 12-5 FFmpeg 推流

(11) 使用 FFplay 拉流播放,代码如下：

```
ffplay -i rtsp://127.0.0.1/live/test1 -fflags nobuffer
ffplay -i rtmp://127.0.0.1/live/test1 -fflags nobuffer
ffplay -i http://127.0.0.1/live/test1/hls.m3u8 -fflags nobuffer
```

也可以使用 VLC 播放，如图 12-6 所示。

图 12-6　VLC 拉流

12.2　Linux 编译安装 ZLMediaKit

这里介绍使用 CentOS 7 编译并配置 ZLMediaKit，具体步骤如下。
(1) 安装 git，命令如下：

```
yum install git
```

注意：所有的执行命令，应切换到 root 身份。
(2) 下载 ZLMediaKit 的源码，命令如下：

```
git clone -- depth 1 https://gitee.com/xia-chu/ZLMediaKit
```

(3) 切换到刚下载的目录中，命令如下：

```
cd ZLMediaKit
```

(4) 更新源，命令如下：

```
git submodule update -- init
```

(5) 下载编译器 gcc 或者 g++，因为 ZLMediaKit 采用了 C++ 11 的语法和库，要求编译器支持完整的 C++ 11 标准，在 Linux 上要求 gcc 的版本不低于 4.8。先检测 gcc 的版本，输出信息如下：

```
[root@localhost ZLMediaKit]#gcc --version
gcc (GCC) 4.8.5 20150623 (Red Hat 4.8.5-44)
Copyright (C) 2015 Free Software Foundation, Inc.
```

(6) 下载 cmake,可以直接使用 sudo yum -y install cmake 命令安装 cmake,然后检测 cmake 的版本,输出信息如下:

```
[root@localhost ZLMediaKit]#cmake --version
cmake version 2.8.12.2
```

若因为 cmake 版本编译失败或者本来已安装但是版本低于 3.13,则需要卸载再重新下载源码进行安装。先卸载,然后下载源码包,编译安装即可,代码如下:

```
//chapter12/zlmediakit-Linux-compile.txt
//卸载 cmake
yum remove cmake
//下载源码包,随便放在一个目录中
//先安装 wget
yum install wget

//下载 cmake 的源码
wget
-c
https://github.com/Kitware/CMake/releases/download/v3.19.0-rc3/cmake-3.19.0-rc3-Linux-x86_64.tar.gz

//解压
tar xzfv cmake-3.19.0-rc3-Linux-x86_64.tar.gz
//进入解压的目录
cd cmake-3.19.0-rc3-Linux-x86_64
//进入 bin 目录
cd ./bin
//简单测试
./cmake --version
```

以源码方式成功安装 cmake 后,检测一下版本,命令及输出信息如下:

```
[root@localhost bin]#./cmake --version
cmake version 3.19.0-rc3
CMake suite maintained and supported by Kitware (kitware.com/cmake).
```

成功显示版本即证明成功,但是此时还不能全局使用,最好创建软连接后将其移到 /usr/bin 目录下,命令如下:

第12章 ZLMediaKit搭建直播平台

```
mv ./cmake-3.19.0-rc3-Linux-x86_64 /usr/local/cmake/
ln -sf /usr/local/cmake/cmake-3.19.0-rc3-Linux-x86_64/bin/cmake /usr/bin/
//或
ln -sf /usr/local/cmake/bin/cmake /usr/bin/
```

（7）安装依赖库OpenSSL，命令如下：

```
yum install openssl
yum install openssl-devel
```

也可以使用源码方式安装OpenSSL，命令如下：

```
//chapter12/zlmediakit-Linux-compile.txt
#以下为源码方式安装
[root@localhost openssl-1.0.2f]#
wget https://github.com/openssl/openssl/archive/OpenSSL_1_1_1-stable.zip
[root@localhost openssl-1.0.2f]# unzip OpenSSL_1_1_1-stable.zip
[root@localhost openssl-1.0.2f]# cd OpenSSL_1_1_1-stable
[root@localhost openssl-1.0.2f]# mkdir /usr/local/openssl
[root@localhost openssl-1.0.2f]# ./config --prefix=/usr/local/openssl
[root@localhost openssl-1.0.2f]# make
[root@localhost openssl-1.0.2f]# make install
```

查看路径，命令如下：

```
# which openssl
/usr/local/openssl/bin/openssl
```

为了使用方便，以及以后版本更新方便，可以创建软连接，命令如下：

```
# ln -s /usr/local/openssl/bin/openssl /usr/bin/openssl
```

执行以下命令：

```
//chapter12/zlmediakit-Linux-compile.txt
[root@localhost xxx]# cd /usr/local/openssl
[root@localhost openssl]# ldd /usr/local/openssl/bin/openssl
    Linux-vdso.so.1 => (0x00007ffc63975000)
    libssl.so.1.1 => not found
    libcrypto.so.1.1 => not found
    libdl.so.2 => /lib64/libdl.so.2 (0x00007f8d9da0f000)
    libpthread.so.0 => /lib64/libpthread.so.0 (0x00007f8d9d7f3000)
    libc.so.6 => /lib64/libc.so.6 (0x00007f8d9d431000)
    /lib64/ld-Linux-x86-64.so.2 (0x00007f8d9dc28000)
```

至此，安装成功，可以查看一下版本，代码如下：

```
# openssl version
```

提示一个问题，如果找不到动态库 libssl.so.1.1，则执行的命令如下：

```
# vim /etc/ld.so.conf
```

在最后追加一行，代码如下：

```
/usr/local/openssl/lib
```

然后执行，命令如下：

```
# ldconfig /etc/ld.so.conf
# openssl version
```

（8）构建和编译 ZLMediaKit 项目，命令如下：

```
//chapter12/zlmediakit-Linux-compile.txt
cd ZLMediaKit
mkdir build
cd build
cmake ..
make -j8
```

开始编译，笔者只截取了一部分，输出信息如下：

```
//chapter12/zlmediakit-Linux-compile.txt
-----------------------------
[ 92%] Built target test_sortor
[ 92%] Building CXX object server/CMakeFiles/MediaServer.dir/WebApi.cpp.o
[ 92%] Built target test_server
[ 92%] Building CXX object server/CMakeFiles/MediaServer.dir/WebHook.cpp.o
[ 93%] Building CXX object server/CMakeFiles/MediaServer.dir/main.cpp.o
[ 93%] Building CXX object api/CMakeFiles/mk_api.dir/source/mk_httpclient.cpp.o
[ 94%] Building CXX object api/CMakeFiles/mk_api.dir/source/mk_media.cpp.o
[ 94%] Linking CXX executable ../../release/linux/Debug/test_pusher
[ 94%] Building CXX object api/CMakeFiles/mk_api.dir/source/mk_player.cpp.o
[ 95%] Linking CXX executable ../../release/linux/Debug/test_pusherMp4
[ 95%] Building CXX object api/CMakeFiles/mk_api.dir/source/mk_proxyplayer.cpp.o
[ 95%] Built target test_pusher
[ 96%] Building CXX object api/CMakeFiles/mk_api.dir/source/mk_pusher.cpp.o
[ 96%] Built target test_pusherMp4
[ 96%] Building CXX object api/CMakeFiles/mk_api.dir/source/mk_recorder.cpp.o
```

```
[ 97%] Building CXX object api/CMakeFiles/mk_api.dir/source/mk_rtp_server.cpp.o
[ 97%] Building CXX object api/CMakeFiles/mk_api.dir/source/mk_tcp.cpp.o
[ 97%] Building CXX object api/CMakeFiles/mk_api.dir/source/mk_thread.cpp.o
[ 98%] Building CXX object api/CMakeFiles/mk_api.dir/source/mk_util.cpp.o
[ 98%] Linking CXX executable ../../release/linux/Debug/MediaServer
[ 98%] Linking CXX shared library ../../release/linux/Debug/libmk_api.so
[ 98%] Built target MediaServer
[ 98%] Built target mk_api
Scanning dependencies of target api_tester_pusher
Scanning dependencies of target api_tester_server
Scanning dependencies of target api_tester_websocket
[ 98%] Building C object api/tests/CMakeFiles/api_tester_pusher.dir/pusher.c.o
[ 98%] Building C object api/tests/CMakeFiles/api_tester_websocket.dir/websocket.c.o
[ 98%] Building C object api/tests/CMakeFiles/api_tester_server.dir/server.c.o
[ 99%] Linking CXX executable ../../../release/linux/Debug/api_tester_pusher
[ 99%] Linking CXX executable ../../../release/linux/Debug/api_tester_websocket
[100%] Linking CXX executable ../../../release/linux/Debug/api_tester_server
[100%] Built target api_tester_websocket
[100%] Built target api_tester_pusher
[100%] Built target api_tester_server
[root@localhost build]#
```

（9）运行 ZLMediaKit，把 ZLMediaKit/conf/config.ini 文件复制到 ZLMediaKit/release/linux/Debug 目录下，然后启动 ZLMediaKit，命令如下：

```
cd ZLMediaKit/release/linux/Debug
./MediaServer -h            //先了解其参数
./MediaServer -d &          //以守护进程模式启动
```

如果某些端口被占用了而无法启动成功，则在 config.ini 文件中修改对应的端口即可或者直接关闭防火墙，命令如下：

```
service firewalld stop
```

（10）使用 FFmpeg 进行推流，推流代码如下：

```
//chapter12/zlmediakit-Linux-compile.txt
//rtsp push:rtsp 推流格式
ffmpeg -re -i ande10.mp4 -vcodec libx264 -bsf:v h264_mp4toannexb -acodec aac -f rtsp -rtsp_transport tcp rtsp://127.0.0.1/live/test1

//rtmp push:rtmp 推流格式
ffmpeg -re -i ande10.mp4 -vcodec libx264 -bsf:v h264_mp4toannexb -acodec aac -f flv rtmp://127.0.0.1/live/test2
```

(11) 使用 FFplay 拉流播放，代码如下：

```
//chapter12/zlmediakit-Linux-compile.txt
ffplay -i rtsp://127.0.0.1/live/test1 -fflags nobuffer
ffplay -i rtmp://127.0.0.1/live/test1 -fflags nobuffer
ffplay -i http://127.0.0.1/live/test1/hls.m3u8 -fflags nobuffer
```

12.3 ZLMediaKit 二次开发简介

ZLMediaKit 是一个流媒体服务器，源码网址为 https://github.com/xia-chu/ZLMediaKit，能够处理 RTSP、RTMP、HLS 等多种流媒体协议，与 SRS 功能相似，虽然没有 SRS 出名，但是比 SRS 有几个重要的优势，如下所述。

(1) 支持多线程，运行效率比较高，而 SRS 只能单线程运行。

(2) 支持多种平台，包括 Windows、Linux、macOS 等，对开发学习比较友好。可以在 VS 中开发，在 Linux 下编译运行。而 SRS 只能在 Linux 下开发，开发学习略有不便。

(3) ZLMediaKit 项目中有一个 Android 的工程，能够把 ZLMediaKit 打包成一个 Android App，内部能运行流媒体服务的全部功能。这个功能 SRS 是没有的。

ZLMediaKit 功能齐全，进行开发有多种方式，在此介绍在其代码上直接进行二次开发。tests 目录下有几个示例，是进行二次开发的优秀例子。server 目录下的源码，也可以作为进行二次开发的参考。它是流媒体开发的利器，几行代码就可以实现非常多的功能，例如用两行代码开启一个 HTTP 服务器，代码如下：

```
//开启 HTTP 服务器
TcpServer::Ptr httpSrv(new TcpServer());
httpSrv->start<HttpSession>(80);          //默认 80
```

12.3.1 test_httpApi.cpp 文件

该文件中 BroadcastHttpRequestArgs 是宏，展开后的代码如下：

```
const Parser &parser, HttpSession::HttpResponseInvoker &invoker, bool &consumed
```

其中 parser 包含客户端的请求；invoker 用于返回数据；consumed 用于指示此 API 是否被处理，如果 consumed 为 false，则后续由系统的 HTTP 服务器对此 HTTP 请求进行处理，如果 consumed 为 true，则系统不再进行处理。

如果想获取 URL 中"?"后面的参数以 map 的形式存储，则代码如下：

```
parser.getUrlArgs();
```

完整代码如下：

```cpp
//chapter12/test_httpApi.cpp
#include <map>
#include <signal.h>
#include <iostream>
#include "Util/File.h"
#include "Util/SSLBox.h"
#include "Util/logger.h"
#include "Util/onceToken.h"
#include "Util/NoticeCenter.h"
#include "Network/TcpServer.h"
#include "Poller/EventPoller.h"
#include "Common/config.h"
#include "Http/WebSocketSession.h"

using namespace std;
using namespace toolkit;
using namespace mediakit;

namespace mediakit {
////////////HTTP 配置////////////
namespace Http {
#define HTTP_FIELD "http."
#define HTTP_PORT 80
const char kPort[] = HTTP_FIELD"port";
#define HTTPS_PORT 443
extern const char kSSLPort[] = HTTP_FIELD"sslport";
onceToken token1([](){
    mINI::Instance()[kPort] = HTTP_PORT;
    mINI::Instance()[kSSLPort] = HTTPS_PORT;
},nullptr);
}//namespace Http
} //namespace mediakit

void initEventListener(){
    static onceToken s_token([](){
        NoticeCenter::Instance().addListener(nullptr,Broadcast::kBroadcastHttpRequest,[]
(BroadcastHttpRequestArgs){
            //const Parser &parser,HttpSession::HttpResponseInvoker &invoker,bool &consumed
            if(strstr(parser.url().data(),"/api/") != parser.url().data()){
                return;
            }
            //url 以"/api/起始,说明是 http api"
            consumed = true;         //该 HTTP 请求已被消费
```

```cpp
            _StrPrinter printer;
            //method
            printer <<"\r\nmethod:\r\n\t"<< parser.Method();
            //url
            printer <<"\r\nurl:\r\n\t"<< parser.url();
            //protocol
            printer <<"\r\nprotocol:\r\n\t"<< parser.Tail();
            //args
            printer <<"\r\nargs:\r\n";
            for(auto &pr : parser.getUrlArgs()){
                printer <<"\t"<< pr.first <<" : "<< pr.second <<"\r\n";
            }
            //header
            printer <<"\r\nheader:\r\n";
            for(auto &pr : parser.getHeader()){
                printer <<"\t"<< pr.first <<" : "<< pr.second <<"\r\n";
            }
            //content
            printer <<"\r\ncontent:\r\n"<< parser.Content();
            auto contentOut = printer << endl;

            //测算异步回复,当然也可以同步回复
            EventPollerPool::Instance().getPoller()->async([invoker,contentOut](){
                HttpSession::KeyValue headerOut;
                //可以自定义 header,如果跟默认的 header 重名,则会覆盖之
                //默认 header
                //包括 Server、Connection、Date、Content-Type、Content-Length
                //请勿覆盖 Connection、Content-Length 键
                //键名覆盖时不区分大小写
                headerOut["TestHeader"] = "HeaderValue";
                invoker(200,headerOut,contentOut);
            });
        });
    }, nullptr);
}

int main(int argc,char * argv[]){
    //设置退出信号处理函数
    static semaphore sem;
    signal(SIGINT, [](int) { sem.post(); });           //设置退出信号

    //设置日志
    Logger::Instance().add(std::make_shared<ConsoleChannel>());
    Logger::Instance().setWriter(std::make_shared<AsyncLogWriter>());

    //加载配置文件,如果配置文件不存在就创建一个
```

```
    loadIniConfig();
    initEventListener();

    //加载证书,证书包含公钥和私钥
    SSL_Initor::Instance().loadCertificate((exeDir() + "ssl.p12").data());
    //信任某个自签名证书
    SSL_Initor::Instance().trustCertificate((exeDir() + "ssl.p12").data());
    //不忽略无效证书(例如自签名或过期证书)
    SSL_Initor::Instance().ignoreInvalidCertificate(false);


    //开启 HTTP 服务器
    TcpServer::Ptr httpSrv(new TcpServer());
    httpSrv -> start<HttpSession>(mINI::Instance()[Http::kPort]);        //默认 80

    //如果支持 SSL,还可以开启 HTTPS 服务器
    TcpServer::Ptr httpsSrv(new TcpServer());
    httpsSrv -> start<HttpsSession>(mINI::Instance()[Http::kSSLPort]);   //默认 443

    InfoL <<"可以在浏览器地址栏输入:http://127.0.0.1/api/my_api?key0 = val0&key1 = 参数 1"
<< endl;

    sem.wait();
    return 0;
}
```

12.3.2　test_pusher.cpp 文件

test_pusher.cpp 文件用于拉一个流并转推,可以用于将某个 RTMP 流拉过来,再转推给另一个流媒体服务器(ZLMediaKit 或 SRS)。

PlayerProxy::Ptr 用于拉流,拉流成功后,会生成一个 RtmpMediaSource,源的名称是"app/stream",代码如下:

```
PlayerProxy::Ptr player(new PlayerProxy(DEFAULT_VHOST, "app", "stream",false,false, -1 ,
poller));
```

如果在一个程序中要拉多个流,源的名称需要不同,且 player 指针要保存在某个变量中,保持引用,防止析构,代码如下:

```
//chapter12/test_pusher.cpp
//监听 RtmpMediaSource 注册事件,在 PlayerProxy 播放成功后触发
    NoticeCenter::Instance().addListener(nullptr,
Broadcast::kBroadcastMediaChanged,
```

```cpp
[pushUrl,poller](BroadcastMediaChangedArgs) {
    //媒体源"app/stream"已经注册,这时方可新建一个 RtmpPusher 对象并绑定该媒体源
    if(bRegist && pushUrl.find(sender.getSchema()) == 0){
        createPusher(poller,sender.getSchema(),
            sender.getVhost(),sender.getApp(), sender.getId(), pushUrl);
    }
});
```

拉流成功后会执行此处,createPusher()函数的代码如下:

```cpp
//chapter12/test_pusher.cpp
//创建推流器并开始推流
void createPusher(const EventPoller::Ptr &poller, const string &schema,const string &vhost,
const string &app, const string &stream, const string &url) {
    //创建推流器并绑定一个 MediaSource
    pusher.reset(new MediaPusher(schema,vhost, app, stream,poller));
    //可以指定 RTSP 推流方式,支持 TCP 和 UDP 方式,默认为 TCP 方式
    //(*pusher)[Client::kRtpType] = Rtsp::RTP_UDP;
    //设置推流中断处理逻辑
    pusher->setOnShutdown([poller,schema,vhost, app, stream, url](const SockException &ex) {
        WarnL <<"Server connection is closed:"<< ex.getErrCode() <<""<< ex.what();
        //重试
        rePushDelay(poller,schema,vhost,app, stream, url);
    });
    //设置发布结果处理逻辑
    pusher->setOnPublished([poller,schema,vhost, app, stream, url](const SockException &ex) {
        if (ex) {
            WarnL <<"Publish fail:"<< ex.getErrCode() <<""<< ex.what();
            //如果发布失败,就重试
            rePushDelay(poller,schema,vhost,app, stream, url);
        } else {
            InfoL <<"Publish success,Please play with player:"<< url;
        }
    });
    pusher->publish(url);
}
```

createPusher 会新建一个 MediaPusher 对象,把媒体源"app/stream"的内容 push 到指定的地址,setOnPublished 回调函数进行 push 结果处理,如果 push 失败,则执行 rePushDelay,代码如下:

```cpp
//chapter12/test_pusher.cpp
//推流失败或断开延迟 2s 后重试推流
void rePushDelay(const EventPoller::Ptr &poller, const string &schema, const string &vhost,
const string &app, const string &stream, const string &url) {
```

```
        g_timer = std::make_shared<Timer>(2,[poller,schema,vhost,app, stream, url]() {
            InfoL <<"Re-Publishing...";
            //重新推流
            createPusher(poller,schema,vhost,app, stream, url);
            //此任务不重复
            return false;
        }, poller);
}
```

rePushDelay 延迟 2s 后重试。如果要拉多个源,则需要注意此处 g_time 是个全局变量,所以不能这样用。NoticeCenter::Instance().addListener 在此程序中只能执行一次。

12.3.3 lambda 函数介绍

如果读者对 C++ lambda 不是太了解,则可能会对代码中大量的 lambda 看不懂。例如这样的代码,此处 setOnPublished 设置 pusher 后的回调函数,[poller,....]用于捕获,C++内部的实现,捕获的意思,基本是把捕获的变量打包后作为一个 struct 进行传递,在 lambda 中可以使用这些变量,而在{}中的代码此时不会运行,只会在 pusher push 成功或失败时调用。案例代码如下:

```
//chapter12/test_pusher.cpp
pusher->setOnPublished([poller,schema,vhost, app, stream, url](const SockException &ex) {
    if (ex) {
        WarnL <<"Publish fail:"<< ex.getErrCode() <<""<< ex.what();
        //如果发布失败,就重试
        rePushDelay(poller,schema,vhost, app, stream, url);
    } else {
        InfoL <<"Publish success,Please play with player:"<< url;
    }
});
```

如果不使用 lambda,而是使用回调函数,则代码如下:

```
void onPublished(const SockException &ex){
    //处理逻辑
}
```

还需要如下代码:

```
pusher->setOnPublished( OnPublished, placeholder::_1);
```

如果此函数是某个类的成员函数,则还要传函数的地址,并给一个对象的指针,如果是本对象,则用 this,代码如下：

```
pusher->setOnPublished( &ClassA::OnPublished, this, placeholder::_1);
```

此时,没有[ ]捕获的功能,多余的参数还要通过别的方式传递过去,非常麻烦,所以建议读者认真学习 C++ 11 中的 lambda 知识点。

第 13 章 WebRTC 网页直播

网页即时通信(Web Real-Time Communication,WebRTC),是一个支持网页浏览器进行实时语音对话或视频对话的 API。它于 2011 年 6 月 1 日开源并在 Google、Mozilla、Opera 支持下被纳入万维网联盟的 W3C 推荐标准。本章重点介绍基于 WebRTC 的网页视频会话及网络打洞等内容。

13.1 WebRTC 项目简介

WebRTC 实现了基于网页的视频会议,标准是 WHATWG 协议,目的是通过浏览器提供简单的 JavaScript 就可以达到实时通信(Real-Time Communications,RTC)能力。该项目的最终目的主要是让 Web 开发者能够基于浏览器(Chrome/Firefox/……)轻易快捷地开发出丰富的实时多媒体应用,而无须下载并安装任何插件,Web 开发者也无须关注多媒体的数字信号处理过程,只需编写简单的 JavaScript 程序便可实现,W3C 等组织正在制定 JavaScript 标准 API,目前是 WebRTC 1.0 版本,处于 Draft 状态;另外 WebRTC 还希望能够建立一个多互联网浏览器间健壮的实时通信平台,形成开发者与浏览器厂商良好的生态环境。同时,谷歌公司也希望和致力于让 WebRTC 的技术成为 HTML5 标准之一,可见谷歌公司布局之深远。它提供了视频会议的核心技术,包括音视频的采集、编解码、网络传输、显示等功能,并且还支持跨平台,包括 Windows、Linux、iOS、Android 等。

基于 WebRTC 创建网页视频聊天应用程序,需要先了解以下内容,如图 13-1 所示。

1. WebRTC 的运作方式

当第一次发起视频聊天时,首先需要向自己所在的聊天室发出信号,目的是告诉其他人自己已经就位,称为信令。如果是第 1 个来到聊天室的人,理论上仍会打声招呼,但没人回应。

从技术上讲,信令是 ICE (Interactive Connectivity Establishment)框架的一部分,用于相互查找,然后通过交换媒体信息来协调通信的过程。信令使用会话描述协议(SDP)来收集网络信息,例如用于媒体交换的 IP 地址和端口号。作为开启和管理会话邀请的标准方法,会话描述协议(SDP)以基于文本的格式体现浏览器的功能和首选项。如果浏览器要连

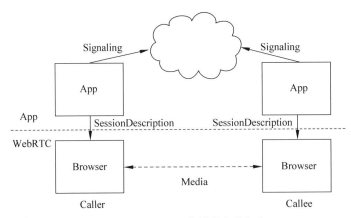

图 13-1　WebRTC 应用程序的架构

接到其他浏览器,则要在 SDP 中交换的信息包含以下内容:

(1) 会话控制消息,用于打开或关闭通话。

(2) 错误消息。

(3) 媒体元数据,例如编解码器和编解码器设置,以及带宽和媒体类型。

(4) 密钥数据,用于建立安全连接。

(5) 网络数据,例如外界看到的主机 IP 地址和端口。

2. 启动 WebRTC 的前置条件

(1) 需要一个网络应用程序,该应用程序要能在加载或单击按钮时建立连接,然后显示同一个聊天室中对端发送的视频数据。从技术层面上来讲,要创建一个 RTCPeerConnection,并将其发送到远程端,然后存储在自己的计算机中。建立好网络应用后,可以把网络应用程序托管在服务器中的某个位置,以便其他人可以公开访问它。

(2) 需要一个信令服务器来发送信令。它用于向指定房间中的所有人提示某人已进入聊天室。当有人进入时,聊天室中现有的每个成员都将通过 SDP 记录的细节和远程信息将其存储在自己的计算机上,同时也准备接收媒体数据。从技术层面上来讲,WebRTC 用于 SDP 信息的创建和处理,但不处理其发送和接收,因此这样的传输需要服务器。利用 WebSocket 服务器执行此传输和初始化是一种选择。

(3) 需要一个 STUN 服务器。该服务器用于检索远程端的公共 IP 地址。简单来讲,是每个人都有一个公共 IP 地址,并使用 STUN 服务器获取此信息,然后这些信息会成为进入聊天室时需要发送给另一端的 SDP 信息的一部分。

(4) 可能还需要一个 TURN 服务器。

3. STUN 服务器的用途

STUN 服务器用于 NAT 会话穿越,双方都至少要了解其另一端的 IP 地址和分配的 UDP 端口。无论使用哪种架构,都需要信令服务器进行注册和显示状态。TURN 服务器可以帮助遍历网络,并确保内部 IP 地址可以映射到外部公共 IP 地址。STUN 的工作流程如图 13-2 所示。

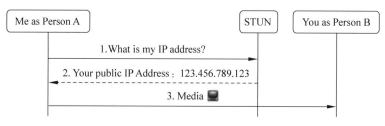

图 13-2　STUN 工作流程

4．TURN 服务器的用途

中继 NAT 遍历是一种用于中继网络流量的协议。有时由于防火墙和一些网络相关的工具(也是 NAT)，在使用 STUN 服务器时，设法检索远程对等方的公共 IP 地址，需要一个能公开访问网络，做媒体中继的 TURN 服务器，这个过程有点像一个中间人帮忙传递信息，如图 13-3 所示。

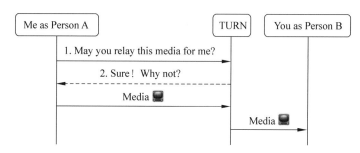

图 13-3　TURN 工作流程

5．4 种关键架构

(1) Mesh，在端对端的电话会议中共 3 个客户端，有两个连接会进行加密建立。各方都能保持联系。

(2) Forwarding(转发)，选择性转发单元在会话中充当智能媒体中继的角色。每个客户端都会连接到 SFU 一次，以发送媒体。除自己以外的客户端都会再发送一次。这样每个客户端就有 n 个单向连接(n 是已连接客户端的数量)了。尽管此体系结构的连接总数为 n 的平方，但客户端在连接初始化时仅加密一次，从而减轻了设备本身，尤其是手机的压力。转发需要其他服务器的基础结构，例如 SFU 等，但其效率很高。只要不激活记录或对数据进行解码，SFU 就不会尝试解密数据包。

(3) Mixing(混合)，混合操作依赖于多点控制单元(MCU)，该单元在会话中充当高功率媒体混合器的角色。如果每个客户端连接一次 MCU，则无论有多少客户端在连接，其都只需处理一个从服务器发送和接收媒体信息的双向连接。像转发一样，加密和上传也仅执行一次。现在下载和解密也是如此。这种方法在客户端上效率最高，但从服务器角度来看效率最低，因为解码、混合、编码和打包的解包操作完全要在服务器上执行，操作量很大，需要大量服务器资源才能实时完成。对于有大量活跃用户的应用程序(例如网课)或设备特别受资源限制(例如带宽)的情况,大家可以考虑使用此方法,但这种体系结构要花费一些服务器成本。

(4) Hybrid(混合),顾名思义,混合体系架构是 Mesh、Forwarding 和/或 Mixing 的组合。可以根据需求为参与者创建会话。

- 若是简单的两人通话,mesh 设置非常简单,服务器资源需求小。
- 若是小组会议、广播和实时活动,Forwarding 最合适。
- 若是较大的小组会议或电话集成,Mixing 是最合适的开放性选择。
- 如何使用 Testrtc 测试 WebRTC。目前来看,WebRTC 应用在进行拓展时总会出现问题,同时消耗大量数据。如果打算扩展自己的 WebRTC 应用,则需要考虑适当的体系架构,以及数据流量问题。

13.2 网络打洞 STUN 和 TURN

STUN 和 TURN 都是网络打洞的技术方案。

13.2.1 NAT 穿透

1. NAT 是什么

网络地址转换(Net Address Translation,NAT),部署在网络出口的位置,位于内网跟公网之间,是连接内网主机和公网的桥梁,双向流量都必须经过 NAT,装有 NAT 软件的路由器叫作 NAT 路由器,NAT 路由器拥有公网 IP 地址,如图 13-4 所示。

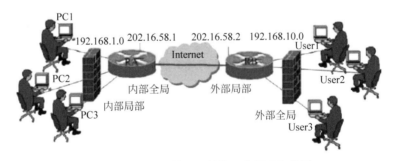

图 13-4 NAT 网络地址转换工作原理拓扑图

一般情况下,家庭和办公网络环境大多以经过 NAT 路由中转的方式联网。这也意味着在家中 PC 通过 WiFi 联网,在 PC 上通过命令行(ifconfig)查看的 IP 地址(内网)跟通过百度查看的 IP 地址(公网)是不一样的,这也能证明 PC 处于 NAT 后面。

2. NAT 解决什么问题

NAT 主要用来解决 IPv4 地址不够用的问题。IPv4 用 32 位表示网络地址,最大能表示 2 的 32 次方(大约 40 亿)个 IP 地址,但随着各种联网设备的快速增长,IPv4 地址不够用了,IPv6 又远水解不了近渴,于是 NAT 技术应运而生。

3. NAT 是怎么工作的

内网地址,RFC 1918 规定了 3 个保留地址段落：

(1) 10.0.0.0~10.255.255.255。

(2) 172.16.0.0~172.31.255.255。

(3) 192.168.0.0~192.168.255.255。

这 3 个范围分别处于 A、B、C 类的地址段,不向特定的用户分配,被 IANA 作为私有地址保留。这些地址可以在任何组织或企业内部使用,和其他 Internet 地址的区别是,仅能在内部使用,不能作为全球路由地址。NAT 后面的内网主机使用内网地址,也叫作本地地址,是主机内网上的标识。内网主机要跟公网通信,必须经过 NAT 中转,NAT 会自动为经过的网络包做内外地址转换(这也是 NAT 的含义),公网地址是主机在互联网上的标识。

NAT 的原理是,内网主机向外网主机发送的网络包,在经过 NAT 时,IP 和 PORT 会被替换为 NAT 为该主机分配的外网 IP/PORT,也就是该内网主机在 NAT 上的出口 IP/PORT,外网主机收到该网络包后,会视该网络包是从 NAT 发送的；外网主机只能通过 NAT 为该内网主机分配的外网 IP/PORT,向它发送网络包,内网主机的本地地址对外界不可见,网络包在经过 NAT 的时候,会被 NAT 做外网 IP/PORT 到内网 IP/PORT 的转换,如图 13-5 所示。

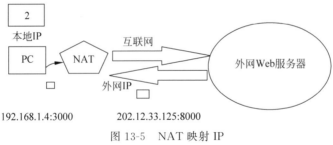

图 13-5　NAT 映射 IP

NAT 路由器维护一张关联表,用于维护"内网 IP+PORT"与"外网 IP+PORT"之间的关联关系。可见,NAT 维护内网主机的内网地址和在 NAT 上为它分配的外网地址之间的映射关系,需要维护一张关联表。NAT 在两个传输方向上做两次地址转化,出方向做源(Src)信息替换,入方向做目的(Dst)信息替换,内外网地址转换是在 NAT 上自动完成的。NAT 网关的存在对通信双方是透明的。

NAT 缓解 IPv4 地址枯竭的原理是端口多路复用,通过 PAT(Port Address Translation)让 NAT 背后的多台内网主机共享一个外网 IP,最大限度地节省外网 IP 资源。NAT 背后的多台内网主机实现共享一个外网 IP 的原理是通过修改外出数据包的源 IP 和端口实现的。假设内网主机 H1 和 H2 位于 NAT 之后,H1 通过本地地址 10.0.0.1:port1 给公网主机 X 发送数据包,在经过 NAT 的时候,该数据包的 IP:PORT 被修改为 NAT 的外网地址 1.2.3.4:2222。H2 通过本地地址 10.0.0.2:port2 向公网主机 X 发送数据包,在经过 NAT 时,该数据包的 ip:port 被修改为 NAT 的外网地址 1.2.3.4:3333。NAT 的工作流程如图 13-6 所示。

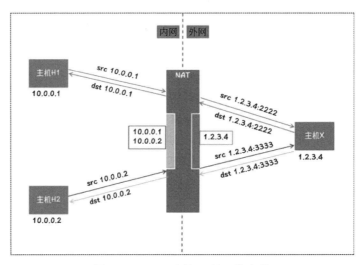

图 13-6　NAT 映射 IP 的工作流程

虽然 H1 和 H2 的 IP 都被映射到了相同的 NAT 外网 IP(1.2.3.4),但 NAT 为它们分配了不同的端口(2222 和 3333),所以可以通过端口区分 H1 和 H2。之后公网主机 X 向内网主机 H1 发送网络包的时候,只需把 1.2.3.4:2222 作为目标地址:端口,便可以由 NAT 自动完成转换,正确转交到 H1 主机。这便是基于端口复用的 NAT 方式(NPAT)的工作原理。通过将内网不同连接(主机到 NAT)映射到同一公网 IP 的不同端口,从而实现公网 IP 的复用和解复用,这种一对多的方式也叫作端口转换 PAT 或 IP 伪装。

4. NAT 的约束

NAT 把网络分为公网和内网,内网主机可以给外网主机直接发送网络包,而外网主机不能主动给内网主机发送网络包,也就是说网络通信必须由内网侧主动发起,公网主机不能主动访问内网主机,这是 NAT 带来的限制和约束。内网主机主动给外网主机发送网络包之后,外网主机才有可能给内网主机发送网络包。

5. NAT 的类型

NAT 的实现方式分为静态转换、动态转换和端口多路复用,但目前用得最多的还是端口多路复用,是最典型的一种应用模式,如图 13-7 所示。

图 13-7　NAT 的分类

首先,从大的层面上分类,端口复用型 NAT(Net Address Port Translation,NAPT)可以分为对称型 NAT 和非对称型 NAT。

(1) 对称型 NAT(Symmetric NAT),内网某主机向公网的不同网络地址(或端口)发送两个不同的网络包,对称型 NAT 会为这两个不同的网络包产生两个不同的出口端口号。换言之,NAT 网关会把内部主机"地址端口对"和外部主机"地址端口对"完全相同的报文看作一个连接,在 NAT 网关上创建一个公网"地址端口对"作为出口地址,只有收到报文的外部主机从对应的端口对发送回应的报文,才能被转换。对称型 NAT 无法打洞,只能通过 TURN Server 转发。

(2) 非对称型 NAT(也叫作锥型 NAT),内网某主机向外网主机发送网络包,NAT 会为该内网主机生成一个公网(出口)IP:PORT,之后,该内网主机会通过该出口 IP:PORT 跟外网所有(如果可以)主机通信,而不会被映射到其他端口(出口 IP 显然也不会变)。

6. NAT 有 4 种不同的类型

(1) 完全透明 NAT(Full Cone NAT),这种 NAT 内部的机器 A 与外网机器 C 连接后,NAT 会打开一个端口,然后外网的任何发到这个打开的端口的 UDP 数据报都可以到达 A,不管是不是 C 发过来的。例如,A 的 IP 为 192.168.8.100,NAT 的 IP 为 202.100.100.100,C 的 IP 为 292.88.88.88,代码如下:

```
A(192.168.8.100:5000)→ NAT(202.100.100.100:8000)→ C(292.88.88.88:2000)
```

任何发送到 NAT(202.100.100.100:8000)的数据都可以到达 A(192.168.8.100:5000)。

(2) 受限 NAT(Restricted Cone),这种 NAT 内部的机器 A 与外网的机器 C 连接后,NAT 会打开一个端口,然后 C 可以用任何端口和 A 通信,其他的外网机器则不行。

例如,A 的 IP 为 192.168.8.100,NAT 的 IP 为 202.100.100.100,C 的 IP 为 292.88.88.88,代码如下:

```
A(192.168.8.100:5000)→NAT(202.100.100.100:8000) → C(292.88.88.88:2000)
```

任何从 C 发送到 NAT(202.100.100.100:8000)的数据都可以到达 A(192.168.8.100:5000)。

(3) 端口受限 NAT(Port Restricted Cone),这种 NAT 内部的机器 A 与外网的机器 C 连接后,NAT 会打开一个端口,然后 C 可以用原来的端口和 A 通信,其他的外网机器则不行。

例如,A 的 IP 为 192.168.8.100,NAT 的 IP 为 202.100.100.100,C 的 IP 为 292.88.88.88,代码如下:

```
A(192.168.8.100:5000)→NAT(202.100.100.100 : 8000)→C(292.88.88.88:2000)
```

任何从 C(202.88.88.88:2000)发送到 NAT(202.100.100.100:2000)的数据都可以到

达 A(192.168.8.100:5000)。

以上 3 种 NAT 通称 Cone NAT(锥型 NAT)，所谓锥型 NAT 是指只要是从同一个内部地址和端口发送出来的包，无论目的地址是否相同，NAT 都将它转换成同一个外部地址和端口。"同一个外部地址和端口"与"无论目的地址是否相同"形成了一个类似锥型的网络结构，也就是这一名称的由来。反过来，不满足这一条件的即为对称 NAT。

（4）Symmetric(对称型)，对于这种 NAT，连接不同的外部 Server，NAT 打开的端口会变化。也就是内部机器 A 连接外网机器 B 时，NAT 会打开一个端口，连接外网机器 C 时又会打开另外一个端口。Symmetric NAT 会遵循以下两个原则：

- 尽量不去修改源端口，也就是说 IP 伪装后的源端口尽可能保持不变。
- 更为重要的是，IP 伪装后必须保证伪装后的源地址/端口与目标地址/端口（所谓的 socket）唯一。

假设内网有主机 A 和 D，公网有主机 B 和 C。

先后建立如下三条连接，代码如下：

```
A( 1000 )→ NAT( 1000 )→ B( 2000 )
D( 1000 )→NAT( 1000 )→ C( 2000 )
A( 1000 )→NAT( 1001 )→ C( 2000 )
```

可以看到，前两条连接遵循了原则 1，并且不违背原则 2，而第三条连接为了避免与第二条产生相同的 socket 而改变了源端口。比较第一和第三条连接，同样来自 A(1000)的数据包在经过 NAT 后源端口分别变为了 1000 和 1001。

如果是锥型 NAT，则成功连接后，状态变化，代码如下：

```
A( 1000 )→ NAT( 5001 )→B( 2000 )
A( 1000 )→ NAT( 5001 )→C( 3000 )
```

也就是说，只要是从 A 主机的 1000 端口发出的包，经过地址转换后的源端口一定相同。

如果是对称型 NAT，连接后，状态有可能变化的情况，代码如下：

```
A( 1000 ) → NAT( 5001 )→B( 2000 )
A( 1000 ) → NAT( 5002 )→C( 3000 )
```

7. NAT 类型检测

NAT 隔离内外网，外网不能主动访问内网，但 P2P 项目需要与位于 NAT 后的主机(Peer)建立连接，所以需要检测 NAT 类型，再判断 Peer 之间能否直接建立连接，以及怎么建立连接。检测 NAT 类型主要是利用上述 NAT 的特点，通过测试连通性和比对端口号实现，所以要搞清楚类型检测，必须对照 NAT 类型定义来看。

另外，NAT 后的主机给外网发送网络包，网络包在经过 NAT 时，NAT 会为该主机分配出口 IP:PORT,NAT 会用该公网(出口)IP:PORT 替换网络包的 Src,这样,接收端收到包之后,查阅包的 Src 信息,会得到 NAT 出口 IP:PORT,如同该包是直接从 NAT 发送过来的一样。NAT 类型检测的前提条件,需要有一台位于公网的服务器(Server),并且该 Server 拥有两个公网 IP 地址,并在 IP1:PORT1 和 IP2:PORT2 做监听。

注意:检测步骤中的 Server 通过 IP:PORT 向 Client 回包,是指 Server 回包时,会把 IP:PORT 设置为 Rsp 包的 Src IP 和 Src PORT。

检测的步骤,如下所述。

(1) 判断 Client 是否位于 NAT 后面,位于 NAT 后面的主机跟公网通信要做内外网地址转换,由于两个 IP 不一样,所以可以通过以下操作完成:

- Client 向 Server IP1:PORT1 发送一个 Req UDP 包。
- Server 收到 UDP 包之后,从 IP 头部取出 Src IP,从 UDP 头部取出 Src PORT,作为 Rsp UDP 的 Payload,发送给 Client。
- Client 收到 Rsp UDP,取出 Payload 里的 IP 和 PORT,跟自己的 IP 对比,如果相同,则表示 Client 位于公网,拥有公网 IP,检测完成;否则,Client 位于 NAT 背后。

(2) 判断是否为全锥型(Full Cone NAT),Client 向 Server IP1:PORT1 发送一个 Req UDP 包,请求 Server 通过 IP2:PORT2(以 IP2:PORT2 作为 Rsp UDP 的 Src)向 Client 回 UDP 包。根据全锥型 NAT 的定义,如果 Client 收到了 Rsp UDP,则说明 NAT 对外网发包时 IP 都不限制,说明 Client 是全锥型 NAT,但全锥型 NAT 很少,大概率收不到 Rsp UDP 包,如果收不到,则需要继续判断。

(3) 判断是否为对称型(Symmetric NAT),Client 向 Server IP2:PORT2 发送一个 Req UDP。Server 收到后,把收到的 Req UDP 的 Src IP 和 Src PORT 取出来,塞进 Rsp UDP 的 Payload 字段,通过 IP2:PORT2(以 IP2:PORT2 作为 Rsp UDP 的 Src)向 Client 回 UDP 包。收到的 Rsp UDP 之后,取出 Payload 中的 IP 和 PORT,跟步骤(1)中的 IP 和 PORT 对比,如果不一样,则是对称型 NAT。因为根据前面的定义,对称型 NAT 会为同一内网 IP 根据不同的外网 IP 分配不同的 NAT 出口 PORT。如果一样,则说明肯定是锥型 NAT,步骤(2)已经测试了全锥型,剩下的就只有 IP 受限锥型和 PORT 受限锥型两种 NAT 类型需要继续判断了。

(4) 判断是受限锥型(Restricted Cone)还是 PORT 受限锥型,Client 向 Server IP2:PORT2 发送一个 Req UDP,要求 Server 用 IP2 且不同于 PORT2 的端口向 Client 回 Rsp UDP。是用 IP2+不同于 PORT2 的其他 PORT 作为 UDP 的 Src 向 Client 回包。如果 Client 能收到 Rsp UDP,则说明只要 IP 相同,哪怕 PORT 不相同,NAT 也放行,所以 NAT 是 IP 受限型;如果没收到,则是 PORT 受限型,说明只能通过 PORT2 回包。

至此,所有的 NAT 类型便都检测出来了。

注意:对称型 NAT 不能直接建立 P2P 连接,只能通过中转服务器 relay 包。

8. NAT 概述与总结

NAT 是一个 IETF(Internet Engineering Task Force,Internet 工程任务组)标准,允许

一个整体机构以一个公用IP地址出现在Internet上。是一种把内部私有网络地址(IP地址)翻译成合法网络IP地址的技术。NAT可以让那些使用私有地址的内部网络连接到Internet或其他IP网络上,这个过程对用户来讲是透明的。NAT路由器在将内部网络的数据包发送到公用网络时,在IP包的报头会把私有地址转换成合法的IP地址,因此我们可以认为,NAT在一定程度上能够有效地解决公网地址不足的问题。国内移动无线网络运营商在链路上一段时间内没有数据通信后会淘汰NAT表中的对应项,从而造成链路中断。这是NAT带来的第1个副作用,即NAT超时。国内的运营商一般将NAT超时的时间设置为5min,所以通常将TCP长连接的心跳的时间间隔设置为3~5min,而NAT的第2个副作用是"NAT墙",NAT会有一个机制,所有外界对内网的请求,在到达NAT时,都会被NAT所丢弃,这样如果处于NAT设备后面,将无法得到任何外界的数据,但是这种机制有一个解决方案,即如果A主动往B发送一条信息,这样A就在自己的NAT上打了一个通往B的洞。这样A的这条消息到达B的NAT时,虽然被丢掉了,但是如果B这时再给A发信息,在到达A的NAT时,就可以从A之前打的那个洞中发送给A了。

13.2.2　STUN与TURN

UDP简单穿越(Simple Traversal of UDP over NATs,STUN)是一种网络协议,它允许位于NAT(或多重NAT)后的客户端找出自己的公网地址,查出自己位于哪种类型的NAT之后及NAT为某一个本地端口所绑定的Internet端口。这些信息被用来在两个同时处于NAT路由器之后的主机之间建立UDP通信,该协议由RFC 3489定义。

STUN是为了实现透明的穿透NAT而定义的一套协议。它使本地的内网的机器具有取得(能够得知它的NAT网关的IP)NAT类型的能力。它的基本思想是在私网内部安装一个STUN Client,在公网上安装一个STUN Server,STUN协议定义了一些消息格式,大体上分成Request/Response,Client向Server发送Request,Server将Response发送给Client。检测STUN Client是否在NAT后面的原理很简单,Server在收到Client的UDP包以后,Server将接收到该包的地址和端口利用UDP传给Client,Client把这些地址和端口与本机的IP地址和端口进行比较,如果不同,则说明在NAT后面,否则就位于NAT前面。

为了检测不同类型的NAT,STUN协议定义了一些消息属性,要求Server有不同的动作,例如发送响应的时候使用不同的IP地址和端口,或者改变端口等。STUN协议对NAT可能有效,但是对防火墙就无能为力了,因为防火墙可能不会打开UDP端口。STUN Server主要做了两件事:第一件是接受客户端的请求,并且把客户端的公网IP、Port封装到ICE Candidate中;第二件是通过一个复杂的机制,得到客户端的NAT类型。

TURN(Traversal Using Relay NAT)是STUN协议的扩展,在实际应用中它也可以充当STUN的角色;如果一个位于NAT后面的设备想要和另外一个位于NAT后面的设备建立通信,则当采用UDP打洞技术不能实现时就必须用一台中间服务器扮演数据包转发的角色,这台TURN服务器需要拥有公网的IP地址。TURN Server也主要做了两件事,第一件事为 NAT 打洞，如果 A 和 B 要互相通信，则 TURN Server 会命令 A 和 B 互相发一条信息，这样各自的 NAT 就留下了对方的洞，下次它们就可以进行通信了。第二件是为对称 NAT 提供消息转发，当 A 或者 B 其中一方是对称 NAT 时，给这一方发信息，就只能通过 TURN Server 来转发了。STUN Server 判断出客户端处于什么类型的 NAT 后会去做后续的处理，STUN Server 会返回给客户端它的公网 IP、Port 和 NAT 类型，除此之外：

（1）如果 A 处于公网或者 Full Cone NAT 下，STUN 不做其他处理，因为其他客户端可以直接和 A 进行通信，如图 13-8 所示。

（2）如果 A 处于 Restrict Cone 或者 Port Restrict NAT 下，STUN 则还会协调 TURN 进行 NAT 打洞，如图 13-9 所示。

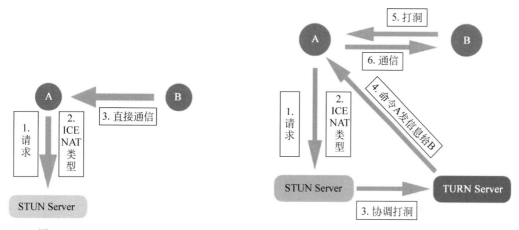

图 13-8　Full Cone NAT　　　　图 13-9　Restrict Cone NAT

（3）如果 A 处于对称 NAT 下，则在点对点连接下，NAT 是无法进行打洞的，所以为了通信，只能采取最后的手段了，即转换成 C/S 架构，STUN 会协调 TURN 进行消息转发，如图 13-10 所示。

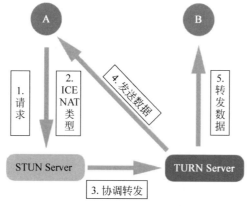

图 13-10　TURN 协议转发

13.3 WebRTC 网页直播

下面基于 CentOS 7 系统(需要有公网 IP,笔者购买的是一台阿里云服务器,IP 地址为 47.94.xxx.xxx)搭建基于 WebRTC 的网页视频会话,具体步骤如下。

13.3.1 基于 Coturn 项目的 STUN/TURN 服务器搭建

(1) 安装相关依赖,代码如下:

```
yum install -y make gcc cc gcc-c++ wget openssl-devel libevent libevent-devel
```

注意:读者可以自己手工安装 SQLite、Redis、MySQL、MongoDB 等数据库。

(2) 下载可以编译的 turnserver-4.5.0.8 源码包,代码如下:

```
wget https://coturn.net/turnserver/v4.5.0.8/turnserver-4.5.0.8.tar.gz
```

下载 Coturn 的最新版本,代码如下:

```
git clone https://github.com/coturn/coturn.git
```

解压并进入目录,代码如下:

```
tar -zxvf turnserver-4.5.0.8.tar.gz
cd turnserver-4.5.0.8/
```

(3) 编译安装,代码如下:

```
cd coturn


./configure
make
make install
```

查看 Coturn 是否安装成功,代码如下:

```
which turnserver
```

运行如下命令生成签名 TLS 证书,代码如下:

```
openssl req -x509 -newkey rsa:2048 -keyout /usr/local/etc/turn_server_pkey.pem
-out /usr/local/etc/turn_server_cert.pem -days 99999 -nodes
```

其中，-days 表示有效天数，-node 表示不加密密匙。

根据上面命令指定的路径，将在 /usr/local/etc/ 目录下生成 turn_server_pkey.pem、turn_server_cert.pem 这两个文件。

（4）编辑配置文件，先找到配置文件的位置，代码如下：

```
find /usr -name turnserver.conf
```

然后返回 /usr/local/etc/turnserver.conf，编辑该配置文件，代码如下：

```
vim /usr/local/etc/turnserver.conf
```

修改配置文件的内容，代码如下：

```
//chapter13/turnserver-modified.conf
listening-device=eth0
relay-device=eth0
listening-ip=172.17.xxx.xxx
listening-port=3478
relay-ip=172.17.xxx.xxx
external-ip=47.94.xxx.xxx

user=zhangsan:xxxxxx

lt-cred-mech
cert=/usr/local/etc/turn_server_cert.pem
pkey=/usr/local/etc/turn_server_pkey.pem

min-port=59000
max-port=65535
Verbose
fingerprint
no-stdout-log
syslog
stale-nonce
no-loopback-peers
no-multicast-peers
mobility
no-cli
```

（5）指定配置文件启动服务，代码如下：

```
turnserver -o -a -f -r ronz -c /usr/local/etc/turnserver.conf
```

笔者本地的输出信息如下：

```
//chapter13/turnserver-running-log.txt
[root@iz2ze7gy31zuxnkmfu03ecz bin]#./turnserver -o -a -f -r ronz -c /usr/local/etc/turnserver.conf
0: : Bad configuration format: no-loopback-peers
0: : Listener address to use: 172.17.248.5
0: : Relay address to use: 172.17.248.5
0: : Bad configuration format: no-loopback-peers
0: : Bad configuration format: no-loopback-peers
0: :
RFC 3489/5389/5766/5780/6062/6156 STUN/TURN Server
Version Coturn-4.5.2 'dan Eider'
0: :
Max number of open files/sockets allowed for this process: 65535
0: :
Due to the open files/sockets limitation,
max supported number of TURN Sessions possible is: 32500 (approximately)
0: :

==== Show him the instruments, Practical Frost: ====

0: : TLS supported
0: : DTLS supported
0: : DTLS 1.2 supported
0: : TURN/STUN ALPN supported
0: : Third-party authorization (oAuth) supported
0: : GCM (AEAD) supported
0: : OpenSSL compile-time version: OpenSSL 1.0.2k-fips 26 Jan 2017 (0x100020bf)
0: :
0: : SQLite supported, default database location is /usr/local/var/db/turndb
0: : Redis supported
0: : PostgreSQL is not supported
0: : MySQL is not supported
0: : MongoDB is not supported
0: :
0: : Default Net Engine version: 3 (UDP thread per CPU core)

=========================================================

0: : Domain name:
0: : Default realm: ronz
0: : SSL23: Certificate file found: /usr/local/etc/turn_server_cert.pem
0: : SSL23: Private key file found: /usr/local/etc/turn_server_pkey.pem
0: : TLS1.0: Certificate file found: /usr/local/etc/turn_server_cert.pem
```

```
0: : TLS1.0: Private key file found: /usr/local/etc/turn_server_pkey.pem
0: : TLS1.1: Certificate file found: /usr/local/etc/turn_server_cert.pem
0: : TLS1.1: Private key file found: /usr/local/etc/turn_server_pkey.pem
0: : TLS1.2: Certificate file found: /usr/local/etc/turn_server_cert.pem
0: : TLS1.2: Private key file found: /usr/local/etc/turn_server_pkey.pem
0: : TLS cipher suite: DEFAULT
0: : DTLS: Certificate file found: /usr/local/etc/turn_server_cert.pem
0: : DTLS: Private key file found: /usr/local/etc/turn_server_pkey.pem
0: : DTLS1.2: Certificate file found: /usr/local/etc/turn_server_cert.pem
0: : DTLS1.2: Private key file found: /usr/local/etc/turn_server_pkey.pem
0: : DTLS cipher suite: DEFAULT
```

（6）测试是否配置成功，网页网址如下：

https://webrtc.GitHub.io/samples/src/content/peerconnection/trickle-ice/

注意：如果使用的是阿里云或腾讯云的服务器，则要开放对应端口的访问，并且关闭对应的防火墙端口，包括80、443、8888、3478等端口。

输入 TurnServer 的 IP、用户名及密码，然后单击 Add Server 按钮，如图 13-11 所示，然后单击 Gather candidates 按钮，右下角出现 Done 表示成功，如图 13-12 所示。如果出现 Not reachable，则表示失败。

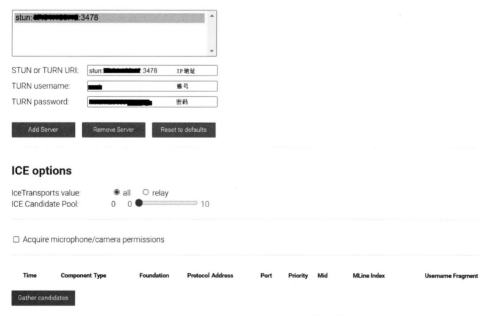

图 13-11　添加 STUN 或 TURN 服务器

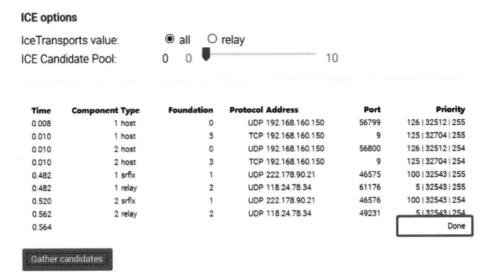

图 13-12　测试 STUN 或 TURN 服务器

13.3.2　搭建信令服务器 SignalMaster

信令服务器使用的是 SignalMaster，基于 WebSocket，选用它的原因是可以直接集成 TurnServer 服务器。

（1）准备环境并安装 SignalMaster，需要 Node.js 环境，下面先安装 Node.js，代码如下：

```
yum install -y Node.js
```

查看 Node.js 的版本，代码如下：

```
node -v
```

至此，Node.js 环境安装成功。
下载 SignalMaster 源码文件，代码如下：

```
git clone https://github.com/andyet/signalmaster.git
```

安装依赖，代码如下：

```
npm install
```

（2）使用 OpenSSL 生成自签名 SSL 证书，必须配置 https。
第一步，生成私钥，代码如下：

```
openssl genrsa -des3 -out server.pass.key 2048
```

请输入一个 4 位以上的密码。

第二步,生成私钥,代码如下:

```
openssl rsa -in server.pass.key -out server.key
```

第三步,生成 CSR(证书签名请求),代码如下:

```
openssl req -new -key server.key -out server.csr -subj "/C=CN/ST=bj/L=bj/O=xdevops/OU=xdevops/CN=gitlab.xdevops.cn"
```

第四步,生成自签名 SSL 证书,代码如下:

```
openssl x509 -req -days 365 -in server.csr -signkey server.key -out server.crt
```

(3) 配置 SignalMaster,下面修改 signalmaster/config/development.json 文件的配置,使其支持 SSL 并且配置 STUN 及 TURN。

第一步,修改 sockets.js 文件,SignalMaster 可以连接 TurnServer,但不支持用户名/密码方式,所以需要对源码 sockets.js 文件的第 110 行进行调整,调整后的代码如下:

```
//chapter13/sockets-modified.js
if (!config.turnorigins || config.turnorigins.indexOf(origin) !== -1) {
        config.turnservers.forEach(function (server) {
            credentials.push({
                username: server.username,
                credential: server.credential,
                urls: server.urls || server.url
            });
        });
    }
```

第二步,修改 config/production.json 和 development.json 文件。必须同时修改这两个配置文件,保持内容一样。修改 config/production.json 文件,配置 TurnServer 的用户名和密码,代码如下:

```
//chapter13/production-modifed.json
{
"isDev": true,
"server": {
"port": 8888,
"secure":true,
"key":"/root/webrtc001/signalmaster/config/server.key",
```

```
"cert":"/root/webrtc001/signalmaster/config/server.crt",
"password":null
  },
"rooms": {
"/* maxClients */": "/* maximum number of clients per room. 0 = no limit */",
"maxClients": 0
  },
"stunservers": [
    {
"urls": "stun:47.94.xxx.xxx:3478"
    }
  ],
"turnservers": [
    {
"urls":["turn:47.94.xxx.xxx:3478"],
"username":"zhangsan",
"credential":"xxxxxx",
"expiry":86400
    }
  ]
}
```

其中,这些参数的含义如下。

- server.port：信令服务器监听的端口号。
- server.secure：连接是否由 HTTPS 发起。
- server.key：自己申请的 SSL 的私钥(.key 文件)所在的路径。
- server.cert：自己申请的 SSL 证书(.pem 文件)所在的路径。
- stunservers.urls：STUN 服务器的地址。
- turnservers.urls：TURN 服务器的地址。
- turnservers.username：上面配置的 TurnServer 的用户名。
- turnservers.credential：上面配置的 TurnServer 的密码。

(4) 启动 SignalMaster,代码如下：

```
//直接运行
node server.js

//或者在后台运行,同时免疫 SIGINT 和 SIGHUP 信号
nohup node server.js &
```

如果出现以下内容,则说明启动成功,如图 13-13 所示。

第13章 WebRTC网页直播

```
[root@iz2ze8dv3a3mesx99lnjloz signalmaster]# npm start

> signal-master@1.0.1 start /usr/lab_project/signalmaster
> node server.js

&yet -- signal master is running at: https://localhost:8888
```

图 13-13　信令服务器的启动

（5）测试信令服务器是否启动成功，在浏览器中输入的网址如下：

```
https://公网 ip:8888/socket.io/
```

例如用笔者本地的浏览器访问地址 https://47.94.xxx.xxx:8888/socket.io/，如果看到以下页面，则说明信令服务器部署成功，如图 13-14 所示。

图 13-14　信令服务器的测试

13.3.3　安装 Web 服务器 Nginx

下面开始安装 Nginx，并配置 SSL，步骤如下。
（1）安装依赖，代码如下：

```
yum install -y gcc gcc-c++ autoconf automake make zlib zlib-devel openssl openssl-devel pcre pcre-devel
```

（2）编译并安装 Nginx，代码如下：

```
wget -C http://nginx.org/download/nginx-1.12.0.tar.gz
tar xvf nginx-1.12.0.tar.gz
cd nginx-1.12.0

./configure --prefix=/usr/local/nginx --with-http_stub_status_module --with-http_ssl_module
make
sudo make install
```

（3）生成自签名 SSL 证书，首先创建 cert 文件夹，并移动到该目录，代码如下：

```
cd /
sudo mkdir cert
cd cert
```

生成服务器证书 key,代码如下:

```
sudo openssl genrsa -out cert.pem 1024
```

生成证书请求,需要读者输入信息,与上边的 SignalMaster 相对应,包括 #/C=CN/ST=bj/L=bj/O=xdevops/OU=xdevops/CN=gitlab.xdevops.cn 等,代码如下:

```
sudo openssl req -new -key cert.pem -out cert.csr
```

生成 CRT 证书,代码如下:

```
sudo openssl x509 -req -days 3650 -in cert.csr -signkey cert.pem -out cert.crt
```

(4) 修改配置文件,代码如下:

```
vim /etc/local/nginx/conf/nginx.conf 或者 vim /etc/nginx/nginx.conf
```

然后将下面的内容复制进去,代码如下:

```
//chapter13/nginx-modified.conf
# For more information on configuration, see:
# * Official English Documentation: http://nginx.org/en/docs/
# * Official Russian Documentation: http://nginx.org/ru/docs/

user nginx;
worker_processes auto;
error_log /var/log/nginx/error.log;
pid /run/nginx.pid;

# Load dynamic modules. See /usr/share/doc/nginx/README.dynamic.
include /usr/share/nginx/modules/*.conf;

events {
    worker_connections 1024;
}

http {
    log_format main '$remote_addr - $remote_user [$time_local] "$request" '
                    '$status $body_Bytes_sent "$http_referer" '
                    '"$http_user_agent" "$http_x_forwarded_for"';

    access_log /var/log/nginx/access.log main;

    sendfile            on;
    tcp_nopush          on;
```

```nginx
        tcp_nodelay             on;
        keepalive_timeout       65;
        types_hash_max_size     2048;

        include                 /etc/nginx/mime.types;
        default_type            application/octet-stream;

        # Load modular configuration files from the /etc/nginx/conf.d directory.
        # See http://nginx.org/en/docs/ngx_core_module.html#include
        # for more information.
        include /etc/nginx/conf.d/*.conf;


    server {
            listen              80 default_server;
            listen              [::]:80 default_server;
            server_name         _;
            root                /usr/share/nginx/html;

            # Load configuration files for the default server block.
            include /etc/nginx/default.d/*.conf;

            location / {
            # if(!-e $request_file){
            # rewrit3 ^ http://www.hellotongtong.com
            # }

            }

            error_page 404 /404.html;
                location = /40x.html {
            }

            error_page 500 502 503 504 /50x.html;
                location = /50x.html {
            }
    }

# Settings for a TLS enabled server.
    server {
            listen          443 ssl http2 default_server;
            listen          [::]:443 ssl http2 default_server;
            server_name     www.xxx.com; # domain.name
            root            /usr/share/nginx/html;
            ssl_certificate "/etc/nginx/ssl/5142956_www.xxx.com.pem";         # public.key
            # ssl_certificate "/etc/pki/CA/cacert.pem";
```

```
        ssl_certificate_key "/etc/nginx/ssl/5142956_www.xxx.com.crt";           # private.key
        #ssl_certificate_key "/etc/pki/CA/private/cakey.pem";
        ssl_session_cache shared:SSL:1m;
        ssl_session_timeout 10m;
        #ssl_ciphers ECDHE-RSA-AES128-GCM-SHA256:ECDHE:ECDH:AES:HIGH:!NULL:!aNULL:!
MD5:!ADH:!RC4;
        ssl_ciphers HIGH:!aNULL:!MD5;
        ssl_prefer_server_ciphers on;

        # Load configuration files for the default server block.
        include /etc/nginx/default.d/*.conf;

        location / {
        }

        error_page 404 /404.html;
            location = /40x.html {
        }
        error_page 500 502 503 504 /50x.html;
            location = /50x.html {
        }
    }

}
```

(5) 检测 Nginx 是否开启，代码如下：

```
ps -ef|grep nginx
```

改变配置文件后需要重启 Nginx，代码如下：

```
sudo nginx -s reload
```

13.3.4　创建基于 WebRTC 的网页视频会话

创建基于 WebRTC 的网页视频会话，笔者的网址为 https://47.94.xxx.xxx/webrtc/index2.html，该文件的代码如下：

```
//chapter13/index2.html
<!DOCTYPE html>

<html>

<head>

<script src="https://cdn.bootcss.com/jquery/1.9.0/jquery.min.js"></script>
```

```html
<script src = "https://webrtc.GitHub.io/adapter/adapter-4.2.2.js"></script>
<script src = "https://simplewebrtc.com/latest-v3.js"></script>

<style>
    #remoteVideos video {
        height: 150px;
    }

    #localVideo {
        height: 150px;
    }
</style>
</head>
<body>
<textarea id = "messages" rows = "5" cols = "20"></textarea><br />
<input id = "text" type = "text" />
<input id = "send" type = "button" value = "send" />
<br />
<video id = "localVideo"></video>
<div id = "remoteVideos"></div>
<script src = "index.js"></script>
</body>
</html>
```

需要先访问这个 URL(笔者的网址为 https://47.94.xxx.xxx:8888/socket.io/),手工添加安全认证。由于 SSL 是自己手工配置的,浏览器不认可它的合法性,所以需要手工添加认证,单击"高级"按钮,如图 13-15 所示。

图 13-15　手工添加认证

跳转到下一个页面后,单击"继续前往 47.94.xxx.xxx(不安全)",如图 13-16 所示。

图 13-16　继续前往认证

然后,用两台计算机打开这个网页,就可以进行网页视频会话了,包括发送文本信息,以及音视频聊天,如图 13-17 所示。

图 13-17　基于 WebRTC 的网页视频会话

第 14 章 FFmpeg 直播应用综合案例分析

本章介绍直播应用系统，包括推流端、服务器端和播放端。首先内容产生方是推流端，现在主流的 iOS、Android 适配都很好，但是 Android 的碎片化非常严重，大量的精力需要对 Android 进行适配，而且软编码耗电量普遍非常高；用户体验是在不同的网络情况下，上传的视频有可能会卡，有可能不连贯，可能报各种各样的错误，然后是流媒体服务器及分发网络，像首屏时间，用户点开就要看，现在一些开源的国内资源写得也比较好；如果这个做不好，会黑屏、绿屏，或者半天看不到图像。最后是播放器拉流播放，可以在 PC 端和移动端做适配。

4min

14.1 直播系统架构简介

一个通用的视频直播系统至少包括推流端、服务器端和播放端，如图 14-1 所示。

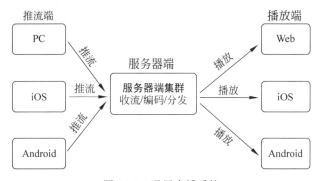

图 14-1 通用直播系统

完整的视频直播系统比较复杂，可以分为采集、前处理、编码、传输、解码、渲染等几个环节，以及信令控制及业务管理系统等，下面只做简单介绍。

（1）采集阶段，iOS 是比较简单的，Android 则要做些机型适配工作，PC 端最麻烦，会出现各种摄像头驱动问题。

（2）前处理阶段，现在直播美颜已经是标配了，美颜算法需要用到 GPU 编程，需要图像处理算法,没有好的开源实现,要参考论文去研究。难点不在于美颜效果,而在于在 GPU 占用和美颜效果之间找平衡。GPU 虽然性能好,但如果 GPU 占用太高,则会导致手机发烫,而手机发烫会导致摄像头采集掉帧,可能原因是过热会导致 CPU 降低主频。

(3) 编码阶段,可以采用硬编码或软编码。软编码会导致 CPU 过热而烫到摄像头,硬编码存在兼容性问题。编码要在分辨率、帧率、码率、GOP 等参数设计上找到最佳平衡点。

(4) 传输阶段,可以使用 CDN 服务,CDN 只提供了带宽和服务器间传输,要注意发送端和接收端的网络连接抖动缓冲。不想要卡顿,必然要加大缓冲,这样会导致延迟高,延迟高会影响互动性,因此需要做权衡。

(5) 解码阶段,建议使用硬解码,Android 上仍然存在一些兼容性问题。

(6) 渲染阶段,难点不在于绘制,而在于音画同步。

(7) 此外声频还有问题要注意,例如降噪、声频编码器的选择、各种蓝牙耳机、各种播放模式的适配等,如果想做主播与观众连线聊天,还有个回声消除问题。另外还要考虑有信令控制、登录、鉴权、权限管理、状态管理等,各种应用服务、消息推送、聊天、礼物系统,以及支付系统、运营支持系统、统计系统等。后台还有数据库、缓存、分布式文件存储、消息队列、运维系统等。

14.2　流媒体服务器的应用

　　流媒体指以流方式在网络中传送声频、视频和多媒体文件的媒体形式。相对于下载后观看的网络播放形式而言,流媒体的典型特征是把连续的声频和视频信息压缩后放到网络服务器上,用户可边下载边观看,而不必等待整个文件下载完毕。由于流媒体技术的优越性,该技术广泛应用于视频点播、视频会议、远程教育、远程医疗和在线直播系统中。作为新一代互联网应用的标志,流媒体技术在近几年得到了飞速的发展。

　　流媒体服务器是流媒体应用的核心系统,是运营商向用户提供视频服务的关键平台。流媒体服务器的主要功能是对流媒体内容进行采集、缓存、调度和传输播放。流媒体应用系统的主要性能体现都取决于媒体服务器的性能和服务质量,因此,流媒体服务器是流媒体应用系统的基础,也是最主要的组成部分。

　　流媒体服务器的主要功能是以流式协议(如 RTP/RTSP、MMS、RTMP 等)将视频文件传输到客户端,供用户在线观看,也可从视频采集、压缩软件接收实时视频流,再以流式协议直播给客户端。典型的流媒体服务器有微软的 Windows Media Service(WMS),它采用 MMS 协议接收、传输视频,采用 Windows Media Player(WMP)作为前端播放器;RealNetworks 公司的 Helix Server,采用 RTP/RTSP 接收、传输视频,采用 Real Player 作为播放前端;Adobe 公司的 Flash Media Server,采用 RTMP(RTMPT/RTMPE/RTMPS)协议接收、传输视频,采用 Flash Player 作为播放前端。支持 Flash 播放器的流媒体服务器,除了 Adobe Flash Media Server,还有 Sewise 的流媒体服务器软件和 Ultrant Flash Media Server 流媒体服务器软件,以及基于 Java 语言的开源软件 Red5。

14.2.1 完整的流媒体服务器系统

一般情况下,完整的流媒体服务器软件系统是一整套流媒体编码、分发和存储的软件系统,包含直播、点播、虚拟直播、剪切、转码、视频管理系统。这些软件支持多屏多系统播放,终端客户使用手机、平板、计算机、电视等终端,iOS、Android、Windows、Linux 等系统都能支持播放。

1. 直播服务功能

直播服务功能,如下所述。

(1) 输入源支持 UDP、RTMP、HTTP-TS 等主流的传输协议。
(2) 输出协议支持当前最主流的 Web 应用播放需求及 Android 系统、iOS 系统播放需求。
(3) 支持时移与时移视频下载功能。
(4) 支持用户连接数控制功能。
(5) 提供二次开发接口。
(6) 支持分布式部署。
(7) 将输入和输出通过内外网卡分离以保障输入与分发的独立性和可靠性。

2. 点播服务功能

点播服务功能,如下所述。

(1) 支持 MP4、FLV、MOV、TS、WMV、MKV、RMVB 等多种类型的文件上传。
(2) 支持多种上传方式,可上传大文件。
(3) 支持 H.264/AAC 编码。
(4) 强大的服务器端实时转码能力,可转码输出多种不同码率的视频文件。
(5) 支持 Web 应用播放需求及 Android 系统、iOS 系统播放需求。
(6) 支持 m3u8 输出,移动端根据带宽情况选择不同码流自适应播放。
(7) 支持播放请求认证。
(8) 支持视频任意拖动播放。
(9) 支持云部署。
(10) 提供二次开发接口。
(11) 支持配置外部转码服务器,提高转码效率。

3. 虚拟直播服务功能

虚拟直播服务,如下所述。

(1) 轻松创建自己的网络电视台。
(2) 将视频文件转换为实时直播流。
(3) 方便快捷的节目编排能力。
(4) 对未播放的节目可随时调整。
(5) 支持 EPG 的生成和数据下载。

(6) 通用的 RTMP 标准输出。

(7) 丰富完善的二次开发接口,方便融入第三方业务平台。

(8) 支持云部署。

4. 虚拟直播服务功能

(1) 支持 MP4、FLV、MOV、TS、WMV、MKV、RMVB 等多种类型的文件上传。

(2) 支持与转码服务器的结合,对不符合格式的视频自动进行转码。

(3) 支持 H.264+AAC 编码。

(4) 音视频文件无损剪切。

(5) 智能识别关键帧,精确到关键帧剪切。

(6) 支持推流与拉流两种输入源模式。

(7) 支持 UDP 拉流、RTMP 拉流、HTTP-TS 拉流等最主流的输入传输协议。

(8) 支持多码率输出。

(9) 支持直播节目的边录制边剪切。

(10) 支持快捷键操作方式,方便快捷高效。

(11) 支持批量提交剪切任务,并行处理任务。

(12) 提供二次开发接口。

(13) 支持单网卡或多网卡,支持内外网址配置。

5. 转码服务功能

(1) 支持 AVI、WMV、RM、RMVB、MOV、MKV、FLV、MP4、F4V、3GP、TS 等多种格式的音视频文件的上传。

(2) 支持多种上传方式,支持 2GB 以上大文件上传。

(3) 支持水印功能。

(4) 支持各种格式、编码、码率、分辨率转码。

(5) 支持批量列队转码。

(6) 支持多路同时转码。

(7) 支持视频文件的任意拖动播放。

(8) 输出编码格式为 H.264+AAC 的 MP4 或 FLV 视频文件。

(9) 支持高清转码。

(10) 提供二次开发接口。

(11) 支持单网卡或多网卡,支持内外网址配置。

6. 内容管理系统

(1) 通过接口实现直播、点播服务器的无缝对接,获取视频源数据。

(2) 支持对直播、点播节目的编辑、审核与发布功能。

(3) 直播节目支持电子节目单编排功能。

(4) 支持对前、后台用户的管理功能。

(5) 支持对不同行业模板的定义。

(6) 支持基本的图片、广告发布与管理功能。

14.2.2 开源的流媒体服务器项目应用

常用的开源流媒体服务器项目包括 EasyDarwin、Nginx-RTMP/HTTP-FLV、SRS 和 ZLMediaKit 等，本章中笔者以 Nginx＋RTMP/HTTP-FLV 为例来搭建流媒体服务器（详细的编译步骤可参考第 10 章）。

注意： 读者完全可以使用 SRS、EasyDarwin 或 ZLMediaKit 作为流媒体服务器。

编译并配置 Nginx，读者可以根据自己的情况选择使用 Windows 或 Linux 系统，在 Ubuntu 系统上大体的编译及配置步骤如下所述。

（1）首先下载 Nginx 及 nginx-rtmp-module 的源码，然后解压，注意将二者放到同一目录下。

（2）将 nginx-rtmp-module 编译进 Nginx，代码如下：

```
cd nginx
./configure -- prefix = /usr/local/nginx/ - add - module = ../nginx - rtmp - module
make
make install
```

（3）配置 Nginx 的 RTMP 直播功能，修改 conf 目录下的 nginx.conf 文件，注意 RTMP 模块中的内容，其他的配置信息不用修改，代码如下：

```
//chapter14/nginx - modified2.conf
worker_processes 1;
error_log logs/error.log debug;

events {
    worker_connections 1024;
}

#添加 RTMP 直播功能,端口号为 1935,application 名称为 livetest
rtmp {
    server {
        listen 1935;                    #监听端口

        chunk_size 4000;
        application livetest {          #读者要特别注意这个名称,推流时要保持一致
            live on;                    #开启直播功能
            gop_cache on;               #开启 GOP 缓存
            hls on;                     #允许 HLS 切片
            hls_path html/hls;          #HLS 切片文件的存储路径
        }
    }
}
```

```
http {
    server {
        listen      80;
        location /stat {
            rtmp_stat all;
            rtmp_stat_stylesheet stat.xsl;
        }

        location /stat.xsl {
            root /usr/local/nginx/html/nginx-rtmp-module/;
        }

        location /control {
            rtmp_control all;
        }

        location /rtmp-publisher {
            root /usr/local/nginx/html/nginx-rtmp-module/test;
        }

        location / {
            root /usr/local/nginx/html/nginx-rtmp-module/test/www;
        }
    }
}
```

注意：为了简单起见，笔者这里直接使用 Windows 下编译好的 Nginx，并且已经集成了 RTMP 和 HTTP-FLV 模块。读者可以自己百度下载，或者下载本书资料中的"Windows 环境使用 Nginx 的 nginx-http-flv-module.zip"。

（4）启动 Nginx，笔者这里直接双击 nginx.exe 可执行文件，如图 14-2 所示，然后打开任务管理器，如果可以看到两个 nginx.exe 进程，则说明启动成功，如图 14-3 所示。

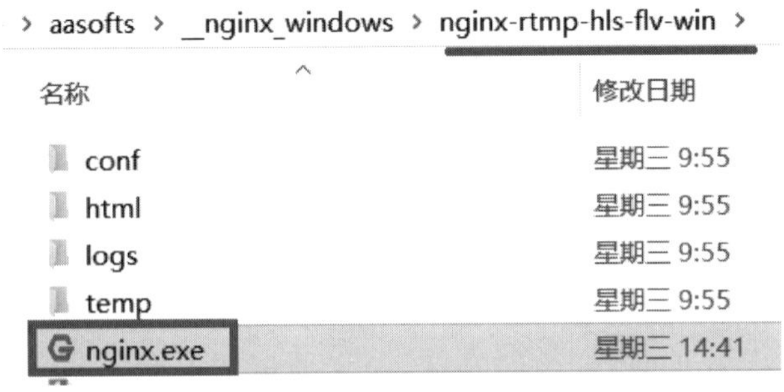

图 14-2　nginx.exe 安装路径

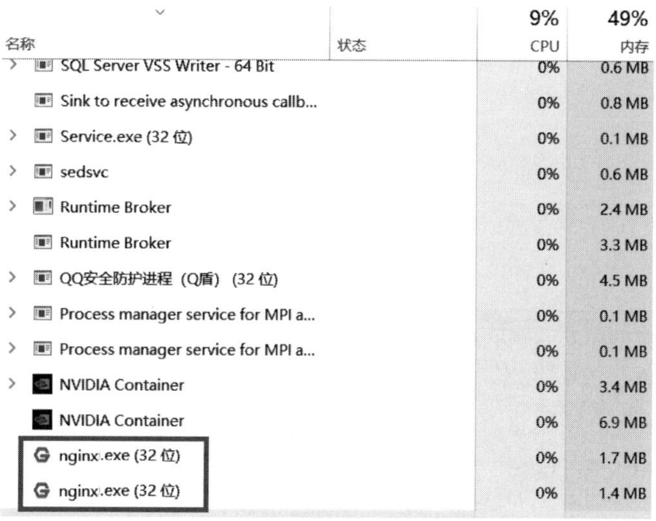

第14章　FFmpeg直播应用综合案例分析　355

名称	状态	9% CPU	49% 内存
SQL Server VSS Writer - 64 Bit		0%	0.6 MB
Sink to receive asynchronous callb...		0%	0.8 MB
Service.exe (32 位)		0%	0.1 MB
sedsvc		0%	0.6 MB
Runtime Broker		0%	2.4 MB
Runtime Broker		0%	3.3 MB
QQ安全防护进程（Q盾）(32 位)		0%	4.5 MB
Process manager service for MPI a...		0%	0.1 MB
Process manager service for MPI a...		0%	0.1 MB
NVIDIA Container		0%	3.4 MB
NVIDIA Container		0%	6.9 MB
nginx.exe (32 位)		0%	1.7 MB
nginx.exe (32 位)		0%	1.4 MB

图 14-3　nginx.exe 进程

14.3　使用 FFmpeg 进行 RTMP 推流

这里在 Windows 10 系统中使用 FFmpeg 进行 RTMP 推流，最新的 FFmpeg 的下载网址为 https://github.com/BtbN/FFmpeg-Builds/releases，读者可以自行下载。

注意：更详细的 FFmpeg 源码编译、命令行使用及 SDK 二次开发详细讲解的内容，读者可以关注后续的图书。

FFmpeg 是一个相当强大的工具，这里利用它实现 RTMP 推流，笔者的推流地址为 rtmp://127.0.0.1:1935/livetest/test123。

注意：这里 FFmpeg 推流地址中的 livetest 必须与上文 nginx.conf 文件中的 application 后的 livetest 一致，否则会导致推流失败，而最后一个斜杠后的 test123 是可以任意修改的，但是拉流播放时必须使用与此相同的名称。

使用 FFmpeg 进行本地视频文件或摄像头推流，详细步骤如下。

（1）首先下载 FFmpeg 和 FFplay，官方下载链接为 http://ffmpeg.org/，编译好的 EXE 文件可以从 https://github.com/BtbN/FFmpeg-Builds/releases 下载，解压即可，如图 14-4 所示。

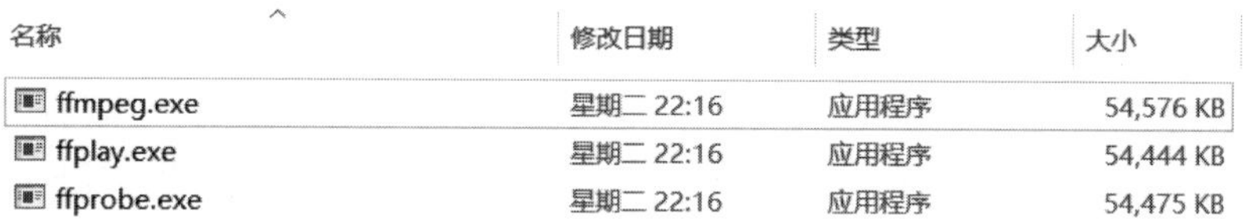

名称	修改日期	类型	大小
ffmpeg.exe	星期二 22:16	应用程序	54,576 KB
ffplay.exe	星期二 22:16	应用程序	54,444 KB
ffprobe.exe	星期二 22:16	应用程序	54,475 KB

图 14-4　解压后的 ffmpeg.exe

（2）以管理员权限打开 cmd，进入 FFmpeg 所在目录。

（3）用 ffmpeg 命令查看计算机设备，输入下面的命令即可列出计算机的设备，代码如下：

```
ffmpeg -list_devices true -f dshow -i dummy
```

可以看到笔者计算机里面有 EasyCamera 摄像头（Lenovo EasyCamera）和一个话筒（Realtek High Definition Audio），如图 14-5 所示。

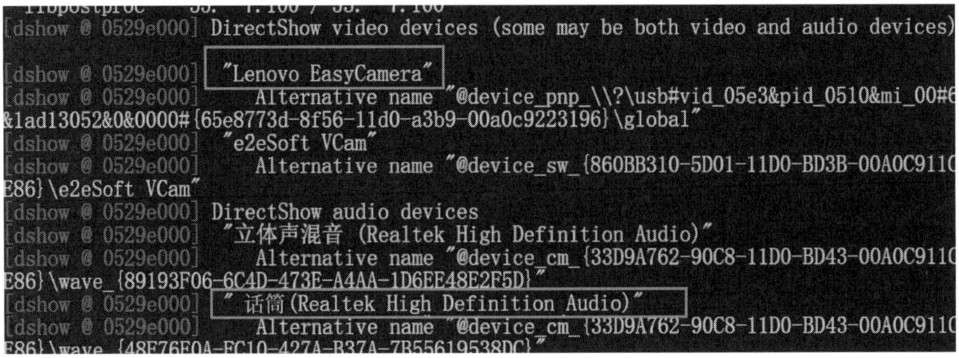

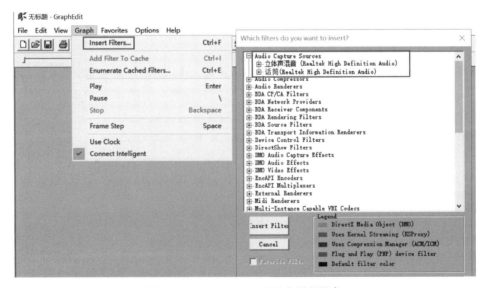

图 14-5　ffmpeg 命令列举音视频设备

如果设备名称有中文，则有可能会出现乱码，如果想看设备原名，则可以去设备管理器中查看，也可以利用第三方工具查看，例如使用 graphedt.exe，打开程序后，单击菜单 Graph→Insert Filters 就可以看到相应的设备名，如图 14-6 所示。

图 14-6　graphedt.exe 显示音视频设备

(4) 测试摄像头是否可用,在 cmd 窗口中输入下面语句并按 Enter 键(读者需要输入自己计算机上的摄像头名称,例如笔者的摄像头名称为 Lenovo EasyCamera),代码如下:

```
ffplay -f dshow -i video="Lenovo EasyCamera"
或者
ffplay -f vfwcap -i 0
```

然后会弹出监控画面,如果成功弹出播放窗口,如图 14-7 所示,则代表设备可用,否则可能是设备不可用或者设备被占用。

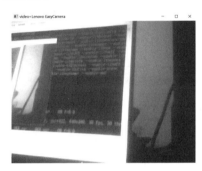

图 14-7　ffplay 命令测试本地摄像头

(5) 查看摄像头和话筒信息,在 cmd 窗口中输入下面命令即可查询摄像头信息,代码如下:

```
ffmpeg -list_options true -f dshow -i video="Lenovo EasyCamera"
```

笔者的摄像头信息如图 14-8 所示。

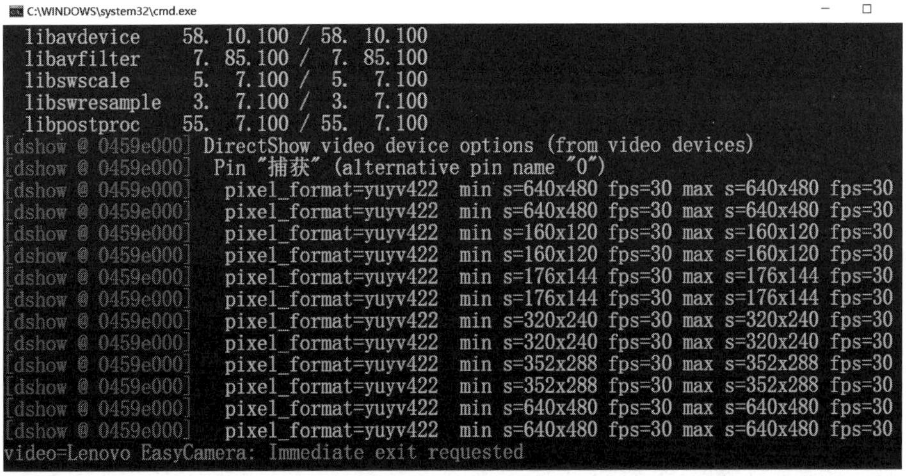

图 14-8　ffmpeg 命令查询摄像头详细信息

然后在 cmd 窗口中输入下面语句即可查询话筒信息,代码如下:

```
ffmpeg -list_options true -f dshow -i audio="话筒 (Realtek High Definition Audio)"
```

笔者话筒信息如图 14-9 所示。

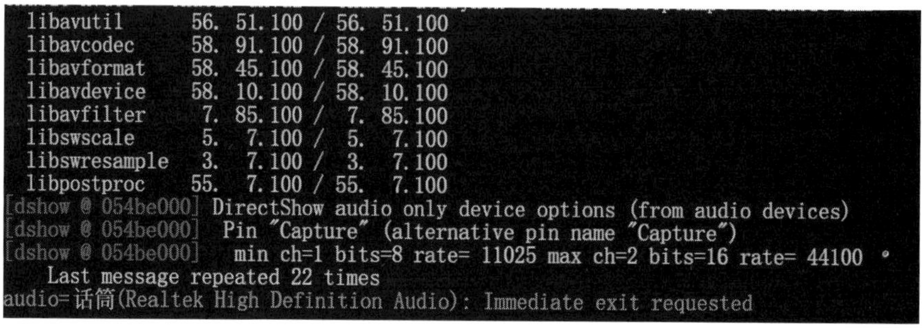

图 14-9　ffmpeg 命令查询话筒详细信息

(6) 本地视频的推流,先进行简单的本地视频推流模拟,在 ffmpeg 的目录下放置一个视频文件,然后使用 cmd 命令进入该目录,把视频推流至 RTMP 指定的路径即可,笔者的路径为 rtmp://127.0.0.1:1935/livetest/test123(127.0.0.1:1935 为 RTMP 服务器地址、livetest 为 Nginx 配置节点、test123 当作密钥,当推流和拉流地址一样时即可播放),代码如下:

```
ffmpeg.exe -re -i ande10.mp4 -f flv rtmp://127.0.0.1:1935/livetest/test123
```

此时 FFmpeg 源源不断地把视频推流至服务器,同时会输出时间、帧率、码率等参数信息,如图 14-10 所示。如果地址没错,则可以利用 VLC 或其他手段实现拉流,单击 VLC 菜单中的"媒体"→"打开网络串流",然后输入 rtmp://127.0.0.1:1935/livetest/test123 进行拉流播放,如图 14-11 所示。

注意:推流的视频文件需要是 H.264 的编码格式,否则推流会失败。更详细的 FFmpeg 源码编译、命令行使用及 SDK 二次开发详细讲解的内容,读者可以关注后续的图书。

(7) 接下来对摄像头进行推流,笔者的摄像头名称为 Lenovo EasyCamera,推流的 IP 和端口为 127.0.0.1:1935,Nginx 节点关键字为 livetest,所以在 cmd 窗口中输入命令,代码如下:

```
ffmpeg -f dshow -i video="Lenovo EasyCamera" -vcodec libx264 -preset:v ultrafast -tune:v zerolatency -f flv rtmp://127.0.0.1:1935/livetest/test123
```

和本地视频推流一样,摄像头拍到的画面会实时推流出去(当然会有延迟而且现在是没有声音的),当地址正确时,可以使用 VLC 实现拉流播放,如图 14-12 所示,左侧的 cmd 窗口显示了 FFmpeg 推流的进度,右侧是 VLC 播放画面。

第14章　FFmpeg直播应用综合案例分析

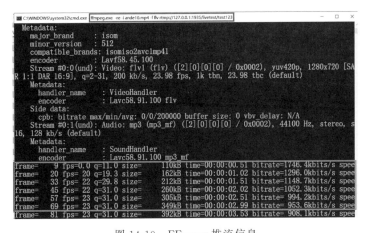

图 14-10　FFmpeg 推流信息

图 14-11　VLC 播放 RTMP 流

图 14-12　FFmpeg 用摄像头推流及 VLC 播放 RTMP 流

14.4　使用 VLC 进行 RTMP 拉流并播放

打开 VLC 播放器,单击菜单中的"媒体"→"打开网络串流",会弹出"打开媒体"对话框,如图 14-13 所示。

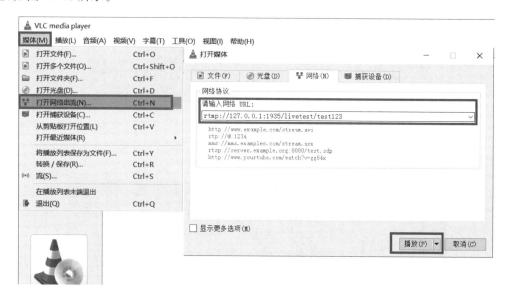

图 14-13　VLC 打开网络串流

在"请输入网络 URL"文本框中输入推流地址,例如笔者的推流地址为 rtmp://127.0.0.1:1935/livetest/test123,然后单击"播放"按钮就会弹出播放界面,如图 14-14 所示,左侧 cmd 窗口显示了 FFmpeg 推流的进度,右侧是 VLC 播放画面。

图 14-14　VLC 播放网络串流

也可以使用 ffplay.exe 进行拉流播放，打开另外一个 cmd 窗口输入命令，代码如下：

```
ffplay.exe -i rtmp://127.0.0.1:1935/livetest/test123
```

然后会弹出播放界面，如图 14-15 所示。

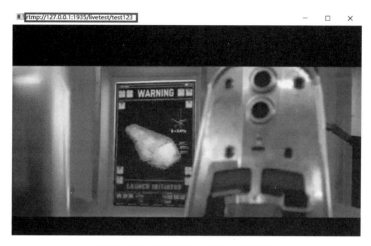

图 14-15　用 FFplay 播放网络串流

图 书 推 荐

书 名	作 者
鸿蒙应用程序开发	董昱
HarmonyOS 应用开发实战（JavaScript 版）	徐礼文
鸿蒙操作系统开发入门经典	徐礼文
鸿蒙操作系统应用开发实践	陈美汝、郑森文、武延军、吴敬征
HarmonyOS 移动应用开发	刘安战、余雨萍、李勇军等
JavaScript 基础语法详解	张旭乾
华为方舟编译器之美——基于开源代码的架构分析与实现	史宁宁
鲲鹏架构入门与实战	张磊
华为 HCIA 路由与交换技术实战	江礼教
Android Runtime 源码解析	史宁宁
深度探索 Go 语言——对象模型与 runtime 的原理、特性及应用	封幼林
Flutter 组件精讲与实战	赵龙
Flutter 组件详解与实战	［加］王浩然（Bradley Wang）
Flutter 实战指南	李楠
Dart 语言实战——基于 Flutter 框架的程序开发（第 2 版）	亢少军
Dart 语言实战——基于 Angular 框架的 Web 开发	刘仕文
IntelliJ IDEA 软件开发与应用	乔国辉
Vue+Spring Boot 前后端分离开发实战	贾志杰
Vue.js 企业开发实战	千锋教育高教产品研发部
Python 从入门到全栈开发	钱超
Python 全栈开发——基础入门	夏正东
Python 游戏编程项目开发实战	李志远
Python 人工智能——原理、实践及应用	杨博雄主编，于营、肖衡、潘玉霞、高华玲、梁志勇副主编
Python 深度学习	王志立
Python 预测分析与机器学习	王沁晨
Python 异步编程实战——基于 AIO 的全栈开发技术	陈少佳
Python 数据分析实战——从 Excel 轻松入门 Pandas	曾贤志
Python 数据分析从 0 到 1	邓立文、俞心宇、牛瑶
Python Web 数据分析可视化——基于 Django 框架的开发实战	韩伟、赵盼
Python 玩转数学问题——轻松学习 NumPy、SciPy 和 Matplotlib	张骞
Pandas 通关实战	黄福星
深入浅出 Power Query M 语言	黄福星
FFmpeg 入门详解——音视频原理及应用	梅会东
云原生开发实践	高尚衡
虚拟化 KVM 极速入门	陈涛
虚拟化 KVM 进阶实践	陈涛
物联网——嵌入式开发实战	连志安
人工智能算法——原理、技巧及应用	韩龙、张娜、汝洪芳
跟我一起学机器学习	王成、黄晓辉
TensorFlow 计算机视觉原理与实战	欧阳鹏程、任浩然
分布式机器学习实战	陈敬雷
计算机视觉——基于 OpenCV 与 TensorFlow 的深度学习方法	余海林、翟中华
深度学习——理论、方法与 PyTorch 实践	翟中华、孟翔宇

续表

书 名	作 者
深度学习原理与PyTorch实战	张伟振
ARKit原生开发入门精粹——RealityKit＋Swift＋SwiftUI	汪祥春
HoloLens 2开发入门精要——基于Unity和MRTK	汪祥春
Altium Designer 20 PCB设计实战(视频微课版)	白军杰
Cadence高速PCB设计——基于手机高阶板的案例分析与实现	李卫国、张彬、林超文
Octave程序设计	于红博
ANSYS 19.0实例详解	李大勇、周宝
AutoCAD 2022快速入门、进阶与精通	邵为龙
SolidWorks 2020快速入门与深入实战	邵为龙
SolidWorks 2021快速入门与深入实战	邵为龙
UG NX 1926快速入门与深入实战	邵为龙
西门子S7-200 SMART PLC编程及应用(视频微课版)	徐宁、赵丽君
三菱FX3U PLC编程及应用(视频微课版)	吴文灵
全栈UI自动化测试实战	胡胜强、单镜石、李睿
FFmpeg入门详解——音视频原理及应用	梅会东
pytest框架与自动化测试应用	房荔枝、梁丽丽
软件测试与面试通识	于晶、张丹
智慧教育技术与应用	[澳]朱佳(Jia Zhu)
敏捷测试从零开始	陈霁、王富、武夏
智慧建造——物联网在建筑设计与管理中的实践	[美]周晨光(Timothy Chou)著；段晨东、柯吉译
深入理解微电子电路设计——电子元器件原理及应用(原书第5版)	[美]理查德·C.耶格(Richard C. Jaeger)、[美]特拉维斯·N.布莱洛克(Travis N. Blalock)著；宋廷强译
深入理解微电子电路设计——数字电子技术及应用(原书第5版)	[美]理查德·C.耶格(Richard C. Jaeger)、[美]特拉维斯·N.布莱洛克(Travis N. Blalock)著；宋廷强译
深入理解微电子电路设计——模拟电子技术及应用(原书第5版)	[美]理查德·C.耶格(Richard C. Jaeger)、[美]特拉维斯·N.布莱洛克(Travis N. Blalock)著；宋廷强译